21世纪高等学校计算机规划教材

21st Century University Planned Textbooks of Computer Science

数据库基础与应用（第2版）

Database Foundation and Applications (2nd Edition)

王珊 李盛恩 编著

名家系列

人民邮电出版社

北京

图书在版编目（CIP）数据

数据库基础与应用 / 王珊，李盛恩编著. —2版. —北京：
人民邮电出版社，2009.6
21世纪高等学校计算机规划教材
ISBN 978-7-115-20508-7

Ⅰ. 数… Ⅱ.①王…②李… Ⅲ.数据库系统－高等学校－
教材 Ⅳ.TP311.13

中国版本图书馆CIP数据核字（2009）第050120号

内 容 提 要

　　本书侧重于数据库系统的应用，重点介绍了开发关系数据库系统必备的基本知识和基本方法，包括数据库系统的基本概念、基本技术及数据库应用开发技术，数据仓库和联机分析新技术及新应用等。全书内容丰富，系统性强，知识体系新颖，理论与实践结合，具有先进性和实用性。

　　本书可作为高等学校理工科计算机专业数据库课程的教材，也可供相关工程技术人员参考使用。

21 世纪高等学校计算机规划教材
数据库基础与应用（第 2 版）

◆ 编　著　王　珊　李盛恩
　责任编辑　滑　玉
　执行编辑　武恩玉

◆ 人民邮电出版社出版发行　　北京市崇文区夕照寺街 14 号
　邮编　100061　电子函件　315@ptpress.com.cn
　网址　http://www.ptpress.com.cn
　北京隆昌伟业印刷有限公司印刷

◆ 开本：787×1092　1/16
　印张：18.5
　字数：482 千字　　　　　　　　2009 年 6 月第 2 版
　印数：28 501－31 500 册　　　　2009 年 6 月北京第 1 次印刷

ISBN 978-7-115-20508-7/TP

定价：30.00 元

读者服务热线：(010)67170985　印装质量热线：(010)67129223
反盗版热线：(010)67171154

出版者的话

计算机科学与技术日新月异的发展，对我国高校计算机人才的培养提出了更高的要求。许多高校主动研究和调整学科内部结构、人才培养目标，提高学科水平和教学质量，精炼教学内容，拓宽专业基础，优化课程结构，改进教学方法，逐步形成了"基础课程精深，专业课程宽新"的良性格局。作为大学计算机教材建设的生力军，人民邮电出版社始终坚持服务高校教学、致力教育资源建设的出版理念，在总结前期教材建设成功经验的同时，深入调研和分析课程体系，并充分结合我国高校计算机教育现状和改革成果，推出"推介名师好书，共享教育资源"的教材建设项目，出版了"21世纪高等学校计算机规划教材"名家系列。

本套教材的突出特点如下：

（1）作者权威 本套教材的作者均为国内计算机学科中的学术泰斗或高校教学一线的教学名师，他们有着深厚的科研功底和丰富的教学经验。可以说，这套教材汇聚了众师之精华，充分显示了这套教材的格调和品位。无论是刚入杏坛的年轻教师，还是象牙塔内的莘莘学子，细细品读其中的章节文字，定会受益匪浅。

（2）定位准确 本套教材是为普通高等院校的学生量身定做的精品教材。具体体现在：一是本套教材的作者长期从事一线科研和教学工作，对高校教学有着深刻而独到的见解；二是本套教材在选题策划阶段便多次召开调研会，对普通高校的教学需求和教材建设情况进行充分摸底，从而保证教材在内容组织和结构安排上更加贴近实际教学；三是组织有关作者到较为典型的普通高等院校讲授课程教学方法，深入了解教师的教学需求，充分把握学生的理解能力，以教材内容引导授课教师严格按照科学方法实施教学。

（3）教材内容与时俱进 本套教材在充分吸收国内外最新计算机教学理念和教育体系的同时，更加注重基础理论、基本知识和基本技能的培养，集思想性、科学性、启发性、先进性和适应性于一身。

（4）一纲多本，合理配套 根据不同的教学法，同一门课程可以有多本不同的教材，教材内容各具特色，实现教材系列资源配套。

总之，本套教材中的每一本精品教材都切实体现了各位教学名师的教学水平，充分折射出名师的教学思想，淋漓尽致地表达着名师的教学风格。我们相信，这套教材的出版发行一定能够启发年轻教师们真正领悟教学精髓，教会学生科学地掌握计算机专业的基本理论和知识，并通过实践深化对理论的理解，学以致用。

我们相信，这套教材的策划和出版，无论在形式上还是在内容上都能够显著地提高我国高校计算机专业教材的整体水平，为培养符合时代发展要求的具有较强国际竞争力的高素质创新型计算机人才，为我国普通高等教育的计算机教材建设工作做出新的贡献。欢迎各位老师和读者给我们的工作提出宝贵意见。

前　言

　　数据库技术是对数据进行存储、管理、处理和维护的最先进、最常用的技术。随着计算机技术的飞速发展和计算机系统在各行各业的广泛应用，数据库技术的发展尤为迅速，已成为计算机信息系统和应用的核心技术和重要基础。

　　有关数据库系统的理论和技术是计算机科学技术教育中必不可少的部分。但是，不同的学校对数据库课程的要求是不一样的。本书针对培养应用型人才的要求，从开发一个数据库应用系统以及使用数据库系统的角度讲解数据库系统的基本概念、基本方法和基本技术。

　　全书分为四部分，共13章。

　　第一部分（第1~5章）介绍了数据库系统的基本知识和基本使用方法。内容包括：数据库系统的基本概念，关系数据模型和关系代数，关系数据库的SQL语言，查询处理初步，事务的基本概念和事务管理的相关技术。

　　第二部分（第6、7章）主要讲解在网络环境下开发数据库应用系统所要使用到的嵌入式SQL技术、ODBC接口、JDBC接口、存储过程、触发器的基本概念和使用方法。

　　第三部分（第8、9章）简单介绍了数据库设计的基本过程，着重介绍了实体联系模型，关系规范化理论。

　　第四部分（第10~13章）介绍了数据库的新技术。内容包括对象关系数据库、XML数据库、数据仓库和联机分析技术。

　　本书第6、9、12章和13章由王珊教授编写，其余各章由李盛恩教授编写。全书由王珊教授修改定稿。

　　本书侧重于数据库系统的应用，重点介绍了开发关系数据库系统必备的基本知识和基本方法。由于数据库技术的快速发展，出现了很多新技术，如对象关系数据库、XML、数据仓库和联机分析，在很多实际工作中要用到这些技术，本书对此作了较详细的介绍。同时，书中也介绍了基本的关系数据库理论。

　　限于作者水平，书中疏漏和错误难免，欢迎批评指正。

王　珊
中国人民大学

目　录

第1章
概　述

计算机最早被用于科学计算，目前已经深入到了我们生活的各个方面。计算机应用可大致分为三大类：科学计算、数据处理和过程控制。其中，数据处理占了很大的比重（约 70%），而数据管理又是数据处理的一个重要方面，数据库技术是数据管理的最新技术，是计算机科学的重要分支，是信息技术的基石。

本章介绍数据库系统的基本概念等内容，是后续章节的准备和基础。

1.1　数据库的基本概念

在学习本书之前，本节将首先介绍一些数据库最常用的术语和基本概念。

1.1.1　数据

数据是数据库中存储的基本对象。数据的种类很多，文本、图形、图像、音频、视频等都是数据。**数据**实际上是描述事物的符号记录。在日常生活中，人们可以直接用自然语言来描述事物。例如，可以这样描述一位同学的基本情况：王红，女，1985 年 5 月出生，山东省济南市人。

而在计算机中，为了存储和处理这些事物，就要抽象出对这些事物感兴趣的特征并组成一个记录来描述。例如：

（王红，女，198505，山东省济南市）

1.1.2　数据库

1.　什么是数据库

关于数据库的定义有很多，一般认为数据库是长期存储在计算机内有组织的、可共享的数据集合。数据库中的数据按一定的数据模型组织、描述、存储，具有较小的冗余度、较高的数据独立性和易扩展性，并可为各种用户共享。

数据库是一个组织机构（如企业、机关、银行、学校等）赖以生存的数据集合。例如，在一个学校中，有关学生数据、教师数据、课程数据、教学计划数据、教室及宿舍数据等就构成了学校数据库。客户数据、客户存取款记录和账户余额、往来账目等构成了银行数据库。

组织机构使用数据库开展日常工作，将部分工作自动化。例如，银行的存取款业务、铁路和民航的订票业务。我们拨打一次电话，通信公司的交换机除了在通话双方建立一个连接外，还把主叫号码、被叫号码、通话的起始时间等记录到公司的数据库中，月底根据这些通话记录以及客户的其他信息自动生成账单。

数据库使用操作系统的若干个文件存储数据，也有一些数据库使用磁盘的一个或若干个分区存放数据。

文件中的数据由操作系统的文件系统进行管理，文件系统屏蔽了数据在磁盘或磁带等存储介质存储的细节。文件系统向用户提供了一个访问接口，这个接口一般包括文件名、fopen、fread、fwrite、fseek 和 fclose 函数调用，使用这个接口可以方便地向文件中写入数据以及从文件中读取数据。

数据库中的数据由数据库管理系统（DataBase Management System，DBMS）进行统一管理，DBMS 屏蔽了数据在数据库中的存放细节。DBMS 向用户提供了一个简单易学的语言，用户使用这个语言操纵数据库中的数据。DBMS 利用文件系统提供的接口读写数据库中的数据。

文件系统不"关心"文件中存放了什么样的数据，以及这些数据之间存在何种联系。从文件系统的视角看上去，文件是无结构的，文件只是一个字节流，因此，我们经常把文件叫做流式文件。实际上文件中的数据是有结构的，数据的结构需要程序员通过编写程序来建立和维护。

数据库中的数据一定是有结构的，很难想象把一个组织机构赖以生存的数据像家中储藏室的物品那样杂乱无章地堆放。无论数据库中数据的结构如何复杂，这些都被 DBMS 屏蔽了，我们看到的是一个简单的数据逻辑结构。

数据库中的数据除了存放组织机构日常业务要用到的数据外，还要存放保证数据库管理系统运行所要用到的数据，称为系统数据，例如，数据库管理系统中的用户信息、用户权限信息、各种统计信息等。

2. 数据库应用

数据库的应用十分广泛，在数据库管理系统的支持下可以开发面向各种领域的应用。各行各业都有其独特的应用。例如在银行业、保险业、证券业、电力、制造业等都有自己的数据库应用。

数据库应用可以分为两大类：联机事务处理（On-Line Transaction Processing，OLTP）和联机分析处理（On-Line Analytical Processing，OLAP）。联机事务处理解决了组织机构业务自动化问题，而联机分析处理帮助管理层更好地分析组织机构的运转情况，辅助领导进行正确决策。

操作系统通过调度执行进程完成用户对计算机的操纵。DBMS 则是执行事务达到用户自动进行业务处理的目的。一个数据库应用由若干个事务组成，而事务由一系列的对数据库的查询操作和更新操作构成，这些操作是一个整体，不能分割，即要么所有的操作都顺利完成，要么一个操作也不要做，绝不能只完成了部分操作，而还有一些操作没有完成。例如，我们要订购一张火车票，售票员运行一个订票事务，事务更新数据库中车票的余额，并打印火车票给客户。DBMS 每秒能处理的事务的数量叫做事务吞吐率，事务吞吐率是衡量 DBMS 的一个重要指标。为了完成一些繁忙的应用，DBMS 要具有很高的事务吞吐率。例如，一个门户网站在 1s 内会有成千上万甚至更多的并发访问用户，这就要求网站所用的数据库能同时处理很多的事务。

联机分析处理是决策支持的一种常用技术。例如，一个销售经理发现某种商品的销售量逐月下滑，他可以使用 OLAP 分析该商品在不同地区不同商店的一个时间段的销售情况，同其他同类商品的销售情况进行比对，最终发现问题并采取措施。

组织机构在多年使用数据库的过程中积累了大量的历史数据，这是一笔宝贵的财富。例如，一个大型连锁超市的数据库中保存了过去多年中客户的购物记录，通过对这些海量的购物记录进行关联分析后发现，在傍晚，有很多客户会同时购买尿布和啤酒。如果是同时购买面包和牛奶，我们不会感到惊讶，但是同时购买尿布和啤酒则让人觉得不可思议。经过调查后得知，很多年轻的父亲在购物时会给孩子购买尿布而给自己购买啤酒。获得这个经验后，超市就将摆放尿布和啤酒的货架安排在相邻的位置，提高了两种商品的销售额。这是应用数据挖掘（Data Mining）技术的一个典型案例。数据挖掘也是决策支持的一种常用方法。

1.1.3　数据库管理系统

数据库管理系统（DBMS）是一类重要的系统软件，由一组程序构成，其主要功能是完成对数据库中数据的定义、数据操纵，提供给用户一个简明的应用接口，实现事务处理等。

1. 基本功能

（1）数据定义功能

数据库管理系统提供数据定义语言（Data Definition Language，DDL），用户通过它可以方便地对数据库中的数据对象进行定义。

（2）数据操纵功能

数据库管理系统提供数据操纵语言（Data Manipulation Language，DML），用户可以使用 DML 操纵数据，实现对数据库的基本操作——查询、插入、删除和修改。

（3）数据库的运行管理

数据库在建立、运行和维护时由数据库管理系统统一管理、统一控制，以保证数据的安全性、完整性、多用户对数据的并发使用及发生故障后的系统恢复。

（4）数据库的建立和维护功能

它包括数据库初始数据的输入、转换功能，数据库的转储、恢复功能，数据库的重组、重构功能和性能监视、分析功能等。这些功能通常是由一些实用程序完成的。

2. 组成模块

作为一个庞大的系统软件，数据库管理系统由众多程序模块组成，它们分别实现数据库管理系统复杂而繁多的功能。数据库管理系统由两大部分组成：查询处理器和存储管理器。查询处理器包含数据定义语言（DDL）编译器、数据操作语言（DML）编译器、嵌入型 DML 的预编译器及查询优化等核心程序。存储管理器包含授权和安全性控制、完整性检查管理器、事务管理器、存储管理器和缓冲区管理器。下面介绍各模块所完成的功能。

（1）数据定义方面的程序模块

数据定义的程序模块主要包括以下方面。

- 数据库逻辑结构的定义模块，在关系数据管理系统中就是创建数据库、创建表、创建视图、创建索引等定义模块。
- 安全性定义（如授权定义）及处理模块。
- 完整性定义（如主码、外码、其他完整性约束定义）及处理模块。

这些 DDL 程序模块接收相应的定义，进行语法、语义检查，把它们翻译为内部格式存储在数据字典中。创建数据库的模块还根据定义建立数据库的框架（即形成一个空库），等待装入数据。

（2）数据操纵方面的程序模块

数据操纵的程序模块主要包括查询处理程序模块、数据更新（增加、删除、修改）程序模块、交互式查询程序模块和嵌入式查询程序模块。

这些程序模块对用户的数据操纵请求进行语法分析和语义检查，生成某种内部表示（通常是语法树）。对于查询语句，要由查询优化器（模块）进行优化，如根据一定的等价变换规则把语法树转换成标准（优化）形式；对于语法树中的每一个操作，根据存取路径、数据的存储分布、数据的聚簇等信息来选择具体的执行算法；最后生成查询计划（生成代码），提交查询执行模块执行，完成对数据库的存取操作。

（3）数据库运行管理方面的程序模块

数据库运行管理的程序模块主要有系统初启程序，负责初始化数据库管理系统，建立数据库管理系统的系统缓冲区、系统工作区，打开数据字典等，此外，还有安全性控制、完整性检查、并发控制、事务管理、运行日志管理等程序模块，在数据库运行过程中监视对数据库的所有操作，控制管理数据库资源，处理多用户的并发操作等，它们一方面保证用户事务的正常运行及其原子性，一方面保证数据库的安全性和完整性。

（4）数据库组织、存储和管理方面的程序模块

数据库组织、存储和管理的程序模块有文件读写与维护程序、存取路径（如索引）管理和维护程序、缓冲区管理程序（包括缓冲区读、写、淘汰模块）等。这些程序负责维护数据库的数据和存取路径，提供有效的存取方法。

（5）数据库建立、维护和其他方面的程序模块

数据库建立、维护和其他的程序模块有数据库初始装入程序、转储程序、恢复程序、数据库重构程序、数据转换程序、通信程序等。

数据库管理系统的这些组成模块互相联系、互相依赖，共同完成数据库管理系统的复杂功能。这些模块之间的联系也不是平面的、散乱无章的，正如下面要讲的，它们具有一定的层次联系。

3. 层次结构

和操作系统一样，可以将数据库管理系统划分成若干层次。清晰、合理的层次结构不仅可以帮助我们更清楚地认识数据库管理系统，更重要的是有助于数据库管理系统的设计和维护。许多数据库管理系统实际上就是分层实现的。

例如，IBM 公司最早研制的著名的数据库管理系统——System R，其核心分为两层，即底层的关系存储系统（RSS）和上层的关系数据系统（RDS）。RDS 本质上是一个语言翻译和执行层，完成包括语法检查与分析、优化、代码生成、视图实现、合法性检查等功能。RSS 则是一个存取方法层，其功能包括存储空间、设备管理，索引、存取路径管理，并发控制，运行日志管理和恢复等。

图 1-1 给出了一个数据库管理系统的层次结构示例。这个层次结构是根据处理对象的不同，按照最高级到最低级的次序来划分的，具有普遍性。图中包括了与数据库管理系统密切相关的应用层和操作系统。

最上层是应用层，位于数据库管理系统核心之外。它处理的对象是各种各样的数据库应用，可以用开发工具开发或者用宿主语言编写。应用程序要利用数据库管理系统提供的接口来完成事务处理和查询处理。

第 2 层是语言翻译处理层。它处理的对象是数据库语言，如 SQL。其功能是对数据库语言的各类语句进行语法分析、视图转换、授权检查、完整性检查、查询优化等。通过对下层基本模块的调用，生成可执行代码，运行这些代码即可完成数据库语句的功能要求。该层向上提供的接

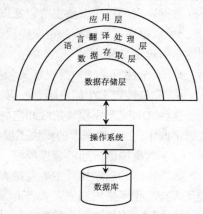

图 1-1　数据库管理系统的层次结构

口是关系、视图，它们是元组的集合。

第 3 层是数据存取层。该层处理的对象是单个元组。完成扫描（如表扫描）、排序、查找、插入、修改、删除、封锁等基本操作，完成存取路径维护、并发控制、事务管理、安全控制等工作。该层向上提供的接口是单记录操作。

第 4 层是数据存储层。该层处理的对象是数据页和系统缓冲区。执行文件的逻辑打开、关闭，读写数据页，完成缓冲区管理、内外存交换、外存的数据管理等功能。

操作系统是数据库管理系统的基础。它处理的对象是数据文件的物理块。执行物理文件的读写操作，保证数据库管理系统对数据逻辑上的读写真实地映射到物理文件上。操作系统提供的存取原语和基本的存取方法通常作为与数据库管理系统存储层连接的接口。

以上所述的数据库管理系统层次结构划分的思想具有普遍性。当然，具体系统在划分细节上会是多种多样的，这可以根据数据库管理系统实现的环境和系统的规模灵活地处理。

1.1.4　数据库系统

数据库系统就是基于数据库的计算机应用系统，由 4 部分组成：数据库（Data Base）、数据库管理系统（DataBase Management System）、应用程序和用户，这 4 部分之间的关系如图 1-2 所示。

数据库是数据的汇集，它以一定的组织形式保存在存储介质上；数据库管理系统是管理数据库的系统软件，它可以实现数据库系统的各种功能；应用程序是指以数据库管理系统和数据库中的数据为基础的程序。

数据库系统还包括用户，一般将用户分为应用程序开发人员、系统管理员和最终用户。

（1）应用程序开发人员

这里的应用程序开发人员包括系统分析员、数据库设计人员和应用程序员。

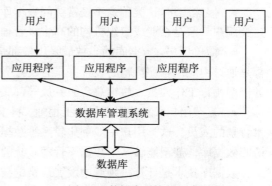

图 1-2　数据库系统的组成

系统分析员使用软件工程的方法对业务流程进行分析，提出应用系统的需求分析和规范说明，与用户及数据库管理员一起确定系统的硬件、软件配置，并参与数据库管理系统的概要设计。

数据库设计人员根据分析阶段产生的数据流图确定数据库中数据的组织。数据库设计人员必须参加用户需求调查和系统分析，然后进行数据库设计。在很多情况下，数据库设计人员就由数据库管理员担任。

应用程序员根据详细设计说明书负责设计和编写应用系统的程序模块，并进行调试和安装。

（2）数据库管理员（DataBase Administrator，DBA）

数据库管理员管理数据库和数据库管理系统的日常运行，具体职责如下。

● 决定数据库中要存储的数据及数据结构。数据库中要存放哪些数据，DBA 要参与决策。因此 DBA 必须参加数据库设计的全过程，并与用户、应用程序员、系统分析员密切合作、共同协商，搞好数据库设计。

● 决定数据库的存储结构和存取策略。DBA 要综合各用户的应用要求，与数据库设计人员共同决定数据的存储结构和存取策略，以求获得较高的存取效率和存储空间利用率。

● 保证数据的安全性和完整性。DBA 负责确定各个用户对数据库的存取权限、数据的保密级别和完整性约束条件。

● 监控数据库的使用和运行。DBA 要监视数据库管理系统的运行情况，及时处理运行过程中出现的问题。例如，系统发生各种故障时，数据库会因此遭到不同程度的破坏，DBA 必须在最短时间内将数据库恢复到正确状态，并尽可能不影响或少影响计算机系统其他部分的正常运行。为此，DBA 要定义和实施适当的后备和恢复策略，如周期性的转储数据、维护日志文件等。

● 数据库的改进和重组重构。DBA 还负责在系统运行期间监视系统的空间利用率、处理效率等性能指标，对运行情况进行记录、统计分析，依靠工作实践并根据实际应用环境不断改进数据库设计。不少数据库产品都提供了对数据库运行状况进行监视和分析的实用程序，DBA 可以使用这些实用程序完成这项工作。

另外，在数据运行过程中，大量数据不断被插入、删除、修改，时间一长，会影响系统的性能。因此，DBA 要定期对数据库进行重组织，以提高系统的性能。当用户的需求增加和改变时，DBA 还要对数据库进行较大的改造，包括修改部分设计，即数据库的重构。

（3）用户

这里用户是指最终用户（End User）。最终用户通过应用程序的用户接口使用数据库。常用的用户接口方式有浏览器、菜单驱动、表格操作、图形显示、报表书写等。

最终用户可以分为如下 3 类：

● 偶然用户。这类用户不经常访问数据库，但每次访问数据库时往往需要不同的数据库信息，这类用户一般是企业或组织机构的高中级管理人员。

● 简单用户。数据库的多数最终用户都是简单用户。其主要工作是查询和更新数据库，一般都是通过由应用程序员精心设计并具有友好界面的应用程序存取数据库。银行的职员、航空公司的机票预订工作人员、旅馆总台服务员等都属于这类用户。

● 复杂用户。复杂用户包括工程师、科学家、经济学家、科学技术工作者等具有较高科学技术背景的人员。这类用户一般都比较熟悉数据库管理系统的各种功能，能够直接使用数据库语言访问数据库，甚至能够基于数据库管理系统的 API 编制自己的应用程序。

数据库技术是计算机领域中发展最快的技术之一。数据库技术的发展是沿着数据模型的主线展开的。

1.2 数 据 模 型

模型的概念我们并不陌生。数据模型（Data Model）也是一种模型，它是对现实世界数据特征的抽象。也就是说，数据模型是用来描述数据、组织数据和对数据进行操作的。通俗地讲，数据模型就是现实世界的模型。

现有的数据库系统均是基于某种数据模型的。数据模型是数据库系统的核心和基础。因此，了解数据模型的基本概念是学习数据库的基础。

数据库中的数据是按照一定规律存放的，这样便于管理和使用。数据模型用于描述数据库中数据的结构和性质、描述数据之间的联系以及施加在数据或数据联系上的一些限制。

1.2.1 数据模型的三要素

一般地讲，数据模型是对现实世界数据特征的抽象。也就是说，数据模型是用来描述数据、组织数据和对数据进行操作的。因此数据模型通常由数据结构、数据操作和完整性约束三部分组成。数据模型描述了系统的静态特性、动态特性和完整性约束条件。

1. 数据结构

数据结构是所研究的对象类型的集合。这些对象是数据库的组成成分，它们包括两类：一类是与数据类型、内容、性质有关的对象，例如网状模型中的数据项、记录及关系模型中的域、属性、关系等；一类是与数据之间联系有关的对象，例如网状模型中的系型（Set Type）。

数据结构是刻画一个数据模型性质最重要的方面。因此在数据库管理系统中，人们通常按照其数据结构的类型来命名数据模型。例如，层次结构、网状结构和关系结构的数据模型分别命名为层次模型、网状模型和关系模型。

数据结构是对系统静态特性的描述。

2. 数据操作

数据操作是指对数据库中各种对象（指数据的型）的实例（指数据的值）允许执行的操作的集合，包括操作及有关的操作规则。数据库主要有检索和更新（包括插入、删除、修改）两大类操作。数据模型必须定义这些操作的确切含义、操作符号、操作规则（如优先级）以及实现操作的语言。数据操作是对系统动态特性的描述。

3. 数据的约束条件

数据的约束条件是一组完整性规则的集合。完整性规则是给定的数据模型中数据及其联系应满足的制约和依存规则，用以限定符合数据模型的数据库状态以及状态的变化，以保证数据的正确、有效、相容。

数据模型应该反映和规定本数据模型必须遵守的基本的通用的完整性约束条件。例如，在关系模型中，任何关系必须满足实体完整性和参照完整性两个条件（第 2 章将详细讨论这两个完整性约束条件）。

此外，数据模型还应该提供定义完整性约束条件的机制，以反映具体应用所涉及的数据必须遵守的特定的语义约束条件。

1.2.2　3 种数据模型

如同在建筑设计和施工的不同阶段需要不同的图纸一样，在实施数据库应用中也需要使用不同的数据模型：概念模型（也称信息模型）、逻辑模型和物理模型。

概念模型独立于计算机系统，它完全不涉及信息在计算机系统中的表示，只是用来描述某个特定组织所关心的信息结构，是按用户的观点来对数据和信息建模，是对企业主要数据对象的基本表示和概括性描述，主要用于数据库设计。这类模型强调其语义表达能力，概念应该简单、清晰，易于用户理解，是数据库设计人员和用户之间进行交流的工具。著名的实体—联系模型就是概念模型中的代表，将在第 8 章中介绍。

逻辑模型是直接面向数据库的逻辑结构的，通常有一组严格定义的无二义性的语法和语义的数据库语言，人们可以用这种语言来定义、操纵数据库中的数据。应用程序员根据逻辑模型编程，每种数据库管理系统都支持一种逻辑模型。目前，数据库领域中最常用的逻辑模型有层次模型（Hierarchical Model）、网状模型（Network Model）、关系模型（Relational Model）、面向对象模型（Object Oriented Model）、对象关系模型（Object Relational Model）等，其中层次模型和网状模型统称为非关系模型。非关系模型的数据库系统在 20 世纪 70～80 年代初非常流行，但是现在已逐渐被关系模型的数据库系统所取代。由于早期开发的应用系统都是基于层次数据库或网状数据库系统的，因此目前仍有不少层次数据库或网状数据库系统在继续使用。

20 世纪 80 年代以来，面向对象的方法和技术的流行促进了数据库中面向对象模型的研究和发展。面向对象的数据模型将在第 10 章中介绍。

物理模型是对数据最底层的抽象，它描述数据在磁盘或磁带上的存储方式和存取方法，是面向计算机系统的。物理模型的具体实现是数据库管理系统的任务，在使用支持关系模型的数据库管理系统时，用户不必考虑物理级的细节。

从概念模型到逻辑模型的转换由数据库设计人员完成，从逻辑模型到物理模型的转换则由数据库管理系统完成。

一般人员掌握了逻辑模型就可以很方便地使用数据库。

1.3　数据库系统的三级模式结构

数据库系统通常采用三级模式结构，即外模式、模式和内模式，如图 1-3 所示。这是数据库系统内部的系统结构。

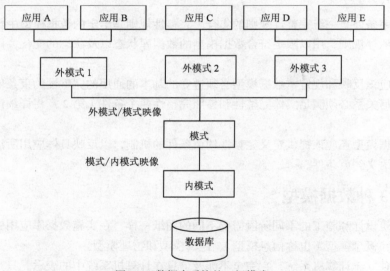

图 1-3　数据库系统的三级模式

（1）模式

模式又被称为逻辑模式，是对数据库中全部数据的逻辑结构和特性的描述，是数据库所有用户的公共数据视图。

模式不仅定义数据的逻辑结构，如记录名及数据项的名字、类型、长度等，而且要定义与数据有关的安全性、完整性要求，此外，还要定义数据记录内部的结构，以及数据项之间的联系，进一步表示不同记录之间的联系。

一般数据库系统提供模式描述语言严格地表示这些内容。用 DDL 写出的一个数据库的定义的全部语句称为一个数据库的模式。模式是对数据库结构的一种描述，而不是数据库本身。在关系数据库中对表的定义，以及对安全性、完整性的定义构成了数据库模式。

（2）外模式

外模式又称为用户模式或子模式，通常是模式的子集，是数据库系统中每个用户看到和使用的数据视图，即是与某一应用有关的数据的逻辑表示。

不同的用户因为需求不同，对待数据的方式可以不同，对数据的保密要求、使用的程序设计语言都可以不同，因此他们的用户模式描述是不同的。即使对于模式中的同一数据，在用户模式中的结构、类型、长度、保密级别均可以不同。

数据库系统提供外模式描述语言（外模式 DDL）描述用户数据视图。用外模式 DDL 写出的一个用户数据视图的逻辑定义的全部语句叫做此用户的外模式。外模式与用户使用的编程语言具有相容的语法。

在关系数据库中，用户可以对基本表或定义在基本表的视图上操作，对于某个用户来说，他对自己使用的表和视图的定义构成了他的用户模式。

（3）内模式

内模式是数据库所有数据的内部表示或者说是底层的描述。内模式用来定义数据的存储方式和物理结构。例如，是按 B^+ 树结构存储还是 Hash 方法存储，是否压缩存储，是否建立索引，是否加密，如何进行存储管理等。

系统也要提供内模式描述语言（内模式 DDL）来定义和描述内模式。现有的关系数据库产品中一般给出一系列的 DBA 实用程序来定义内模式，内模式的定义和修改是 DBA 的责任。

数据库系统的三级模式是对数据的 3 个抽象级别。它把数据的具体组织留给 DBMS 去做，用户只要抽象地逻辑地处理数据，而不用关心这些数据如何在计算机中表示和存储，大大减轻了用户使用计算机的负担。为了实现 3 个抽象层次的联系和转换，数据库系统在这三级模式中提供了以下两个层次的映像。

● 外模式/模式映像。

● 模式/内模式映像。

模式/内模式映像定义了数据的逻辑结构和存储结构的对应关系。例如，说明逻辑记录和字段在内部如何表示，当存储结构变了，模式/内模式的映像也必须做出相应的修改使模式不变。例如，在关系系统中某关系原来是以堆文件方式存储，现在按 B^+ 树方式存储。DBA 做了文件存储方式的转换，对原关系建了 B^+ 树索引，但关系名仍不变，关系的其他所有定义也没有变，即模式没有变化，保证系统中数据具有较高的物理独立性。

外模式/模式映像定义了某一外模式和模式之间的对应关系。这些映像定义通常包含在外模式中，当模式改变时，外模式/模式的映像要做相应的改变，以保证外模式不变。例如，在关系系统中，用户的外模式由一系列视图组成，若基本表的结构发生变化，如将一个表垂直分成两个表，这两个表的自然连接构成了原来的表，只要修改视图的定义，用户通过应用程序看到的视图并没有变化，应用程序不用修改，使得模式发生变化，外模式不变，应用程序不变，数据具有逻辑独立性。

1.4　数据库系统的特点

数据库系统是在文件系统的基础上发展起来的，数据库系统与文件系统相比有很多优点。

（1）数据结构化

实现整体数据的结构化，是数据库的主要特征之一，也是数据库系统与文件系统的本质区别。

在文件系统中，文件中的记录内部具有结构，不同文件中的记录之间也能建立联系，但是，记录的结构和记录之间的联系被固化在程序中，由程序员加以维护。这种工作模式加重了程序员的负担，也不利于结构的变动。

在数据库系统中，记录的结构和记录之间的关系由数据库系统维护。用户使用 DDL 描述记录的结构，数据库系统把数据的结构作为系统数据保存在数据库中，不同文件记录之间中的联系由 DBMS 提供的操作实现，减轻了程序员的工作量，提高了工作效率。

在数据库系统中，不仅数据是结构化的，而且存取数据的方式也很灵活，可以存取数据库中的某一个数据项、一组数据项、一个记录或一组记录。而在文件系统中，数据的最小存取单位是记录，粒度不能细到数据项。

（2）数据共享性高、冗余度低

使用文件系统开发应用软件时，一般情况下，一个文件仅供某个应用使用，文件中数据的结构是针对这个应用设计的，很难被其他的应用所共享。例如，财务部门根据自己的需要设计一个文件存储职员信息，用于发放薪水，而人事部门的需求完全不同于财务部门，因此，设计另外一个文件存储职员信息，结果是职员的部分信息在两个文件中重复存放，即存在数据冗余，数据冗余会造成数据的不一致性。即使在设计时考虑到了文件在不同应用中的共享问题，也很难实现数据共享。因为在很多操作系统中，文件被某个程序使用期间，不允许其他的程序使用。

使用数据库系统开发应用软件时，要求综合考虑组织机构各个部门对数据的不同要求，例如，在数据库中只存放一份职员数据，它既能满足财务部门的业务处理，也能满足人事部门日常工作的要求，减少了数据冗余。DBMS 采用特殊的技术协调同时访问数据而造成的各种冲突问题，允许事务并发执行，提高了数据的共享程度，例如，财务部门和人事部门可以同时访问职员数据。

（3）数据独立性高

数据独立性是数据库领域中一个常用术语，包括数据的物理独立性和数据的逻辑独立性。

物理独立性是指应用程序与数据库中数据的物理存放位置和结构是相互独立的。只要数据的逻辑结构不变，即使改变了数据的物理存储结构，应用程序也不用更改。

逻辑独立性是指应用程序与数据库中数据的逻辑结构是相互独立的，也就是说，即使数据的逻辑结构改变了，应用程序也可以不变。

DBMS 一定可以保证数据的物理独立性，在一定程度上也可以满足数据的逻辑独立性。数据独立性是由数据库的三级模式两层映像实现的。

（4）数据由 DBMS 统一管理和控制

数据库的共享是并发的（concurrency）共享，即多个用户可以同时存取数据库中的数据，甚至可以同时存取数据库中同一个数据。为此，DBMS 还必须提供以下几方面的数据控制功能。

● 数据的安全性（security）保护。数据的安全性是指保护数据，以防止不合法的使用造成数据的泄密和破坏，使每个用户只能按规定对数据进行使用和处理。

● 数据的完整性（integrity）检查。数据的完整性指数据的正确性、有效性和相容性。完整性检查将数据控制在有效的范围内，或保证数据之间满足一定的关系。

● 并发（concurrency）控制。当多个用户的并发进程同时存取、修改数据库时，可能会发生相互干扰而导致错误的结果或使得数据库的完整性遭到破坏，因此必须对多用户的并发操作加以控制和协调。

● 数据库恢复（recovery）。计算机系统的硬件故障、软件故障、操作员的失误及故意的破坏都会影响数据库中数据的正确性，甚至造成数据库部分或全部数据的丢失。DBMS 具有将数据库从错误状态恢复到某一已知的正确状态（也称为完整状态或一致状态）的功能，这就是数据库的恢复功能。

　　DBMS 的出现使信息系统从以加工数据的程序为中心转向围绕共享的数据库为中心的新阶段。这样既便于数据的集中管理，又有利于应用程序的研制和维护，提高了数据的利用率和相容性，以及决策的可靠性。

　　目前，数据库已经成为现代信息系统的不可分离的重要组成部分，被广泛应用于科学技术、工业、农业、商业、服务业和政府部门的信息系统。

1.5　数据库系统的分类

　　根据计算机的系统结构，目前数据库系统主要可分成集中式、客户机/服务器（浏览器/应用服务器/数据库服务器）、并行式和分布式等几种。

　　（1）集中式数据库系统

　　集中式数据库系统的数据库管理系统、数据库和应用程序都在一台计算机上。在小型机和大型机上的集中式数据库系统一般是多用户系统，即多个用户通过各自的终端运行不同的应用系统，共享数据库。微型计算机上的数据库系统一般是单用户的。

　　（2）客户机/服务器数据库系统

　　在客户机/服务器数据库系统中，数据库管理系统、数据库驻留在服务器上，而应用程序放置在客户机上（微型计算机或工作站），客户机和服务器通过网络进行通信。在这种结构中，客户机负责业务数据处理流程和应用程序的界面，当要存取数据库中的数据时就向服务器发出请求，服务器接收客户机的请求后进行处理，并将客户要求的数据返回给客户机。

　　当前，随着 Internet 技术的应用，客户机/服务器两层结构已经发展为三层或多层结构。三层结构一般是指浏览器/应用服务器/数据库服务器结构。用户界面采用统一的浏览器方式，应用服务器上安装应用系统或应用模块，数据库服务器上安装数据库管理系统和数据库。两层或三层结构把数据库管理系统的功能进行合理的分配，减轻数据库服务器的负担，从而使服务器有更多的能力完成事务处理和数据访问控制，支持更多的用户，提高系统的性能。

　　（3）并行式数据库系统

　　随着数据库中数据量的增加，以及要求事务处理的数量和处理速度的提高，传统的计算机体系结构不能胜任这种要求，必须使用并行计算机。并行数据库管理系统是在并行机上运行的具有并行处理能力的数据库管理系统，是数据库技术与并行计算技术相结合的产物。并行计算机系统有共享内存型、共享磁盘型、非共享型以及混合型。并行计算技术利用多处理机并行处理产生的规模效益来提高系统的整体性能，为数据库管理系统提供了一个良好的硬件平台。并行数据库管理系统发挥了多处理机的优势，采用先进的并行查询技术和并行数据分布与管理技术，具有高性能、高可用性、高扩展性等优点。

　　（4）分布式数据库系统

　　分布式数据库由一组数据组成，这组数据物理上分布在计算机网络的不同节点上，逻辑上属于同一个系统。网络中的每个节点具有独立处理的能力（称为场地自治），可以执行局部应用，这时只访问本地数据；也可以执行全局应用，此时，通过网络通信子系统访问多个节点上的数据。

　　分布式数据库适应了企业部门分布的组织结构，可以降低费用，提高系统的可靠性和可用性，具有良好的可扩展性。

1.6　数据库管理系统的演变

数据库管理系统最早出现在20世纪60年代，在硬件与软件技术的进步和新应用的推动下，在随后的几十年中得到了持续的发展。

20世纪60年代，这个时期还是文件处理系统占据主导地位。由于大型的和复杂数据管理的需要，第一个数据库管理系统在这个时期引入，验证了DBMS管理大量数据的可行性。后期，随着数据库任务组（Data Base Task Group，DBTG）的成立，标准化方面的工作也开始展开。

20世纪70年代，人们开发出了采用层次和网状模型的第一代商用数据库管理系统，用于处理当时难以用文件系统处理的应用。直到今天，这些数据库管理系统仍在使用。第一代DBMS存在以下一些缺点。

● 基于导航的一次一条记录的过程使得访问数据库十分困难，即使是完成简单的查询也要编写复杂的程序。

● 数据独立性很有限，因此，程序与数据的改变密切相关。

● 与关系模型不同，层次和网状模型都没有被广泛公认的理论基础。

E.F.Codd博士于1970年在 *Communications of The ACM* 杂志上发表了题为《A Relational Model of Data for Large Relational Databases》的论文，第一次提出了关系模型，经过众多研究工作者的努力，关系模型和理论得到了丰富和发展。20世纪80年代，很多基于关系模型的DBMS被开发出来，并得到了广泛的认可和应用。

20世纪90年代，Internet的出现改变了传统的计算模式，客户机/服务器计算模式变得十分流行，发展了DBMS的体系结构。由于企业之间的竞争越来越激烈，不但日常业务处理要依赖数据库，而且管理层的决策也要借助于数据库技术，数据仓库、联机分析和数据挖掘技术得到了广泛的应用。新的数据类型（如多媒体数据）不断涌现，面向对象数据库技术得到了发展，并融合到关系数据库中，出现了对象关系数据库。

目前，DBMS在支持网格计算、移动计算以及XML数据类型方面得到了很大的发展。

小　结

本章着重介绍了数据库系统的概念、特点和结构、数据库系统的发展过程、基本功能和组成模块。读者应重点掌握这些概念，并能独自进行区分，要理解采用数据库系统开发信息系统可以提高工作效率的原因。

数据库是组织机构中一组数据的集合。

数据库管理系统是一种重要的系统软件，用于数据管理，可以做到数据共享，提高信息系统的开发效率，是最新的数据管理技术。

数据模型用于描述数据库中数据的结构和性质、数据之间的联系以及施加在数据或数据联系上的一些限制。

数据库系统可以采用集中式、客户机/服务器等体系结构，目前，两层或多层的客户机/服务器体系结构占主导地位。

　　数据库管理系统经历了支持层次数据模型、网状数据模型、关系数据模型、面向对象数据模型、XML 数据模型几个发展过程，目前的主流产品是基于关系数据模型的，并作了适当的扩充以支持面向对象的概念和 XML 数据。

习　　题

1. 解释以下名词：

　　DB、DBMS、数据独立性。

2. 举例说明什么是数据冗余。它可能产生什么样的结果？

3. 为什么文件系统缺乏数据独立性？举例说明。

4. 通过与文件系统的比较，简述数据库系统的优点。

5. 简述数据库系统的功能。

6. DBA 的职责是什么？

7. 试述概念模型的作用。

8. 数据模型的三要素是什么？

9. 简述数据库的三级模式。

10. 简述常见的 DBMS。

第2章
关系模型

关系模型是目前最重要的一种逻辑数据模型。关系数据库系统采用关系模型作为数据的组织方式。美国 IBM 公司 San Jose 研究室的 E. F. Codd 博士于 1970 年首次提出了数据库系统的关系模型，开创了数据库关系方法和关系理论的研究，为数据库技术奠定了理论基础。由于 E. F. Codd 的杰出工作，他于 1981 年获得了 ACM 图灵奖。

目前，大多数计算机厂商推出的数据库管理系统几乎都支持关系模型，非关系系统的产品也大都加上了关系接口。数据库领域当前的研究工作也都是以关系方法为基础。主流的数据库管理系统都支持关系模型。

2.1　关系模型概述

关系模型的数据结构非常简单，只包含单一的数据结构——关系。其实，关系模型中数据的逻辑结构是一张扁平的二维表。

在关系模型中，现实世界的实体以及实体间的各种联系均用单一的结构类型（即关系）来表示。关系模型由数据结构、数据操作和完整性约束三部分组成。

2.1.1　关系模型的数据结构

关系模型采用**关系**（relation）作为数据结构，直观地讲，关系就是简单的表（table）。一个表一般由表名、表头和数据三部分构成，如图 2-1 所示的学生名单是一个关系。

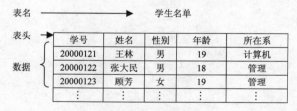

图 2-1　表的构成

之前我们已经非形式化地介绍了关系模型及有关的基本概念。为了更准确地理解，下面从集合论的角度给出关系数据结构的形式化定义。

1. 域

定义 2.1　域（domain）是一组具有相同数据类型的值的集合。

例如，整数、实数都是域。域可以被理解为程序设计语言中的数据类型，如 C 语言中的 int、float。

2. 笛卡尔积（Cartesian product）

笛卡尔积是域上面的一种集合运算。

定义 2.2 给定一组域 D_1，D_2，$\cdots$，D_n，这些域中可以有相同的域。D_1，D_2，$\cdots$，D_n 的**笛卡尔积**为：

$$D_1 \times D_2 \times \cdots \times D_n = \{(d_1, d_2, \cdots, d_n) \mid d_i \in D_i, i=1, 2, \cdots, n\}$$

其中，每一个元素（d_1，d_2，$\cdots$，d_n）叫做一个 **n 元组**（n-tuple）或简称元组（tuple）。元素中的每一个值 d_i 叫做一个**分量**（component）。

例如，$D_1=\{王林，顾芳\}$，$D_2=\{男，女\}$，$D_3=\{计算机，管理\}$，则：

$D_1 \times D_2 \times D_3 = \{$（王林，男，计算机），（王林，男，管理），（王林，女，计算机），（王林，女，管理），（顾芳，男，计算机），（顾芳，男，管理），（顾芳，女，计算机），（顾芳，女，管理）$\}$。

按照上面的定义，笛卡尔积是一个集合，为了清楚起见，我们把笛卡尔积的域映射为表的列，把每个元组映射为表的一行数据，将元组的分量放到合适的列，这样，就把笛卡尔积表示为一张表。表 2-1 所示为 D_1，D_2 和 D_3 的笛卡尔积。

表 2-1　　　　　　　　　　　D_1，D_2 和 D_3 的笛卡尔积

D_1	D_2	D_3
王林	男	计算机
王林	男	管理
王林	女	计算机
王林	女	管理
顾芳	男	计算机
顾芳	男	管理
顾芳	女	计算机
顾芳	女	管理

3. 关系

定义 2.3 $D_1 \times D_2 \times \cdots \times D_n$ 的一个有限子集叫做在域 D_1，D_2，$\cdots$，D_n 上的**关系**。

例如，D_1 是字符串集合，$D_2=\{男，女\}$，D_3 是整数的集合，图 2-1 所示的学生名单就是一个关系，它是笛卡尔积 $D_1 \times D_1 \times D_2 \times D_3 \times D_1$ 的一个子集。

由于构成关系的域可能相同，为了加以区分，必须给关系的每个域设定一个不同的名字，称为关系的**属性**（attribute）。

根据定义 2.3，关系是一个集合，因此，每个关系要有一个名字。为了更好地了解一个关系，除了名字外，还必须知道这个关系来自哪一个笛卡尔积。我们引入**关系模式**（relation schema）的概念。用下面的符号表示一个关系模式：

$$R(A_1, A_2, \cdots, A_n)$$

这里，R 表示关系的名字，A_1，A_2，$\cdots$，A_n 代表构成关系的属性。关系模式既给出了关系的名字，又描述了关系的来源，关系模式刻画了关系的结构。关系的内容即关系中的所有元素叫做**关系实例**（relation instance）。

一个关系由关系名、关系模式和关系实例组成，分别对应于表名、表头和表中的数据。关系名和关系模式是相对稳定的，关系实例会随时间而发生变化。图 2-1 所示的学生名单是一个关系，其名称和结构很少发生变化，但是，其中的数据会由于学生毕业和新生入学而不断地发生变化。因此，我们更关注关系的关系模式。

图 2-1 所示的学生名单关系的关系模式为：

学生（学号，姓名，性别，年龄，所在系）

在本书后面的叙述中，如果我们知道关系的关系模式，为了方便起见，就只给出关系名来表示一个关系。

由于关系是一个集合，所以关系的元组不能出现重复，即一定存在属性组 A_{i1}，A_{i2}，$\cdots$，A_{im}（$1 \leq m \leq n$），每个元组在这组属性上的取值不同于任何其他的元组。

如果属性组 A_{i1}，A_{i2}，$\cdots$，A_{im}（$1 \leq m \leq n$）使得每个元组在其上的取值具有唯一性，并且去掉任何一个属性后，元组在其上的取值不再具有唯一性，则称该属性组为**候选码**（candidate key）。

若一个关系有多个候选码，则选定其中一个作为**主码**（primary key）。包含在某个候选码中的属性叫做**主属性**，不包含在任何候选码中的属性称为**非主属性**或非码属性。在最简单的情况下，候选码只包含一个属性；在最极端的情况下，关系模式的所有属性是这个关系模式的候选码，称为**全码**（all-key）。

从上面的叙述中可知，关系是一个集合，可以被表示为表，表可以作为关系的同义词。但是要注意以下的事项：

① 列是同质的，即所有的行在同一个列上的取值必须是同一类型的数据，来自同一个域。例如，图 2-1 中每个元组在性别列上的取值只能来自域{男，女}。

② 不同的列可以出自同一个域，但是每个列要有唯一的名字。例如，图 2-1 所示的学号列、姓名列都来自字符串域。

③ 行的次序可以任意交换，交换表中任何两行的位置，得到的是同一个表。因为关系是一个集合，元组是关系的元素，集合中的元素无次序之分。

④ 列的次序可以任意交换，交换表中任何两列的位置，得到的仍然是同一个表。这是对关系定义的一个扩展，一般情况下，（d_1，d_2，$\cdots$，d_i，d_{i+1}，$\cdots$，d_n）$\neq$（d_1，d_2，$\cdots$，d_{i+1}，d_i，$\cdots$，d_n），因为关系是笛卡尔积的子集，而构成笛卡尔积的域的次序是不能交换的。但是，如果我们约定 d_i（$1 \leq i \leq n$）是行在列 A_i 上的分量，则（d_1，d_2，$\cdots$，d_i，d_{i+1}，$\cdots$，d_n）和 d_1，d_2，$\cdots$，d_{i+1}，d_i，$\cdots$，d_n）代表的是同一个行。

⑤ 任意两行不能完全相同，因为表中的一行代表关系中的一个元组，但是任何一个元组在主码上的取值是不同的。

⑥ 每一行在任何一列上的取值必须是单一值，不能是多个值；必须是原子值，不能是复合值。因此，表 2-2 不是一个关系，因为工资和扣除是可拆分的数据项，工资又分为基本工资、工龄工资和职务工资，扣除又分为房租和水电费。表 2-3 不是一个关系，因为一个人会有多个电话号码。表 2-4 也不是一个关系，表 2-5 和表 2-4 表示相同的信息，但是表 2-5 是一个关系。

表 2-2　　　　　　　　　　　　　　　工资单

编 号	姓 名	职 称	工 资			扣 除		实发
			基本	工龄	职务	房租	水电	
86051	陈 平	讲 师	1205	50	80	160	120	1055
⋮	⋮	⋮	⋮	⋮	⋮	⋮	⋮	

表 2-3　　　　　　　　　　　　　　　　通信录

姓　名	电话号码
王　林	8636xxxx(H)，8797xxxx(O)，139xxxxx001
张大民	133xxxxx125，138xxxxx878

表 2-4　　　　　　　　　　　　　　　成绩单 1

姓　名	课　程		
	数　学	物　理	化　学
王　林	85	90	92
张大民	97	78	85
顾　芳	86	89	96
姜　凡	78	93	67
葛　波	89	77	91

表 2-5　　　　　　　　　　　　　　　成绩单 2

姓　名	课　程	成　绩
王　林	数学	85
王　林	物理	90
王　林	化学	92
张大民	数学	97
张大民	物理	78
张大民	化学	85
顾　芳	数学	86
顾　芳	物理	89
顾　芳	化学	96
姜　凡	数学	78
姜　凡	物理	93
姜　凡	化学	67
葛　波	数学	89
葛　波	物理	77
葛　波	化学	91

2.1.2　关系模型的数据操作

2.1.1 节讲解了关系的数据结构，本节将介绍关系模型的数据操作。

以一张表为例，我们可以对一张表做以下的操作：

① 建表：给出表名，画出表头，进行一些修饰。

② 填表：向表中填入一行或多行数据。

③ 修改：改正表中的某些数据。

④ 删除：去掉一个行或多行。

⑤ 查询：查找满足某个条件的行。

⑥ 销毁表：表不再具有使用价值后，可以废除该表。

对一个关系也有相同的操作。关系模型中常用的关系操作包括查询（query）、插入（insert）、删除（delete）、修改（update）。例如，对 Student 关系有以下的操作，这些操作用 SQL 表示。

（1）创建关系模式

```
CREATE TABLE Student
(Sno     CHAR(7)    PRIMARY KEY,
 Sname   CHAR(8)    NOT NULL,
 Ssex    CHAR(2) ,
 Sage    SMALLINT,
 Sdept   CHAR(20) );
```

（2）插入学生王林的信息

```
INSERT
INTO Student(Sno,Sname,Ssex,Sdept,Sage)
VALUES ('2000012', '王林', '男', '计算机', 19);
```

（3）将学生王林由计算机系转到管理系

```
UPDATE  Student
SET Sdept = '管理'
WHERE  Sno='2000012';
```

（4）删除学生王林的信息

```
DELETE
FROM Student
WHERE Sno='2000012';
```

（5）显示管理系所有学生的信息

```
SELECT *
FROM Student
WHERE Sdept = '管理';
```

（6）删除学生关系

```
DROP TABLE Student;
```

2.1.3　关系模型的完整性约束

关系模型的完整性约束是一组约束条件，它们规定了关系实例中允许出现的元组和不允许出现的元组。关系模型中有 3 类完整性约束：实体完整性、参照完整性和用户定义的完整性。其中实体完整性和参照完整性是关系模型必须满足的完整性约束条件，被称做是关系的两个不变性，应该由关系数据库管理系统自动支持。

1. 实体完整性（entity integrity）

对任何一个关系 R，如果 A 是主码中的某个属性，则关系 R 的任何一个元组在属性 A 上不能取空值（NULL）。所谓空值就是"不知道"或"无意义"的值。

例如，关系 student 的主码是学号，任何一个元组在学号上的值不能取空值，即每个学生必须有一个学号。

实体完整性的意义在于，如果主码中的某个属性取空值，就说明存在某个不可标识的实体，即存在不可区分的实体，这与主码的意义相矛盾，因此称为实体完整性。

2. 参照完整性（referential integrity）

假设关系 R 有属性组 A_{i1}，A_{i2}，$\cdots$，A_{im}，关系 S 有属性组 B_{i1}，B_{i2}，$\cdots$，B_{im}，并且 A_{ij} 和 B_{ij} 来自同一个域，$1 \leqslant j \leqslant m$，如果 B_{i1}，B_{i2}，$\cdots$，B_{im} 是关系 S 的主码，则 A_{i1}，A_{i2}，$\cdots$，A_{im} 叫做关系 R 的外码。

参照完整性要求，关系 R 的任何一个元组在外码上的取值要么是空值，要么是关系 S 中某个元组的主码的值。参照完整性保证不引用不存在的实体。

例如，假设我们有另外一个关系 department(Sdept, Dmanager)，这个关系存储了学校中每个系的名称和系主任的名字，其中，属性 Sdept 是主码，如表 2-6 所示。

表 2-6　　　　　　　　　　　　　　department 关系

Sdept	Dmanager
计算机	庄琳
管理	张克峰
数学	韦忠礼

属性 Sdept 既出现在关系 department 中，又出现在关系 student 中。对于关系 student，属性 Sdept 就是一个外码。任何一个学生在 Sdept 上的取值要么是空值，表示目前尚不清楚该学生属于哪个系，要么出现在关系 department 的一个关系元组中，即必须是一个已经存在的系，而不允许是一个不存在的系。

3. 用户定义的完整性（user-defined integrity）

任何关系数据库管理系统都应该支持实体完整性和参照完整性。除此之外，不同的应用系统根据其应用环境的不同，往往还需要一些特殊的约束条件，用户定义的完整性就是针对某一具体应用环境的约束条件。它反映某一具体应用所涉及的数据必须满足的语义要求。例如，某个属性必须取唯一值，某个属性不能取空值，某个属性的取值范围在 0~100 之间等。关系模型应提供定义和检验这类完整性的机制，以便用统一的系统的方法处理它们，而不要由应用程序承担这一功能。

2.2　关系代数

对关系的查询操作是一种最常用的操作。本节介绍**关系代数**，它是一种抽象的关系查询语言，通过对关系的运算来表达对关系的查询。

任何一种运算都是将一定的运算符作用于一定的运算对象上，得到预期的运算结果。所以运算对象、运算符、运算结果是运算的 3 大要素。

关系是元组的集合。关系代数就是在关系上定义了一些运算，这些运算的结果仍然是关系。关系代数用到的运算符包括 4 类：集合运算符、专门的关系运算符、算术比较运算符和逻辑运算符。关系代数包括 4 个集合运算：交（INTERSECT）、并（UNION）、差（EXCEPT）和笛卡尔积（CARTESIAN PRODUCT）；4 个关系运算：选择（SELECT）、投影（PROJECT）、连接（JOIN）和除（DIVIDE），以及辅助这些运算的比较运算符、逻辑运算符。

关系代数用这些运算来表达对关系数据库的各种查询，关系代数的运算符号如表 2-7 所示。

表2-7　　　　　　　　　　　　　　关系运算符

运　算　符		含　义	运　算　符		含　义
集合 运算符	∪	并	比较 运算符	>	大于
	−	差		>=	大于等于
	∩	交		<	小于
				<=	小于等于
	×	广义笛卡尔积		=	等于
				< >	不等于
专门的 关系 运算符	σ	选择	逻辑 运算符	¬	非
	π	投影		∧	与
	⋈	连接		∨	或
	÷	除			

2.2.1　传统的集合运算

1．并

并运算是一个二元运算符。参与运算的有两个关系，这两个关系的属性个数必须相同，并且相同位置上的属性必须来自同一个域。并运算的结果是一个新的关系，其关系模式同原来的关系，关系实例是两个关系的关系实例的并。假设关系 R 和 S 可以进行并运算，则 R 和 S 的并运算的形式化定义如下：

$$R \cup S = \{ t | t \in R \lor t \in S \}$$

一个具体的例子如图 2-2 所示。注意集合中不允许出现相同的元素，关系 R 和 S 中都有元组（a_2，b_2，c_1），但是这个元组在结果中只出现了一次。

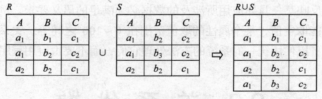

图 2-2　关系的并运算

2．交

交运算类似于并运算，只是新关系的关系实例是两个关系的关系实例的交。两个关系 R 和 S 的交运算的形式化定义为：

$$R \cap S = \{ t | t \in R \land t \in S \}$$

一个具体的例子如图 2-3 所示。

R		
A	B	C
a_1	b_1	c_1
a_1	b_2	c_2
a_2	b_2	c_1

∩

S		
A	B	C
a_1	b_2	c_2
a_1	b_3	c_2
a_2	b_2	c_1

⇒

$R \cap S$		
A	B	C
a_1	b_2	c_2
a_2	b_2	c_1

图 2-3　关系的交运算

3. 差

差运算类似于并运算，新关系的关系实例是两个关系的关系实例的差。两个关系 R 和 S 的差运算的形式化定义为：

$R - S = \{ t | t \in R \wedge t \notin S \}$

具体的例子如图 2-4 所示。

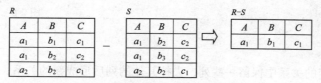

图 2-4　关系的差运算

4. 笛卡尔积

两个分别具有 n 个属性和 m 个属性的关系 R 和 S 的笛卡尔积是一个具有（$n+m$）个属性的关系。新关系的关系模式由关系 R 和关系 S 连接而成，关系实例中的元组的前 n 列是关系 R 的一个元组，后 m 列是关系 S 的一个元组。若 R 有 k_1 个元组，S 有 k_2 个元组，则关系 R 和关系 S 的笛卡尔积有 $k_1 \times k_2$ 个元组，关系 R 和关系 S 的笛卡尔积记作：

$R \times S = \{ \widehat{t_r t_s} \ | t_r \in R \ \wedge \ t_s \in S \}$

一个具体的例子如图 2-5 所示。

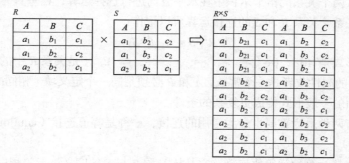

图 2-5　广义笛卡尔积

2.2.2　专门的关系运算

1. 选择

选择是一个一元运算符，选择的结果产生了一个新关系，新关系的关系模式与被操作的关系相同，关系实例是被操作关系中满足条件的元组，是被操作关系的关系实例的一个子集。对关系 R 的选择操作记作：

$\sigma_F(R) = \{t | t \in R \wedge F(t) = '真'\}$

其中 F 表示选择条件，它是一个逻辑表达式，取逻辑值"真"或"假"。逻辑表达式 F 的基本形式为：

$$X_1 \theta Y_1 \ [\phi X_2 \theta Y_2] \cdots$$

其中θ表示比较运算符，它可以是 > 、> = 、< 、< = 、=或<>。X_1，Y_1 等是属性名，或为常量，或为简单函数；属性名也可以用它在关系模式中的位置来代替；φ表示逻辑运算符，它可以是¬、∧或∨；[ ]表示任选项，即[ ]中的部分可以要也可以不要；… 表示上述运算可以重复下去。

选择运算是从水平方向进行的运算。例如，选择关系 R 中在属性 B 上的值是 b_1 的元组，结果如图 2-6 所示。

图 2-6　选择运算

2. 投影

投影是指从指定的关系中保留一些列，去掉其他的列后形成新的关系，记作：

$$\pi_A(R) = \{ t[A] \mid t \in R \}$$

其中 A 为 R 中需要保留的属性组，$t[A]$是从元组 t 生成的新元组，新元组是从元组 t 中去掉不包含在属性组 A 中的属性。投影操作是从垂直方向进行的运算。

图 2-7 示意了对关系 R 在属性 A 和 C 上投影的结果。注意，投影之后不仅取消了原关系中的某些属性，而且还可能取消某些元组，因为取消了某些属性后就可能出现重复的元组，应取消这些完全相同的元组。

图 2-7　投影运算

3. 连接

连接运算是从两个关系的笛卡尔积中在水平方向进行选择运算，在垂直方向进行投影运算从而产生一个新的关系，关系 R 和 S 的连接运算可以记作：

$$R \overset{\bowtie}{_F} S = \sigma_F(R \times S)$$

条件的一般形式是 $A\theta B$，$\theta \in \{ =, >, >=, <, <=, <> \}$，$A$ 是关系 R 中的属性或者是一个常数，B 是关系 S 中的属性或者是一个常数，A 和 B 必须是同一个定义域（相同的类型）。还可以用逻辑运算符和上面的一般形式构成更复杂的条件。

连接运算中有两种最为重要也最为常用的连接，一种是等值连接（equijoin），另一种是自然连接（natural join）。

θ为 "=" 的连接运算称为等值连接。它是从关系 R 与 S 的广义笛卡尔积中选取在 A，B 属性上值相等的那些元组。

自然连接是一种特殊的等值连接，它要求关系 R 中的属性 A 和关系 S 中的属性 B 名字相同，并且在结果中将其中的一列去掉。

一般的连接操作是从水平方向进行运算。但自然连接还需要取消重复列，所以是同时从水平和垂直方向进行运算。图 2-8（c）是条件连接，图 2-8（d）是等值连接，图 2-8（e）是自然连接。

关系 R 和 S 在做自然连接时，选择两个关系在公共属性上值相等的元组构成新的关系。此时，关系 R 中某些元组有可能在 S 中不存在公共属性上值相等的元组，从而造成 R 中这些元组的值在操作时被舍弃了，而 S 中的某些元组也可能被舍弃。例如，在图 2-8（e）所示的自然连接中，R 中的第 4 个元组和 S 中的第 5 个元组都被舍弃了。如果把该舍弃的的元组也保存在新关系中，在新增加的属性上填上空值，那么这种连接就叫做外连接（outer join），如果只把 R 中要舍弃的元组保留就叫做左外连接，如果只把 S 中要舍弃的元组保留就叫做右外连接。图 2-9（a）是图 2-8 中的关系 R 和关系 S 的外连接，图 2-9（b）是左外连接，图 2-9（c）是右外连接。

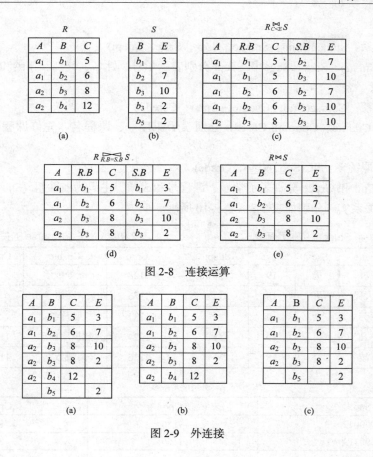

图 2-8　连接运算

图 2-9　外连接

4. 除

给定关系 $R(X, Y)$ 和 $S(Y, Z)$，其中 X，Y，Z 为属性组。R 中的 Y 与 S 中的 Y 可以有不同的属性名，但必须出自相同的域。R 与 S 的除运算得到一个新的关系 $P(X)$，对于任何一个元组 $t \in P(X)$，有 $t \in \pi_X(R)$，并且 $\{t\} \times \pi_Y(S) \subseteq R$。

在图 2-10 中，关系 R 表示某个飞行员能驾驶哪些机型，关系 S 中列出了 3 个机型，关系 $R \div S$ 表示会驾驶关系 S 中所列出的所有机型的飞行员。

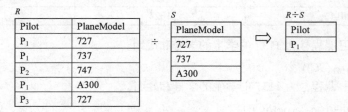

图 2-10　除运算

2.3　事例数据库

关系数据库是关系的集合。在这一节中，我们给出本书中使用的一个事例数据库，它包含 3

个关系。

（1）学生关系：Student(Sno，Sname，Ssex，Sage，Sdept)

属性 Sno、Sname、Ssex、Sage 和 Sdept 分别表示学号、姓名、性别、年龄和所在系，Sno 为主码。

（2）课程关系：Course(Cno，Cname，Cpno，Ccredit)

属性 Cno、Cname、Cpno 和 Ccredit 分别表示课程号、课程名、先修课程号和学分，Cno 为主码。

（3）学生选课关系：SC(Sno，Cno，Grade)

属性 Sno、Cno 和 Grade 分别表示学号、课程号和成绩，主码为属性组 (Sno，Cno)。

3 个关系的关系实例分别如表 2-8 ~ 表 2-10 所示。

表 2-8　　　关系 Student 的关系实例

Sno	Sname	Ssex	Sage	Sdept
2000012	王林	男	19	计算机
2000113	张大民	男	18	管理
2000256	顾芳	女	19	管理
2000278	姜凡	男	19	管理
2000014	葛波	女	18	计算机

表 2-9　　　关系 Course 的关系实例

Cno	Cname	Cpno	Ccredit
1128	高等数学		6
1156	英语		6
1137	管理学		4
1024	数据库原理	1136	4
1136	离散数学	1128	4

表 2-10　　　　　　　　　　　关系 SC 的关系实例

Sno	Cno	Grade
2000012	1156	80
2000113	1156	89
2000256	1156	93
2000014	1156	88
2000256	1137	77
2000278	1137	89
2000012	1024	80
2000014	1136	90
2000012	1136	78
2000012	1137	70
2000014	1024	88

例 1　查询学习课程号为 1137 的学生的学号和成绩。

$\pi_{Sno,Grade}(\sigma_{Cno='1137'}(SC))$

例 2　查询学习课程号为 1137 的学生的学号和姓名。

$\pi_{Sno,Sname}(Student \bowtie (\sigma_{Cno='1137'}(SC)))$

例 3　查询选修课程名为管理学的学生的学号和姓名。

$\pi_{Sno,Sname}(Student \bowtie (\sigma_{Cname='管理学'}(Course)) \bowtie SC)$

例 4　查询选修课程号为 1024 或 1136 的学生的学号。

$\pi_{Sno}(\sigma_{Cno='1024' \lor Cno='1136'}(SC))$

例 5　查询至少选修课程号为 1024 与 1136 的学生的学号。

$\pi_1(\sigma_{1=4 \land 2='1024' \land 5='1136'}(SC \times SC))$

在本例中，$SC \times SC$ 表示关系 SC 自身进行笛卡尔积，结果中有列重名的现象，这时，不能写 Sno=Sno，因为 Sno 具有二义性（有两个列的名称都叫 Sno），所以用 1=4 来表示，1 表示第 1 列，4 表示第 4 列。

例6 查询没有学课程号为 1156 课程的学生姓名和所在系。

$$\pi_{Sname,Dept}(Student) - \pi_{Sname,Dept}(Student \bowtie (\sigma_{Cno='1156'}(SC)))$$

例7 查询学习全部课程的学生的学号。

$$\pi_{Sno,Cno}(SC) \div \pi_{Cno}(Course)$$

例8 查询所学课程包含学生葛波所学课程的学生的姓名。

学生葛波所学的课程可以表达为：

$$\pi_{Cno}(\sigma_{sname='葛波'}(Student) \bowtie SC)$$

所学课程包含学生葛波所学课程的学生的学号是：

$$\pi_{Sno,Cno}(SC) \div \pi_{Cno}(\sigma_{sname='葛波'}(student) \bowtie SC)$$

这些学生的姓名是：

$$\pi_{Sname}(student \bowtie (\pi_{Sno,Cno}(SC) \div \pi_{Cno}(\sigma_{sname='葛波'}(student) \bowtie SC)))$$

例9 向关系 S 中增加一个学生的信息。

student ∪ ('2000015', '李立', '男', 20, '计算机')

小 结

本章着重介绍了关系的概念、基本操作和完整性约束。理解关系模型是使用关系数据库的基础。

形象地讲，关系是一个简单的二维表，由若干列和若干行组成，同一列中的数据有相同的数据类型，当然，为了区分不同的表，每个二维表要有一个唯一的名称。

从形式上讲，关系是一个集合，集合的元素叫做元组。n 元关系（有 n 个属性）的元组有 n 个分量，每个分量是属性对应的集合（又叫做域）的一个元素。

关系的操作分为查询和更新操作。更新操作有插入一个元组、删除一个元组、修改元组的某个分量。查询操作有传统的集合操作和选择、投影、连接和除操作。

关系模型要求关系要满足实体完整性约束、参照完整性约束、用户自定义完整性约束。实体完整性是指关系中任何一个元组在主关键字上不能取空值。空值是一个特殊的值，表示暂时"不知道"或"不存在"具体的值。

习 题

1. 简述域的概念。
2. 举例说明什么是主码，它的作用是什么？
3. 举例说明什么是外码，它的作用是什么？
4. 什么是实体完整性？什么是参照完整性？
5. 笛卡尔积、等值连接和自然连接之间有什么差异？

6. 给出本章例 1 ~ 例 9 的结果。

7. 设有一个 SPJ 数据库，包括 S、P、J、SPJ 4 个关系模式：

S(SNO, SNAME, STATUS, CITY);

P(PNO, PNAME, COLOR, WEIGHT);

J(JNO, JNAME, CITY);

SPJ(SNO, PNO, JNO, QTY);

供应商表 S 由供应商代码（SNO）、供应商姓名（SNAME）、供应商状态（STATUS）、供应商所在城市（CITY）组成；零件表 P 由零件代码（PNO）、零件名（PNAME）、颜色（COLOR）、重量（WEIGHT）组成；工程项目表 J 由工程项目代码（JNO）、工程项目名（JNAME）、工程项目所在城市（CITY）组成；供应情况表 SPJ 由供应商代码（SNO）、零件代码（PNO）、工程项目代码（JNO）、供应数量（QTY）组成，表示某供应商供应某种零件给某工程项目的数量为 QTY。

今有若干数据如下：

S 表

SNO	SNAME	STATUS	CITY
S1	精 益	20	天津
S2	盛 锡	10	北京
S3	东方红	30	北京
S4	丰泰盛	20	天津
S5	为 民	30	上海

P 表

PNO	PNAME	COLOR	WEIGHT
P1	螺 母	红	12
P2	螺 栓	绿	17
P3	螺丝刀	蓝	14
P4	螺丝刀	红	14
P5	凸 轮	蓝	40
P6	齿 轮	红	30

J 表

JNO	JNAME	CITY
J1	三 建	北京
J2	一 汽	长春
J3	弹 簧 厂	天津
J4	造 船 厂	天津
J5	机 车 厂	唐山
J6	无线电厂	常州
J7	半导体厂	南京

SPJ表

SNO	PNO	JNO	QTY
S1	P1	J1	200
S1	P1	J3	100
S1	P1	J4	700
S1	P2	J2	100
S2	P3	J1	400
S2	P3	J2	200
S2	P3	J4	500
S2	P3	J5	400
S2	P5	J1	400
S2	P5	J2	100
S3	P1	J1	200
S3	P3	J1	200
S4	P5	J1	100
S4	P6	J3	300
S4	P6	J4	200
S5	P2	J4	100
S5	P3	J1	200
S5	P6	J2	200
S5	P6	J4	500

试用关系代数完成如下查询：

（1）求供应工程 J1 零件的供应商号码 SNO；

（2）求供应工程 J1 零件 P1 的供应商号码 SNO；

（3）求供应工程 J1 红色零件的供应商号码 SNO；

（4）求没有使用天津供应商生产的红色零件的工程号 JNO；

（5）求至少用了供应商 S1 所供应的全部零件的工程号 JNO。

第3章
关系数据库标准语言 SQL

关系代数提供了选择、投影、连接等运算，用于对关系中的数据进行查询，其特点是简捷而严格。SQL（Structured Query Language）语言是关系数据库的标准语言，它包含了关系代数的基本运算，并进行了扩充，功能十分强大。当前，几乎所有的关系数据库管理系统都支持 SQL 语言，许多数据库管理系统提供商对 SQL 的基本命令集还进行了不同的扩充。本章主要介绍被广泛实现的 SQL-1992 标准，也介绍一些 SQL-1999 和 SQL-2003 标准中的扩充。

3.1　SQL 概述

3.1.1　SQL 的产生和发展

SQL 的最早版本是由 IBM 开发的。SQL 语言的前身是 1972 年提出的 SQUARE（Specifying Queries As Relational Expression）语言，在 1974 年修改为 SEQUEL（Structured English Query Language），简称 SQL。

由于 SQL 简单易学，功能丰富，深受用户及计算机工业界欢迎，被数据库厂商所采用。经过各公司的不断修改、扩充和完善，SQL 语言得到业界的认可。1986 年 10 月美国国家标准学会（American National Standard Institute，ANSI）的数据库委员会 X3H2 批准了 SQL 作为关系数据库语言的美国标准，同年公布了 SQL 标准文本（SQL-1986）。1987 年国际标准化组织（International Organization for Standardization，ISO）也通过了这一标准。此后 ANSI 不断修改和完善 SQL 标准，并于 1989 年公布了 SQL-1989 标准，1992 年公布了 SQL-1992 标准（又称 SQL2），1999 年公布了 SQL-1999 标准（SQL3），2003 年公布了 SQL-2003 标准（SQL4）。

目前，各个数据库厂商都有各自的 SQL 软件或与 SQL 的接口软件，并开发了各种图形界面的输入输出软件、报表生成器、软件开发工具等，大大方便了应用程序的开发，并且使得开发出的应用程序的界面更丰富，更方便用户的使用。

3.1.2　SQL 的组成

1. 操作对象

表和视图是 SQL 的操作对象。

表就是关系模型中的关系。表有表名、表结构（关系模式）和数据 3 部分组成。表的名字和结构存储在 DBMS 的数据字典中，表中的数据保存在数据库中。

视图是一个特殊的表，基本上可以把它当作表使用，视图的概念在下一章中介绍。

2. 操作分类

SQL 语言包括了对数据库的所有操作，在功能上可以分为以下 4 个部分：

（1）数据定义语言（Data Definition Language，DDL）

数据定义语言用来定义数据库的逻辑结构，包括定义表、视图和索引。数据定义只是定义结构，不涉及具体的数据。数据定义语句的执行结果是在数据字典中记录下了这些定义。

（2）数据操纵语言（Data Manipulation Language，DML）

数据操纵语言包括数据查询和数据更新两大类操作。数据更新包括插入、删除和修改操作。数据操纵就是指对数据库中数据的这些存取操作。

（3）数据控制语言（Data Control Language，DCL）

这一部分包括对关系和视图的访问权限的描述，以及对事务的控制语句。

（4）嵌入式 SQL 和动态 SQL（Embeded SQL and Dynamic SQL ）

它们规定如何在诸如 C、Fortran、Cobol 等宿主语言中使用 SQL 的规则。

3.1.3　SQL 的特点

1. 综合统一

数据库管理系统的主要功能是通过数据库支持的数据语言来实现的。

非关系模型（层次模型、网状模型）的数据语言一般都分为数据操纵语言和数据定义语言。数据定义语言描述数据库的逻辑结构和存储结构。这些语言各有各的语法。当用户数据库投入运行后，如果需要修改模式，必须停止现有数据库的运行，转储数据，修改模式并编译后再重装数据库，十分麻烦。

SQL 语言则集数据定义语言、数据操纵语言、数据控制语言的功能于一身，语言风格统一，可以独立完成数据库生命周期中的全部活动，包括建立数据库、定义关系模式、插入数据、查询和更新数据、维护和重构数据库、数据库安全性控制等一系列操作要求，这就为数据库应用系统的开发提供了良好的环境。用户在数据库投入运行后，还可根据需要随时地逐步地修改模式，并且不影响数据库的运行，从而使系统具有良好的可扩展性。

另外，在关系模型中实体和实体间的联系均用关系表示，这种数据结构的单一性带来了数据操作符的统一，查找、插入、删除、更新等操作都只需一种操作符，从而克服了非关系系统由于信息表示方式的多样性带来的操作复杂性。

2. 高度非过程化

非关系数据模型的数据操纵语言是面向过程的语言，就像大家熟悉的 C 语言一样，执行一项工作时必须描述"怎么做"的过程。如果要从数据库中取出数据，必须描述在什么地方以何种方式取出数据，这就要求使用人员了解数据库的物理结构。而用 SQL 语言进行数据操作时，只要提出"做什么"，而无须指明"怎么做"。"怎么做"是由系统自动完成的。用户是在数据库的逻辑结构层次上使用数据库，无须了解数据库的物理结构。这不但大大减轻了用户的负担，而且有利于提高数据的独立性。

3. 面向集合的操作方式

非关系数据模型采用的是面向记录的操作方式，操作对象是一条记录。例如，要查询所有平均成绩在 80 分以上的学生姓名，用户必须一条一条地把满足条件的学生记录找出来（通常要说明具体处理过程，即按照哪条路径，如何循环等）。SQL 语言采用集合操作方式，不仅操作对象、查找结果可以是元组的集合，而且一次插入、删除、更新操作的对象也可以是元组的集合。

4. 以同一种语法结构提供两种使用方式

SQL 语言既是自含式语言，又是嵌入式语言。作为自含式语言，它能够独立地用于联机交互的使用方式，用户可以在终端上直接输入 SQL 命令对数据库进行操作；作为嵌入式语言，SQL 语句能够嵌入到高级语言（例如 C、Cobol、Fortran）程序中，供程序员设计程序时使用。在两种不同的使用方式下，SQL 语言的语法结构基本上是一致的。这种以统一的语法结构提供两种不同的使用方式的做法提供了极大的灵活性与方便性。

5. 语言简捷，易学易用

SQL 语言功能极强，但由于设计巧妙，语言十分简捷，完成核心功能只用了 9 个动词，如表 3-1 所示。

表 3-1　　　　　　　　　　　SQL 语言的动词

SQL 功能	动　　词
数据查询	SELECT
数据定义	CREATE, DROP, ALTER
数据操纵	INSERT, UPDATE, DELETE
数据控制	GRANT, REVOKE

3.2　数 据 查 询

数据查询是数据库的核心操作。SQL 使用 SELECT 语句完成对数据库的查询操作，涵盖了关系代数的所有运算。SELECT 语句具有灵活的使用方式和丰富的功能，其格式为：

SELECT [ALL|DISTINCT] <目标列表达式> [别名] [, <目标列表达式> [别名] …]
FROM <表名或视图名> [别名] [,<表名或视图名> [别名] …]
[**WHERE** <条件表达式>]
[**GROUP BY** <列名表>
[**HAVING** <条件表达式>]]
[**ORDER BY** <列名> [ASC|DESC] [, <列名> [ASC|DESC]];

在上面的格式中，我们使用了一些特殊符号来表达一定的含义，这些符号的含义如下。

● []：表示[]中的内容是可选的，即[]中的内容可以出现，也可以不出现，例如，[**WHERE** <条件表达式>]，表示查询语句中可以有 WHERE 子句，也可以没有 WHERE 子句。

● <>：表示<>中的内容必须出现，但具体内容则要根据具体应用来填写。例如，可以用 Sname 替换<目标列表达式>。

● |：表示选择其一，例如，可以使用 ASC 或者 DESC 代替 ASC|DESC。

● [,…]：表示括号中的内容可以重复出现零至多次。例如，[,<表名或视图名> [别名]]，可以出现零个或多个表名。

SELECT 语句由 SELECT 子句、FROM 子句、WHERE 子句、GROUP BY 子句、HAVING 子句和 ORDER BY 子句组成，其中，SELECT 子句和 FROM 子句是必须出现的，其他的子句可以根据实际需要选用。

SELECT 语句的功能是根据 WHERE 子句中的条件从 FROM 子句中的表或视图中找出满足条件的元组，然后将满足条件的元组在 SELECT 句中规定的列上做投影，最后得到一个结果关系。其他的子句是对得到的结果关系进行再处理。GROUPBY 子句将结果关系按<列名 1>的值进行分组，该属性列值相等的元组为一个组，通常会在每组中使用聚集函数。如果 GROUP 子句带有 HAVING 短语，则只有满足指定条件的组才予以输出。如果有 ORDERBY 子句，则结果关系还要按<列名 2>的值的升序或降序排序。

简单地说，一个 SELECT 语句对应下面的关系代数式：

$$\pi_{A_1, A_2, \cdots, A_n} (\sigma_{F_1 \wedge F_2 \wedge \cdots \wedge F_n} (R_1 \times R_2 \times \ldots \times R_n))$$

3.2.1　单表查询

单表查询是指 FROM 子句中仅涉及一个表的查询。

1. SELECT 语句

SELECT 子句用来选择表中的全部列或部分列。

（1）查询指定列

在很多情况下，用户只对表中的一部分列感兴趣，这时可以在 SELECT 子句的<目标列表达式>中指定要查询的列。

例 1　查询全体学生的学号与姓名。

学生的信息存放在 Student 表中，题目要求对 Student 表在学号和姓名列上做投影操作，因此关系代数式为：

$$\pi_{Sno, Sname}(Student)$$

在 SQL 语言中，用 FROM 子句指定要操纵的表，SELECT 子句给出要投影的列，完成题目所要求查询的 SQL 语句为：

```
SELECT Sno, Sname
FROM Student;
```

SELECT 语句的执行结果是一个新表，它的关系模式由 SELECT 子句中的属性构成，但没有名字，是一个临时表，表的结构和表中的数据不会被存储到关系数据库中。针对 2.3 节中给定的 Student 表的关系实例，查询结果为：

Sno	Sname
2000012	王林
2000014	葛波
2000113	张大民
2000256	顾芳
2000278	姜凡

（2）查询全部列

这样的查询实际上是要显示表的所有列的内容，关键是如何在 SELECT 子句中指定表中所有的列。一种方法是用枚举的方法给出所有的列名，前提是要知道表的关系模式，另一种方法是用符号"*"代表所有的列。

例2 查询所有课程的详细记录。

方法1：

```
SELECT Cno, Cname, Cpno, Ccredit
FROM Course;
```

方法2：

```
SELECT *
FROM Course;
```

（3）查询经过计算的值

SELECT 子句的<目标列表达式>不仅可以是表中的列，也可以是一个表达式，表达式是由运算符将常量、列、函数连接而成的有意义的式子。

例3 查询全体学生的姓名及其出生年份。

```
SELECT Sname, 2001 - Sage
FROM Student;
```

输出的结果为：

Sname	2001 - Sage
王　林	1982
张大民	1983
顾　芳	1982
姜　凡	1982
葛　波	1983

注意，SELECT 语句生成的新表有两个列，分别是 Sname、2001- Sage，后一个列的名字就是 SELECT 子句中的表达式。有时为了清晰起见，需要对这样的列重新命名，SQL 语言使用 AS 子句对列和表进行重命名。AS 子句的格式为：

旧名 **AS** 新名

假设我们将列名 2001-Sage 重命名为 BirthYear，SQL 语句为：

```
SELECT Sname,2001-Sage AS BirthYear
FROM Student;
```

输出的结果为：

Sname	BirthYear
王　林	1982
张大民	1983
顾　芳	1982
姜　凡	1982
葛　波	1983

注意

保留词 AS 也可以省略。

上述 SQL 语句也可以写为：

```
SELECT Sname,2001 - Sage  BirthYear
FROM Student;
```

（4）过滤重复元组

投影操作可能会生成一些相同的元组，由于关系是一个集合，因此，关系代数的投影运算会自动地去除重复的元组。但是 SQL 语言采用包（bag）语义，包是特殊的集合，它允许出现相同元素。默认情况下，SELECT 语句的结果会有相同的数据行，但是 SELECT 语句也提供了消除重复数据行的手段，即在 SELECT 子句中加上 DISTINCT 关键词。如果没有 DISTINCT，则保留重复行。

例 4　列出表 Student 中所有的系。

```
SELECT Sdept
FROM Student;
```

该语句的执行结果是：

Sdept
计算机
管　理
管　理
管　理
计算机

去掉重复的元组要用以下的语句：

```
SELECT DISTINCT Sdept
FROM Student;
```

该语句的执行结果是：

Sdept
计算机
管理

2．WHERE 子句

WHERE 子句用于表达关系代数中选择运算的选择条件。常用的运算符如表 3-2 所示。

表 3-2　　　　　　　　　　　　　常用的运算符

查 询 条 件	谓　　　词
比较	=, >, <, >=, <=, <>
确定范围	BETWEEN AND，NOT BETWEEN AND
确定集合	IN，NOT IN
字符匹配	LIKE，NOT LIKE
空值	IS NULL，IS NOT NULL
逻辑运算符	AND，OR，NOT

（1）比较大小

比较运算符包括：=（等于）、>（大于）、<（小于）、>=（大于等于）、<=（小于等于）、!= 或 <>（不等于）。

用比较运算符构成的选择条件的形式是：

列名 运算符 常数

列名 运算符 列名

常数 运算符 列名

例 5 查询计算机系学生的详细信息。

全校所有的学生信息都存放在 Student 表中，在 2.3 节中给出的实例中就既有计算机系的学生信息，也有管理系的学生信息。题目只要求查询计算机系学生的详细信息，因此，要对表 Student 进行选择操作，选择条件是 Sdept = '计算机'，关系代数式为：

$$\sigma_{Sdept = '计算机'}(Student)$$

前面讲过，SELECT 语句的 SELECT 子句给出需要投影的列，题目要求查询学生的详细信息，不需要进行投影运算，也可以理解为对表所有的列进行投影，因此，SQL 语句为：

```
SELECT *
FROM Student
WHERE Sdept = '计算机';
```

例 6 查询所有年龄在 19 岁以下的学生的姓名和年龄。

本例与上一个例子的不同之处在于，不需要查询学生的详细信息，只要求给出学生的姓名和年龄，要对 Student 表先进行选择操作，再进行投影操作，选择条件是 Sage < 19，投影列为 Sname 和 Sage，关系代数式为：

$$\pi_{Sname, Sage}(\sigma_{Sage < 19}(Student))$$

SQL 语句为：

```
SELECT Sname, Sage
FROM Student
WHERE Sage < 19;
```

（2）确定范围

谓词 BETWEEN…AND 用于查找列值在指定范围内的元组，其中 BETWEEN 后面是范围的下限（即低值），AND 后面是范围的上限（即高值），格式为：

列名 BETWEEN…AND

例 7 查询年龄在 18 ~ 20 岁（包括 18 岁和 20 岁）之间的学生的姓名、系别和年龄。

```
SELECT Sname, Sdept, Sage
FROM Student
WHERE Sage BETWEEN 18 AND 20;
```

与 BETWEEN…AND 相对的谓词是 NOT BETWEEN…AND。如果要求查询年龄不在 18 ~ 20 岁之间的学生姓名、系别和年龄，则 SQL 语句为：

```
SELECT Sname, Sdept, Sage
FROM Student
WHERE Sage NOT BETWEEN 18 AND 20;
```

（3）确定集合

谓词 IN 用来查找某个列值属于指定集合的元组，格式为：

列名 IN 集合

如果一个元组在指定列上的值出现在集合中，则该元组满足选择条件，出现在选择操作的结果中。在 SQL 中，将集合中的元素放在左括号"("和右括号")"中，元素之间用逗号","分隔。

例 8 查询计算机系和管理系的学生的姓名和年龄。

计算机系和管理系构成的集合表示为：('计算机', '管理')

```
SELECT Sname, Sage
FROM Student
WHERE Sdept IN ( '计算机', '管理' );
```

与 IN 相对的谓词是 NOT IN，用于查找属性值不属于指定集合的元组。如果要查询既不是计算机系也不是管理系的学生的姓名和年龄，则 SQL 语句为：

```
SELECT Sname, Ssex
FROM Student
WHERE Sdept NOT IN ( '计算机', '管理' );
```

（4）字符串匹配

谓词 LIKE 可以用来进行字符串的匹配。其一般语法格式如下：

```
列名 LIKE '<匹配串>' [ESCAPE ' <换码字符>' ]
```

其含义是查找列值与<匹配串>相匹配的元组。一般情况下，<匹配串>中可使用通配符 "%"和 "_"。其中：

- % (百分号)　代表任意长度（长度可以为 0）的字符串。例如，a%b 表示以 a 开头、以 b 结尾的任意长度的字符串。字符串 acb、addgb、ab 等都满足该匹配串。

- _ (下横线)　代表任意单个字符。例如，a_b 表示以 a 开头、以 b 结尾的长度为 3 的任意字符串。如 acb、afb 等都满足该匹配串。

例 9　查询所有姓王的学生的姓名、学号和性别。

```
SELECT Sname, Sno, Ssex
FROM Student
WHERE Sname LIKE '王%';
```

与 LIKE 相对的谓词是 NOT LIKE，用于查找属性值与<匹配串>不相匹配的元组。如果要查询查询所有不姓王的学生的姓名、学号和性别，则 SQL 语句为：

```
SELECT Sname, Sno, Ssex
FROM Student
WHERE Sname NOT LIKE '王%';
```

例 10　查询课程号以 113 开头的课程编号和课程名称。

```
SELECT Cno, Cname
FROM  Course
WHERE  Cno LIKE '113_';
```

如果要查询的字符串本身就含有 "%" 或 "_"，为了避免 SQL 将其解释成通配符，就要使用 "ESCAPE'<换码字符>'" 短语。

例 11　查询 DB_Design 课程的课程号和学分。

```
SELECT Cno, Ccredit
FROM Course
WHERE Cname LIKE 'DB\_Design' ESCAPE '\'
```

"ESCAPE ' \ '" 短语表示 "\" 为换码字符，这样匹配串中紧跟在 "\" 后面的字符 "_" 不再具有通配符的含义，而转义为普通的 "_" 字符。

（5）空值的判断

谓词 IS NULL 用于判断某列的值是否为空值，格式如下：

```
列名 IS NULL
```

如果某个元组在指定列上的值为空值，则这个元组满足 IS NULL 条件，它出现在选择操作的结果中。

例 12　查询缺少成绩的学生的学号和相应的课程号。

学生选修课程后，可能由于某种原因没有参加考试，所以就没有成绩，成绩单中成绩列为空白，或者说成绩为空值，空值是一个特殊的值，对它不能用一般的运算符，空值的具体介绍请见 3.6 节。在 2.3 节的事例数据库中，SC 表记录了所有学生的选课记录和成绩，因此，完成题目所要求查询的 SQL 语句为：

```
SELECT Sno, Cno
FROM SC
WHERE Grade IS NULL;
```

　　　　　这里的 IS NULL 不能用 = NULL 代替。

与 IS NULL 相对的谓词是 IS NOT NULL，如果题目要查询所有有成绩的学生学号和课程号，则 SQL 语句为：

```
SELECT Sno, Cno
FROM SC
WHERE Grade IS NOT NULL;
```

（6）逻辑运算

逻辑运算符 AND 和 OR 可用来联结多个查询条件。AND 的优先级高于 OR，可以用括号改变优先级。

例 13　查询年龄在 19 岁以下的计算机系的学生的姓名。

这个查询涉及两个选择条件：Sage < 19 和 Sdept = '计算机'，并且两个条件是与关系，SQL 语句为：

```
SELECT Sname
FROM  Student
WHERE Sdept= '计算机' AND Sage < 19;
```

例 14　查询计算机系和管理系的学生的姓名。

```
SELECT Sname
FROM   Student
WHERE  Sdept= '计算机' OR Sdept= ' 管理';
```

逻辑运算符 NOT 用于否定后面所跟的条件。对于中缀运算符，如 BETWEEN…AND、IN、LIKE、IS NULL 有对应的否定形式，见表 3-2，虽然书写形式不一样，但运算结果是相同的。

例 15　查询不是计算机系和管理系的所有学生的姓名。

```
SELECT Sname
FROM   Student
WHERE  NOT (Sdept= '计算机' OR Sdept= ' 管理');
```

例 16　查询年龄不在 18 ~ 20 岁之间的学生的姓名、系别和年龄。

年龄在 18 ~ 20 岁之间这个条件的表达形式为：Sage BETWEEN 18 AND 20，其否定形式为 NOT Sage BETWEEN 18 AND 20，或者是 Sage NOT BETWEEN 18 AND 20。SQL 语句为：

```
SELECT Sname, Sdept, Sage
FROM Student
```

```
WHERE NOT Sage BETWEEN 18 AND 20;
```

或

```
SELECT Sname, Sdept, Sage
FROM Student
WHERE Sage NOT BETWEEN 18 AND 20;
```

3. ORDER BY 子句

由 SELECT-FROM-WHERE 子句构成的 SELECT 语句完成对表的选择和投影操作，得到一个新表，还可以对得到的新表做进一步的操作。

ORDER BY 子句用于对查询结果进行排序。可以按照一个或多个属性列的升序（ASC）或降序（DESC）排列，默认情况下按升序排序。

例 17 查询选修了课程号为 1156 的学生的学号及其成绩，将查询结果按成绩降序排列。

```
SELECT Sno, Grade
FROM  SC
WHERE  Cno= '1156'
ORDER BY Grade DESC;
```

结果如下：

Sno	Grade
2000256	93
2000113	89
2000014	88
2000012	80

例 18 查询全体学生的详细信息，查询结果先按照系名升序排列，同一系中的学生再按年龄降序排列。

```
SELECT  *
FROM  Student
ORDER BY Sdept, Sage DESC;
```

注意

在 ORDER BY 子句中也可以不用列名而使用列名在新表的关系模式中的位置号来代替，例 17 可以写成：

```
SELECT Sno, Grade
FROM  SC
WHERE  Cno= '1156'
ORDER BY 2 DESC;
```

4. 聚集函数

对于查询结果，有时我们需要做一些简单的统计工作，SQL 提供了若干聚集函数完成这项任务。

```
COUNT（[DISTINCT|ALL] *）        统计元组个数
COUNT（[DISTINCT|ALL] <列名>）    统计一列中值的个数
SUM（[DISTINCT|ALL] <列名>）      计算一列值的总和（此列必须是数值型）
AVG（[DISTINCT|ALL] <列名>）      计算一列值的平均值（此列必须是数值型）
MAX（[DISTINCT|ALL] <列名>）      求一列值中的最大值
MIN（[DISTINCT|ALL] <列名>）      求一列值中的最小值
```

我们接触过大量的初等函数，如 $y = x^2$。一般情况下，对于初等函数而言，给定一个自变量值，就会得到一个函数值。

聚集函数与初等函数的不同之处在于自变量的值不是单值，而是一个值的集合。例如，$y = \text{sum}(x)$，x 的值是一个集合，假设 $x = \{1, 2, 3, 4, 5\}$，则 $\text{sum}(x) = \text{sum}(\{1, 2, 3, 4, 5\}) = 1+2+3+4+5 = 15$。

上述聚集函数中的列名和 "*" 可以理解为集合的名称，由于 SQL 采用包语义，所以集合中可能会有相同的元素。使用 DISTINCT 短语可以去掉重复值。

例 19 查询学生总人数。

学生人数即表 Student 中元组的个数，使用 COUNT(*)函数，SQL 语句为：

```
SELECT COUNT(*)
FROM  Student;
```

语句的执行过程是这样的：

● 取出 Student 的第一个元组（2000012，王林，男，19，计算机），为了简单起见，用 t_1 代表这个元组，把它加入集合*（初始为空集），*={t_1}。

● 对 Student 的每一个元组都作上述处理。

● 最后，*={t_1, t_2, t_3, t_4, t_5}。

● 执行函数 count(*)，对集合*中的元素个数进行计数，结果为 5。

上述语句返回的结果仍然是一个表，这个表只有一行数据，有一个列，列名为 COUNT(*)。

例 20 查询选修了课程号 1156 或者 1136 的学生总人数。

学生每选修一门课，在 SC 中都有一条相应的记录。有的学生既选修了课程 1156，又选修了课程 1136，例如，学号为 2000012 和 2000014 的学生，参考 2.3 节的事例数据库。按照题意，即使一个学生选修了两门课程，也只能被计数一次。因此，必须在 COUNT 函数中用 DISTINCT 短语去除重复值。

```
SELECT COUNT(DISTINCT Sno)
FROM SC
WHERE Cno= '1156' OR Cno= '1136';
```

语句的执行过程是这样的：

● 取出 SC 的第一个满足条件的元组，得到列 Sno 上的值'2007012'，把这个值加入到集合 Sno 中，Sno = {'2007012'}。

● 对 SC 的所有满足条件的元组都作上述处理。

● 最后，Sno = {'2000012', '2000012', '2000014', '2000014', '2000113', '2000256'}。

● 计算 COUNT(Distinct Sno)，首先计算 Distinct Sno，即去掉 Sno 中的重复元素，得到一个集合 {'2000012', '2000014', '2000113', '2000256'}。然后对这个集合的元素个数进行计数，结果为 4。

例 21 求出所有学生的平均年龄。

```
SELECT AVG(Sage)
FROM Student;
```

例 22 查询选修 1156 号课程的学生的最高分数。

```
SELECT MAX(Grade)
FROM SC
WHERE Cno= '1156';
```

例 23 2.3 节的事例数据库中有几门课程?

题目要求表 Course 中的元组的个数,以下 3 种表达方式中,哪一个是错误的?

```
SELECT count(*)          SELECT count(Cno)        SELECT count(Cpno)
FROM Course              FROM Course              FROM Course
   (a)                      (b)                      (c)
```

(a)的结果肯定是正确的,返回的值是 5。(b)的结果是 5,而(c)的结果是 2,很明显,(c)的结果是错误的。因为 Cpno={1136, NULL, 1128, NULL, NULL},count 函数执行时,首先从自变量值的集合中去除 NULL 值,因此 count(Cpno)=count({1136, NULL, 1128, NULL, NULL})=count({1136, 1128})=2。而 Cno={1024, 1128, 1136, 1137, 1156},所以 count(Cno)=5。

注意　　聚集函数遇到空值时,除 COUNT(*)外,都跳过空值而只处理非空值。

5. GROUP BY 子句

为了进一步细化聚集函数的作用范围,SQL 提供了对查询结果进行分组的功能。如果未对查询结果分组,聚集函数将作用于整个查询结果,如例 19~例 23。分组后聚集函数将作用于每一个组,即每一组都有一个函数值。

分组就是将具有相同特征(在一个或多个列上的值相同)的元组分配到同一个组,作为一个整体进行处理。

SQL 用 GROUP BY 子句实现分组功能,格式为:

```
GROUP BY <列名表>
```

列名表描述了分组特征,同一组的元组在这些列上的值一定相同。列名表又叫做**分组列**。

例 24 统计每门课程的选课人数。

表 SC 中记录了选修课程信息。要统计每门课程的选修人数,需要先按照列 Cno 进行分组,然后计算每组中的元组个数。SQL 语句为:

Sno	Cno	Grade
2000012	1024	80
2000012	1136	78
2000012	1137	70
2000012	1156	80
2000014	1024	88
2000014	1136	90
2000014	1156	88
2000113	1156	89
2000256	1137	77
2000256	1156	93
2000278	1137	89

(a)

Sno	Cno	Grade	
2000012	1024	80	组 1
2000014	1024	88	
2000014	1136	90	组 2
2000012	1136	78	
2000012	1137	70	组 3
2000256	1137	77	
2000278	1137	89	
2000256	1156	93	组 4
2000012	1156	80	
2000014	1156	88	
2000113	1156	89	

(b)

图 3-1　分组和聚集的过程

```
SELECT Cno, COUNT(*)
FROM SC
GROUP BY Cno;
```

语句的执行结果是：

Cno	COUNT(*)
1024	2
1136	2
1137	3
1156	4

图 3-1（a）给出了 SC 表中的所有元组。SQL 首先将所有的元组在 Cno 列上进行分组，在 Cno 列上有相同值的元组被划到同一组，得到 4 个分组。针对每个分组，将分组中的所有元组的集合作为函数 COUNT(*)的参数，统计集合中元素的个数，然后将这个分组的 Cno 的值和函数 COUNT(*)的值组织成一个新元组，放到结果表中。

 SELECT 语句中出现了 GROUP BY 子句后，在 SELECT 子句中只能出现分组列的列名以及聚集函数。

下面的写法是错误的，原因是 Sno 既不是分组列，也不是聚集函数。

```
SELECT Sno, COUNT(Sno)
FROM SC
GROUP BY Cno;
```

之所以有上面的规定，是因为 SQL 把一个分组作为一个整体看待，要体现整体的特征。观察图 3-1（b），每个组的 Cno 值是一样的，而 Sno 的值却各不相同，所以 Sno 的值不能描述整体的特征，当然就不能出现在 SELECT 子句中。

例 25 统计各个学院男生和女生的人数。

按照题意，首先要按照 Sdept 对学生进行分组，然后再对每个分组按照 Ssex 分组。分组过程如图 3-2 所示。SQL 语句为：

```
SELECT Sdept, Ssex, COUNT(*)
FROM Student
GROUP BY Sdept, Ssex;
```

Sno	Sname	Ssex	Sage	Sdept
2000113	张大民	男	18	管理
2000256	顾芳	女	19	管理
2000278	姜凡	男	19	管理
2000012	王林	男	19	计算机
2000014	葛波	女	18	计算机

(a)先按 Sdept 分组

Sno	Sname	Ssex	Sage	Sdept
2000113	张大民	男	18	管理
2000278	姜凡	男	19	管理
2000256	顾芳	女	19	管理
2000012	王林	男	19	计算机
2000014	葛波	女	18	计算机

(b)再按 Ssex 分组

图 3-2 两个分组列的分组过程

语句的执行结果如下：

Sdept	Ssex	COUNT(*)
管理	男	2
计算机	男	1
管理	女	1
计算机	女	1

为了把同一个系的信息放在相邻的位置，可以对分组的结果进行排序操作，修改后的 SQL 语句为：

```
SELECT Sdept, Ssex, COUNT(*)
FROM Student
GROUP BY Sdept, Ssex
ORDER BY Sdept;
```

6. HAVING 子句

例 26　求选课人数超过 2 人的课程编号和具体的选课人数。

例 24 在 Cno 列上进行分组，统计出了每门课的选课人数。本例实际上是要求出选课人数超过 2 人的分组。

对分组进行选择操作由 HAVING 子句完成。请比较 HAVING 子句和 WHERE 子句的不同。WHERE 子句与 HAVING 短语的区别在于作用对象不同。WHERE 子句对 SELECT-FROM 语句查询结果的元组进行选择，从中选择满足条件的元组。HAVING 子句作用于执行 SELECT-FROM-WHERE-GROUP BY 语句后得到的分组，从中选择满足条件的分组。

HAVING 子句的格式同 WHERE 子句，但其条件表达式是由分组列、聚集函数和常数构成的有意义的式子。

```
                    HAVING <条件表达式>
SELECT Cno, COUNT(*)
FROM SC
GROUP BY Cno
HAVING COUNT(*) > 2;
```

例 27　求选课人数超过 2 人并且课程编号中包含字符 7 的课程编号和具体的选课人数。

```
SELECT Cno, COUNT(*)
FROM SC
GROUP BY Cno
HAVING Cno LIKE '%7%' AND COUNT(*) > 2;
```

7. 注释

与其他语言一样，SQL 语言中也有注释，SQL 语言的注释是一个以两个减号开始，以回车换行为结束的字符串。下面的 SQL 语句中有两处注释。

```
--查询计算机系学生的详细信息
SELECT *
FROM Student
WHERE Sdept = '计算机'  --选择条件
```

3.2.2　多表查询

前面介绍了单表查询，单表查询的特点是 FROM 子句中只出现了一个表，SELECT 语句对 FROM 子句中的表进行选择和投影操作，得到一个临时表。对临时表还可以做进一步的元组过滤、分组、分组选择和排序操作，得到最终的结果。

多表查询涉及多个表，在 FROM 子句中出现多个表。从概念上讲，FROM 子句先对这些表做笛卡尔积操作，得到一个临时表，以后的选择、投影等操作都是针对这个临时表，从而将多表查询转换为单表查询。

1. 笛卡尔积

笛卡尔积是关系代数的集合运算之一。将两个表的元组两两首尾相连就得到笛卡尔积的一个元组。假设两个表分别有 m 和 n 个元组，则笛卡尔积有 $m×n$ 个元组。

例 28 求表 Student 和表 SC 的笛卡尔积。

```
SELECT *
FROM Student, SC;
```

在 2.3 节的事例数据库中，Student 表和 SC 表分别有 5 个和 11 个元组，因此，笛卡尔积有 55 个元组，为了节省版面，表 3-3 只给出了部分结果。

表 3-3　　　　　　　　　　　　表 Student 和 SC 的笛卡尔积的部分结果

Sno	Sname	Ssex	Sage	Sdept	Sno	Cno	Grade
2000012	王林	男	19	计算机	2000012	1024	80
2000012	王林	男	19	计算机	2000012	1136	78
2000012	王林	男	19	计算机	2000012	1137	70
2000012	王林	男	19	计算机	2000012	1156	80
2000012	王林	男	19	计算机	2000014	1024	88
2000012	王林	男	19	计算机	2000014	1136	90
2000012	王林	男	19	计算机	2000014	1156	88
2000012	王林	男	19	计算机	2000113	1156	89
2000012	王林	男	19	计算机	2000256	1137	77
2000012	王林	男	19	计算机	2000256	1156	93
2000012	王林	男	19	计算机	2000278	1137	89
2000014	葛波	女	18	计算机	2000012	1024	80
2000014	葛波	女	18	计算机	2000012	1136	78
2000014	葛波	女	18	计算机	2000012	1137	70
2000014	葛波	女	18	计算机	2000012	1156	80
2000014	葛波	女	18	计算机	2000014	1024	88
2000014	葛波	女	18	计算机	2000014	1136	90
2000014	葛波	女	18	计算机	2000014	1156	88
2000014	葛波	女	18	计算机	2000113	1156	89
2000014	葛波	女	18	计算机	2000256	1137	77
2000014	葛波	女	18	计算机	2000256	1156	93

观察表 3-3，我们可以得出以下几个结论：

- 笛卡尔积的输入是两个表（Student，SC），输出是一个新表。
- 新表的列是 Student 表或 SC 表中的某一列，二者的名字也一样。新表的列数是两个表列数之和。

- Student 的一个元组和 SC 的一个元组首尾相连形成了新表的一个元组。

这里有一点会令人感到迷惑，表中有两个列的名字都是 Sno，似乎违反了在同一个表中列不能重名的规定。实际上，表 3-3 是一个简化的写法，隐藏了部分信息。第 1 列的全名是 Student.Sno，第 6 列的名字是 SC.Sno。Student.和 SC.叫做前缀，用于说明它后面的列名来自的表名。

2．条件连接

从关系代数的连接运算的定义可以看出，笛卡尔积实际上是一种无条件连接操作，条件连接是对笛卡尔积再进行选择操作。

例 29　查询学生王林所选修的课程的编号和成绩。

学生的信息存放在表 Student 中，选课信息存储在表 SC 中，因此，题目要求的查询需要对这两个表先做笛卡尔积操作，得到一个临时表，再对这个临时表进行选择和投影操作。用下面的关系代数式可以完成查询。

$$\pi_{Cno,Grade}(\sigma_F(Student \times SC))$$

关键是要确定选择条件。观察表 3-3，符合查询要求的是前 4 个元组，这 4 个元组的特点是 Sname = '王林'，并且第 1 列和第 6 列的值相等。因为这个查询首先要求学生的姓名是王林，其次要求选课记录必须是王林所选修的课程，选择条件是：Student.Sno = SC.Sno and Sname = '王林'。例 28 求出了 Student 表和 SC 表的笛卡尔积，完成查询的 SQL 语句为：

```
SELECT Cno, Grade
FROM Student, SC
WHERE Student.Sno = SC.Sno and Sname = '王林';
```

语句的执行过程是这样的：

- 先对表 Student 和表 SC 做笛卡尔积运算，得到一个临时表 1。
- 对这个临时表 1 再做选择运算，得到另外一个临时表 2。
- 再对临时表 2 做投影运算，得到最终的结果。

有一个细节请注意，因为两个表中都有 Sno 这个列，所以，为了在笛卡尔积中区分这两个列，在列名前加上了表名作为前缀。

例 30　查询学生王林所选修的课程的编号和成绩，并按成绩排序。

```
SELECT Cno, Grade
FROM Student, SC
WHERE Student.Sno = SC.Sno and Sname = '王林'
ORDER BY Grade;
```

例 31　查询某门课程考试成绩为优良的学生的学号、姓名及所在院系。

显然要将表 Student 和 SC 做连接。连接条件是什么？第一，Student.Sno = SC.Sno，即找到学生自己的选课记录，而不是其他人的选课记录，第二，SC.Grade >=80，即所选修课程的考试成绩必须是优秀。

```
SELECT Student.Sno, Sname, Sdept
FROM Student, SC
WHERE Student.Sno = SC. Sno AND Grade>=80;
```

查询结果为：

Sno	Sname	Ssex
2000012	王林	计算机
2000012	王林	计算机
2000014	葛波	计算机
2000014	葛波	计算机
2000014	葛波	计算机
2000113	张大民	管理
2000256	顾芳	管理
2000278	姜凡	管理

因为张大民、顾芳和姜凡只有一门课程的成绩为优良，所以在查询结果中只出现了一次，而王林和葛波有多门课程的成绩为优良，因此出现了多次。为了除去结果中重复的元组，要在 SELECT 子句中加上 DISTINCT 短语。

```
SELECT DISTINCT Student.Sno, Sname,Sdept
FROM Student,SC
WHERE Student.Sno = SC. SNO AND Grade>=80;
```

例 32　查询英语课程的最高成绩和最低成绩。

SC 表中只记录了课程编号，没有课程的名称，Course 表中既有课程编号，又有课程名称，因此，要对两个表做条件连接操作。

```
SELECT MAX(Grade),Min(Grade)
FROM Course, SC
WHERE Course.Cno = SC.Cno and Cname = '英语';
```

例 33　查询每个学生的学号、姓名、选修的课程名及成绩。

本查询涉及 Student、SC 和 Course 3 个表的条件连接。SQL 语句为：

```
SELECT Student.Sno, Sname, Cname, Grade
FROM Student, SC, Course
WHERE Student.Sno = SC.Sno AND SC.Cno = Course.Cno;
```

例 34　查询每一门课的间接先修课（即先修课的先修课）。

在 Course 表关系中，只有每门课的直接先修课信息，而没有先修课的先修课信息。要得到这个信息，必须先对一门课找到其先修课，再按此先修课的课程号查找它的先修课程。这就要将 Course 表与其自身连接。

在事例数据库中，课程 1024 的先修课是 1136，而课程 1136 的先修课是 1128，所以，课程 1024 的间接先修课是 1128。课程 1136 的先修课是 1128，而课程 1128 无先修课，所以课程 1136 的间接先修课为空，或者说没有间接先修课。

由于是同一个表的连接，每个列名都要出现两个，而表名又一样，所以，用前面的将表名作为列名前缀的方法不能解决问题。SQL 的解决办法是给表重命名，就像 3.21 节给列重命名一样。格式为：

表名 AS 别名

完成查询的 SQL 语句为：

```
SELECT A.Cno, B.Cpno
FROM Course A, Course B
WHERE A.Cpno = B.Cno;
```

上面的例子中，第 1 个 Course 被重命名为 A，第 2 个 Course 的新名是 B，SQL 就认为这是两个不同的表，一个表的名字是 A，另外一个的名字是 B，这样同一个表就被看作两个不同的表。

　　　给表起了新名以后，只能用新名来称呼表，旧名只能出现在 FROM 子句中。

在下面的语句中，应该用 a 替换加黑的 Student。

```
SELECT Student.Sno
FROM Student a
WHERE Student.Sno='2000012';
```

3. 外连接

在条件连接操作中，只有满足连接条件的元组才能作为最终结果而被输出。假设表 A 和 B 作条件连接，有时，A 中会有某个元组 t，由于在 B 中没有任何一个元组满足与 t 的连接条件，因此 t 不会出现在 A 和 B 的连接结果中。

例如，表 Course 和 SC 按照 Course.Cno=SC.Cno 作连接，连接结果中没有出现高等数学课程，因为 SC 表中尚未有选修高等数学的学生。SQL 语句如下：

```
SELECT *
FROM Course,SC
WHERE Course.Cno = SC.Cno;
```

查询结果为：

Cno	Cname	Cpno	Ccredit	Sno	Cno	Grade
1024	数据库原理	1136	4	2000012	1024	80
1136	离散数学	1128	4	2000012	1136	78
1137	管理学	NULL	4	2000012	1137	70
1156	英语	NULL	6	2000012	1156	80
1024	数据库原理	1136	4	2000014	1024	88
1136	离散数学	1128	4	2000014	1136	90
1156	英语	NULL	6	2000014	1156	88
1156	英语	NULL	6	2000113	1156	89
1137	管理学	NULL	4	2000256	1137	77
1156	英语	NULL	6	2000256	1156	93
1137	管理学	NULL	4	2000278	1137	89

为了解决参与连接的表的某些元组没有出现在连接结果的问题，需要使用左外连接、右外连接和全外连接运算。

假设表 A 和表 B 做左外连接，其过程是先按照连接条件对表做条件连接，得到一个结果。如果表 A 的某个元组 t 没有出现在结果中，则将 t 和 B 中的一个万能元组作连接，这个万能元组在所有的列上取空值，即（NULL，…，NULL），形成一个新元组（t，NULL，…，NULL），并加入到最终结果。请注意，万能元组实际上不存在，是为了叙述方便而想象出来的。

Course 和 SC 表做左外连接的 SQL 语句和结果如下：

```
SELECT *
```

```
FROM Course,SC
WHERE Course.Cno *= SC.Cno;
```

Cno	Cname	Cpno	Ccredit	Sno	Cno	Grade
1024	数据库原理	1136	4	2000012	1024	80
1024	数据库原理	1136	4	2000014	1024	88
1128	**高等数学**	**NULL**	**6**	**NULL**	**NULL**	**NULL**
1136	离散数学	1128	4	2000012	1136	78
1136	离散数学	1128	4	2000014	1136	90
1137	管理学	NULL	4	2000012	1137	70
1137	管理学	NULL	4	2000256	1137	77
1137	管理学	NULL	4	2000278	1137	89
1156	英语	NULL	6	2000012	1156	80
1156	英语	NULL	6	2000014	1156	88
1156	英语	NULL	6	2000113	1156	89
1156	英语	NULL	6	2000256	1156	93

假设表 A 和表 B 做右外连接，其过程是先按照连接条件对表做条件连接，得到一个结果。如果表 B 的元组 t 没有出现在结果中，则将 A 的万能元组和 t 作连接，形成一个新元组（NULL，…，NULL，t），并加入到最终结果。

Course 和 SC 表做右外连接的 SQL 语句和结果如下：

```
SELECT *
FROM Course,SC
WHERE Course.Cno =* SC.Cno;
```

全外连接是左外连接和右外连接的并。

例35　统计每一门课程的选修人数。

按照题意，每门课程都必须出现在查询结果中。所以要使用左外连接，保证每门课程都出现在连接结果中，然后在连接结果上进行分组统计。

我们给出两种表达方式，SQL 语句和结果如下：

```
SELECT Cname,COUNT(*)
FROM Course,SC
WHERE Course.Cno *= SC.Cno
GROUP BY Cname;
```

Cname	COUNT(*)
高等数学	1
管理学	3
离散数学	2
数据库原理	2
英语	4

```
SELECT Cname,COUNT(Sno)
FROM Course,SC
WHERE Course.Cno *= SC.Cno
GROUP BY Cname;
```

Cname	COUNT(Sno)
高等数学	0
管理学	3
离散数学	2
数据库原理	2
英语	4

在上一节介绍过，函数 COUNT(*)用于统计分组中元组的个数，但本例中却不能使用它，否则，给出了高等数学的选修人数等于 1 的答案。由于我们使用了左外连接，尽管目前还没有学生选修高等数学，它也出现在连接结果中，所以 COUNT(*)=1，但不是我们想要的结果。

使用 COUNT(Sno)得到了符合实际的结果。因为高等数学这一组中只有一个元组，该元组在 Sno 列的值是 NULL，COUNT 函数在计数时舍弃了 NULL 值，传递给 COUNT 的自变量的值集合为空集，因此，COUNT(Sno)=0。

3.2.3　集合操作

SELECT 语句的结果是元组的集合，所以两个 SELECT 语句的结果可进行集合操作，但要求两个表的列的个数一致，并且同一个位置上的列具有相同的数据类型。集合操作包括并（UNION）、交（INTERSECT）和差（EXCEPT）。

有些 DBMS 只提供了 UNION 运算符，用于将两个 SELECT 语句的结果合并，没有提供 INTERSECT 和 EXCEPT 运算，这时，我们可以用等值条件连接和左外连接来间接实现这两种操作。

例 36　查询计算机系的学生的学号和选修了"管理学"的学生的学号。

```
(SELECT Sno
FROM Student
WHERE Sdept= '计算机')
UNION
(SELECT Sno
FROM SC A,Course B
WHERE  A.Cno = B.Cno AND B.Cname='管理学');
```

使用 UNION 将两个 SELECT 的结果合并起来时，系统会自动去掉重复元组。如果要保留重复元组，则使用 UNION ALL 操作符。

例 37　查询计算机系的学生与年龄不大于 19 岁的学生的交集。

查询计算机学院的学生的 SQL 语句为：

```
SELECT *
FROM Student
WHERE Sdept = '计算机';
```

查询年龄不大于 19 岁的学生的 SQL 语句为：

```
SELECT *
FROM Student
WHERE Sage <19;
```

题目要求两个查询结果的交集，因此，完成题目要求的 SQL 语句为：

```
(SELECT *
```

```
FROM Student
WHERE Sdept = '计算机')
INTERSECT
(SELECT *
FROM Student
WHERE Sage <19);
```

我们也可以从另外一个角度考虑问题。第一个查询的过滤条件是 Sdept = '计算机'，第二个查询的过滤条件是 Sage <19。两个集合的交集一定既满足条件 Sdept = '计算机'，又满足条件 Sage <19，因此，完成题目要求的 SQL 语句也可以写成：

```
SELECT *
FROM Student
WHERE Sdept = '计算机' AND Sage <19;
```

例 38 查询计算机系的学生与年龄不大于 19 岁的学生的差集。

与上例一样，用两个 SELECT 语句表示两个查询。第一个查询的过滤条件是 Sdept = '计算机系'，第二个查询的过滤条件是 Sage <19。

```
(SELECT *
FROM Student
WHERE Sdept = '计算机')
EXCEPT
(SELECT *
FROM Student
WHERE Sage <19);
```

另外，第一个查询的过滤条件是 Sdept = '计算机'，第二个查询的过滤条件是 Sage <19。两个集合的差集一定是满足条件 Sdept = '计算机'，但不满足条件 Sage <19，因此，SQL 语句为：

```
SELECT *
FROM Student
WHERE Sdept = '计算机' AND NOT Sage <19;
```

3.2.4 子查询

SELECT 语句除了作为一个查询返回查询结果外，还能成为其他操作的操作对象，如前面介绍过的 UNION 操作。作为操作对象的 SELECT 语句叫做子查询，包含子查询的查询叫做嵌套查询。嵌套查询既提高了 SELECT 语句的可读性，又增强了查询表达能力。嵌套查询分为相关嵌套查询和不相关嵌套查询。

在这一节中我们介绍如何在 WHERE 子句和 FROM 子句中使用子查询，另外介绍一些 SQL 的连接操作符。

1. WEHER 子句中的子查询

（1）比较运算符

子查询的结果是一个表，一般情况下，其关系模式有多个列，关系实例有若干行。如果结果是一个单列单行表，则可以作为一个常数与比较运算符一起构成比较表达式。

例 39 查找与学号为 2000012 的学生在同一个系的学生的详细信息。

```
SELECT * --父查询
FROM Student
```

```
WHERE Sdept = (SELECT Sdept         --子查询
                FROM Student
                WHERE Sno= '2000012');
```

上面的 SQL 语句的 WHERE 子句中出现了子查询,"Sdept = 子查询"构成了比较表达式,由于 Sno 是表 Student 的主码,所以子查询只返回一行数据,即('计算机'),所以这个比较表达式是有意义的。相对于子查询,外层的 SELECT-FROM-WHERE 叫做父查询,整个 SQL 语句叫做嵌套查询。

这个语句是这样执行的,首先执行子查询,得到一个值'计算机',用这个值替换子查询,得到一个新的 SQL 语句:

```
SELECT * --父查询
FROM Student
WHERE Sdept = '计算机';
```

然后执行新的 SQL 语句,得到最终的结果。在这个例子中,由于子查询不依赖于父查询单独执行,这样的嵌套查询叫做不相关嵌套查询。

例 40　查询选修 1156 号课程并且成绩大于该课程平均成绩的学生的学号和成绩。

```
SELECT Sno, Grade --父查询
FROM SC
WHERE Grade > (SELECT AVG(Grade)        --子查询
                FROM SC
                WHERE Cno= '1156')
        AND Cno = '1156';
```

因为 AVG 是一个聚集函数,子查询返回一个单行单列的数据。请注意,子查询由一对括号界定,因此,Cno = '1156'是父查询的选择条件。

如果子查询返回一个单列多行的表,则这个子查询不能直接出现在比较表达式中,需要使用 SOME 或 ALL 修饰符,SOME 的含义是指集合中的某一个元素,ALL 代表集合中的全体元素。

例 41　查询其他系中比管理系某一学生年龄小的学生姓名和年龄。

管理系学生的所有不同的年龄可以用下面的语句求出:

```
SELECT Sage
FROM Student
WHERE Sdept= '管理';
```

查询结果是{18,19,19},不是一个单值。比某一个学生年龄小要使用条件表达式 Sage < SOME (18,19,19)。SQL 语句如下:

```
SELECT Sname, Sage
FROM Student
WHERE Sage < SOME (SELECT Sage
                    FROM Student
                    WHERE Sdept= '管理')
AND Sdept <> '管理';
```

本查询也可以用聚集函数来实现。首先用子查询找出管理系中的最大年龄(19),然后在父查询中查询所有非管理系且年龄小于 19 岁的学生姓名及年龄。SQL 语句如下:

```
SELECT Sname,Sage
FROM Student
```

```
WHERE Sage < (SELECT MAX(Sage)
              FROM Student
              WHERE Sdept= '管理')
     AND Sdept <> '管理';
```

例42 查询其他系中比管理系所有学生年龄都小的学生姓名及年龄。

```
SELECT Sname, Sage
FROM Student
WHERE Sage < ALL (SELECT Sage
                  FROM Student
                  WHERE Sdept= '管理')
     AND Sdept <> '管理';
```

本查询同样也可以用聚集函数实现。SQL 语句如下：

```
SELECT Sname, Sage
FROM Student
WHERE Sage < (SELECT MIN(Sage)
              FROM Student
              WHERE Sdept= '管理')
     AND Sdept <>'管理';
```

事实上，用聚集函数实现子查询通常比直接用 SOME 或 ALL 查询效率要高。SOME、ALL 与聚集函数的对应关系如表 3-4 所示。

表 3-4　　　　　SOME、ALL 谓词与聚集函数及 IN 谓词的等价转换关系

	=	<>或!=	<	<=	>	>=
SOME	IN		< MAX	<= MAX	> MIN	>= MIN
ALL		NOT IN	< MIN	<= MIN	> MAX	>= MAX

例43 查询与学号为 2000278 的学生的年龄相同且性别相同的学生的详细信息。

```
SELECT * --父查询
FROM Student
WHERE (Ssex, Sage) = (SELECT Ssex, Sage      --子查询
              FROM Student
              WHERE Sno= '2000278');
```

子查询仍然只返回一行数据，但是有两个列，即（'男', 19）。比较表达式不是常见的两个量之间的比较，而是两个元组之间的比较，规则是对相同位置的分量进行比较。需要注意的是，有些 DBMS 不支持这种表达方式。

（2）IN 运算符

例44 查询选修课程编号为 1024 的课程的学生姓名和所在系。

本查询涉及 Student 和 SC 表。分两步构造查询，首先在 SC 表中查找选修 1024 号课程的学生编号：

```
SELECT Sno
FROM SC
WHERE Cno = '1024';
```

然后根据学生编号在 Student 表中查找学生的姓名和所在院系。

```
SELECT Sname, Sdept
```

```
FROM Student
WHERE Sno IN (SELECT Sno
             FROM SC
             WHERE Cno = '1024');
```

例 45　查询选修 "管理学" 的学生学号和姓名。

在查询涉及学号、姓名和课程名 3 个属性。学号和姓名在 Student 表中，课程名在 Course 表中，但 Student 与 Course 两个表之间没有直接联系，必须通过 SC 表建立二者之间的联系。

```
SELECT Sno, Sname              --在 Student 关系中
FROM Student                   --取出 Sno 和 Sname
WHERE Sno IN (
    SELECT Sno                 --在 SC 关系中找出
    FROM  SC                   --选修了 1137 号课程的学生的学号
    WHERE  Cno IN (
        SELECT Cno             --在 Course 关系中
        FROM Course            --找出 "管理学" 的课程
        WHERE Cname='管理学')) ;   --号，结果为 1137
```

查询结果为：

Sno	Sname
2000012	王林
2000256	顾芳
2000278	姜凡

本查询也可以利用连接查询实现：

```
SELECT Student.Sno, Sname
FROM  Student, SC, Course
WHERE Student.Sno = SC.Sno AND
      SC.Cno = Course.Cno AND
      Course.Cname= '管理学';
```

查询涉及多个关系时，用嵌套查询逐步求解，层次清楚，易于构造，具有结构化程序设计的优点。

有些嵌套查询可以用连接运算替代，有些不能替代。到底采用哪种方法要以根据自己的习惯确定。

（3）EXISTS 运算符

EXISTS 运算符是一元运算符，后面跟一个集合，如果集合不是空集，则返回真，否则返回假。利用 EXISTS 运算符能实现集合的包含运算。

例 46　查询所有选修了 1024 号课程的学生姓名。

```
SELECT Sname
FROM  Student
WHERE Sno IN (SELECT Sno FROM SC WHERE Cno= '1024');
```

这是一个不相关嵌套查询，先执行子查询，得到一个学号的集合，再执行父查询，对 Student 的每个元组判断是否满足条件 Sno IN (SELECT Sno FROM SC WHERE Cno= '1024')，如果满足，则这个元组出现在最终结果中。

我们也能使用 EXISTS 实现上述查询。对 Student 中的任何一个元组 x，如果选修了 1024 号课程，则查询(SELECT * FROM SC WHERE Sno = x.Sno AND Cno= '1024')为非空集，表达式 EXISTS (SELECT * FROM SC WHERE Sno = x.Sno AND Cno= '1024')返回真，否则返回假。

x 叫做一个元组变量，这里用它代表 Student 的元组，按照题意，对 Student 的每个元组都要测试上述表达式的真值，可以用下面的 SQL 语句完成。

```
SELECT Sname
FROM Student x
WHERE EXISTS (SELECT * FROM SC WHERE Sno = x.Sno AND Cno= '1024');
```

这样的嵌套查询叫做相关嵌套查询，因为子查询中有一个变量 x，当未确定 x 的值时，我们无法得到查询的结果，而 x 代表父查询的某个元组，与父查询有关。不相关嵌套查询的子查询先于父查询执行，而且只需要执行一次。相关嵌套查询要先执行父查询，对父查询的每个元组都要执行一次子查询。

上述语句的执行过程是这样的：

- 执行父查询，顺序扫描 Student。
- 取出 Student 的第一个元组，存放到元组变量 x 中。
- 执行父查询的 WHERE 子句。
  - ✓ 把上一步得到的 x 的值传送到子查询。
  - ✓ 执行子查询，得到一个集合。
  - ✓ 判断集合是否为非空集。
- 如果条件为真，则输出 x.Sname。
- 按照上面的步骤，继续处理 Student 的下一个元组，直到处理完 Student 的所有元组。

例 47 查询平均成绩不小于 85 分的学生姓名和所在系。

按照题意，这样设计查询过程，首先从表 Student 中任取一个学生，假设为 x，然后在表 SC 中汇总出 x 的平均成绩，如果平均成绩不小于 85，则输出 x 的姓名和所在系。求学生 x 的平均成绩的 SQL 语句为：

```
SELECT Sno, AVG(Grade)
FROM SC
WHERE Sno = x.Sno;
```

因为 x 是任何一个学生，在执行这个语句前，必须把 x 和一个具体的学生绑定在一起。下面的 SQL 把 x 和父查询的一个元组绑定。

```
SELECT Sname, Sdept
FROM Student x
WHERE (SELECT AVG(GRADE)
       FROM SC
       WHERE Sno = x.Sno) >= 85;
```

例 48 查询至少选修了学号为 2000014 的学生所选修的全部课程的学生姓名及所在系。

用 R 表示学号为 2000014 的学生所选修的全部课程的集合，S 表示学生 x 选修的全部课程的集合，如果 R⊆S 成立，则 x 是我们要查找的学生。

```
SELECT Sname, Sdept
FROM Student x
WHERE (SELECT Cno          --集合 R
       FROM SC
```

```
      WHERE Sno = '2000014')
      ⊆
      (SELECT Cno         --集合 S
      FROM SC
      WHERE Sno = x.Sno)
   AND x.Sno != '2000014';
```

由于 SQL 不提供运算符 ⊆，因此需要进行逻辑变换。如果 R⊆S 成立，则 R−S 为空集，即表达式 NOT EXISTS(R - S) 取真。改写后的 SQL 语句为：

```
SELECT Sname, Sdept
FROM Student x
WHERE NOT EXISTS ((SELECT Cno         --集合 R
                   FROM SC
                   WHERE Sno = '2000014')
                  EXCEPT            --集合的差运算
                  (SELECT Cno        --集合 S
                   FROM SC
                   WHERE Sno = x.Sno))
      AND x.Sno != '2000014';
```

另外，根据定义，R⊆S 的逻辑含义是：

$$(\forall t)(t \in R \rightarrow t \in S) = (\forall t)(t \notin R \lor t \in S)$$
$$= \neg (\exists x)(t \in R \land t \notin S)$$

如果把 EXISTS 理解为存在量词，则可以写出与上面不同但是结果一致的 SQL 语句。

```
SELECT Sname, Sdept
FROM Student x
WHERE NOT EXISTS (SELECT Cno              --集合 R
                  FROM SC y
                  WHERE Sno = '2000014' AND NOT EXISTS
                        (SELECT Cno     --集合 S
                         FROM SC
                         WHERE Sno = x.Sno AND Cno=y.Cno))
      AND x.Sno != '2000014';
```

语句的执行过程是这样的：
- 执行最外层查询，顺序扫描 Student。
- 取出一个元组，存放到元组变量 x 中。
- 执行第 2 层子查询。
  ✓ 取出学号为 2000014 的学生的一条选课记录，复制到变量 y 中。
  ✓ 将 x 和 y 传递到第三层子查询，执行第三层查询，含义是查找 SC 的元组(y.Sno, x.Cno)。
  ✓ 判断第三层查询是否为空，如果为空，则意味着学生 x 没有选修学号为 2000014 的学生所选修的某一门课，这时将 y 添加到第 2 层查询的查询结果中。
  ✓ 继续按照上面的步骤处理'2000014'的下一条选课记录，直到处理完学号为 2000014 的学生的所有选课记录。
- 如果第 2 层查询的结果为空，则意味着 x 选修了学号为 2000014 的学生所选修的全部过程，则将 x 添加到查询结果中。
- 按照上面的步骤，继续处理 Student 的下一个元组，直到处理了 Student 的所有元组。

例 49　查询与学号为 2000014 的学生选修相同课程的学生姓名。

用 R 表示与学号为 2000014 的学生所选修的所有课程的集合，用 S 表示学生 x 所选修的课程，如果 R＝S，则 x 是所要查找的学生。（R＝S，等价于 S⊆R 和 R⊆S。）

```
SELECT Sname, Sdept
FROM Student x
WHERE NOT EXISTS (SELECT Cno          --集合 R
                  FROM SC y
                  WHERE Sno = '2000014' AND NOT EXISTS
                       (SELECT Cno          --集合 S
                        FROM SC
                        WHERE Sno = x.Sno AND Cno=y.Cno))
      AND
      NOT EXISTS (SELECT Cno          --集合 S
                  FROM SC z
                  WHERE Sno = x.Sno AND NOT EXISTS
                       (SELECT Cno          --集合 R
                        FROM SC
                        WHERE Sno='2000014' AND Cno=z.Cno))
      AND x.Sno != '2000014';
```

例 50 查询选修了某些学号为 2000014 的学生所选修课程的学生的姓名。

用 R 表示学号为 2000014 的学生所选修的所有课程的集合，用 S 表示学生 x 所选修的课程，如果 R∩S 不为空集，则 x 是所要查找的学生。

求 R∩S 的 SQL 语句如下：

```
SELECT Sname
FROM Student x
WHERE EXISTS(SELECT R.Cno --集合 R∩S
             FROM SC R, SC S
             WHERE R.Sno = '2000014' AND S.Sno = x.Sno AND R.Cno = S.Cno)
      AND Sno != '2000014';
```

2. FROM 子句中的子查询

前面介绍过，FROM 子句指定查询要使用的表，一般情况下，这些表是关系数据库中物理存在的表，如事例数据库中的 Student、Course 和 SC 表。子查询的结果是一个表，但只是一个中间结果，并没有存放在关系数据库中。为了在 FROM 子句中使用子查询，要给子查询生成的临时表命名，有时还要对临时表的列命名。

例 51 查询每门课程的名称和平均成绩。

首先可以很容易地写出查询每门课程的编号和平均成绩的 SQL 语句：

```
SELECT Cno, AVG(Grade)
FROM SC
GROUP BY Cno;
```

查询的结果为：

Cno	AVG(Grade)
1024	84
1136	84
1137	78
1156	87

为了得到课程的名称，将临时表和 Course 表做连接即可。

```
SELECT Cname, Grade
FROM Course , (SELECT Cno, AVG(Grade)
              FROM SC
              GROUP BY Cno) AS tmp(Cno, Grade) --命名子表
WHERE Course.Cno = tmp.Cno;
```

由于经常要使用连接操作，在 SQL-1992 中给出了连接操作符，连结操作的结果允许出现在 FROM 和 WHERE 子句中，使得连接操作的表达更清晰。

（1）交叉连接   A CROSS JOIN B

交叉连接就是笛卡尔积，表达式 Student CROSS JOIN SC 的结果是表 Student 和 SC 的笛卡尔积。

（2）内连接   A [INNER] JOIN B ON Condition

表达式 Course JOIN SC ON Course.Cno = SC.Cno 的结果是表 Course 和 SC 的在列 Cno 上的等值连接，其关系模式由 Course 和 SC 的全部属性构成。

（3）外连接   A {FULL | LEFT | RIGHT} OUTER JOIN B ON Condition

表达式 Course LEFT OUTER JOIN SC ON Course.Cno = SC.Cno 的结果是表 Course 和 SC 的左外连接，其关系模式由 Course 和 SC 的全部属性构成，Course 表中所有元组都出现在关系事例中。

例 52   查询学生王林所选修课程的课程编号和成绩。

首先将表 Student 和 SC 在列 Sno 上做等值连接，得到每个学生的选课记录，然后对连接的结果再进行过滤，得到王林的选课记录。

```
SELECT Cno, Grade
FROM Student JOIN SC ON Student.Sno = SC.Sno
WHERE Sname = '王林';
```

例 53   查询学生王林所选修课程的课程名称和成绩。

Student JOIN SC ON Student.Sno = SC.Sno 的关系模式是（Student.Sno，Sname，Ssex，Sage，Sdept，SC.Sno，Cno，Grade），没有课程名称，为了得到课程名称，只要再和 Course 表做连接即可。

```
SELECT Cname, Grade
FROM (Student JOIN SC ON Student.Sno = SC.Sno) JOIN Course ON SC.Cno = Course.Cno
WHERE Sname = '王林';
```

例 54   查询学号为 2000012 和 2000014 的学生的选修课程的交集（只要求输出课程编号）。

查询学号为 2000012 的学生的选修课程的 SQL 语句如下：

```
SELECT Cno
FROM SC
WHERE Sno = '2000012';
```

查询学号为 2000014 的学生的选修课程的 SQL 语句如下：

```
SELECT Cno
FROM SC
WHERE Sno = '2000014';
```

图 3-3（a）、（b）分别给出了这两个学生的选课记录，图 3-3（c）是图 3-3（a）、（b）在列 Cno 上做等值连接结果。图 3-3（a）中除第 3 个元组外，其他 3 个元组全部出现在图 3-3（c）中，原因很简单，课程 1024、1136 和 1156 在图 3-3（a）、（b）中都有，而课程 1137 只出现在图 3-3（a）中，它不能和图 3-3（b）中任何一个元组进行连接。

因此，完成查询的正确的 SQL 语句为：

```
SELECT A.Cno
FROM (SELECT Cno
        FROM SC
        WHERE Sno = '2000012') A
      JOIN
      (SELECT Cno
        FROM SC
        WHERE Sno = '2000014') B
      ON A.Cno = B.Cno;
```

Sno	Cno	Grade
2000012	1024	80
2000012	1136	78
2000012	1137	70
2000012	1156	80

(a)

Sno	Cno	Grade
2000014	1024	88
2000014	1136	90
2000014	1156	88

(b)

Sno	Cno	Grade	Sno	Cno	Grade
2000012	1024	80	2000014	1024	88
2000012	1136	78	2000014	1136	90
2000012	1156	80	2000014	1156	88

(c)

图 3-3　选课记录和等值连接

例 55　查询学号为 2000012 和 2000014 的学生选修课程的差集（只要求输出课程编号）。

R 和 S 的差集中的元组一定是 R 的元组，但不能是 S 的元组，所以，R 中的元组 ta 如果要成为差集中的元组，则在 S 中一定没有这样的元组 tb 使得 ta.Cno = tb.Cno，那么，ta 一定不在连接条件为 R.Cno = S.Cno 的连接结果中，但是会出现在左外连接中。

```
SELECT *
FROM (SELECT * -- 集合 R
        FROM SC
        WHERE Sno = '2000012') R
      LEFT OUTER JOIN
      (SELECT * --集合 S
        FROM SC
        WHERE Sno = '2000014') S
      ON R.Cno = S.Cno;
```

Sno	Cno	Grade	Sno	Cno	Grade
2000012	1024	80	2000014	1024	88
2000012	1136	78	2000014	1136	90
2000012	1137	70	NULL	NULL	NULL
2000012	1156	80	2000014	1156	88

观察上述 SQL 语句查询结果的第 3 个元组，它在 S 表所有列上取空值，在 R 表 Cno 列上投影，恰是我们要的结果。因此，完成题目要求的 SQL 语句为：

```
SELECT R.Cno
FROM (SELECT * -- 集合 R
        FROM SC
        WHERE Sno = '2000012') R
      LEFT OUTER JOIN
      (SELECT * --集合 S
        FROM SC
        WHERE Sno = '2000014') S
      ON R.Cno = S.Cno
WHERE S.Cno IS NULL;
```

3.3　数 据 定 义

表、视图、索引是数据库中的主体。SQL 提供数据定义语句对这些主体进行管理，如表 3-5 所示。

表 3-5   SQL 的数据定义语句

操作对象	操作方式		
	创　　建	删　　除	修　　改
表	CREATE TABLE	DROP TABLE	ALTER TABLE
视图	CREATE VIEW	DROP VIEW	
索引	CREATE INDEX	DROP INDEX	

视图和索引都依附于表，因此 SQL 通常不提供修改视图定义和修改索引定义的操作。如果想修改视图定义或索引定义，只能先将它们删除掉，然后再重建。对表允许增加新的属性，但是一般不允许删除属性，如果确实要删除一个属性，必须先将表删除掉，再重新建立表并装入数据。增加一个属性不用修改已经存在的程序，而删除一个属性必须修改那些使用了该属性的程序。

要使用数据定义语句，用户必须从 DBA 那里获得权限，如建立表的权限，用户建立了一个表以后，对该表拥有所有的权限，其他的用户一般是拥有查询权限，要重新分配权利必须使用授权语句，具体请见 3.5 节。

3.3.1　表的定义

1. 定义表

SQL 语言使用 CREATE TABLE 语句定义表，其一般格式如下：

```
CREATE TABLE <表名> （<列名> <数据类型>[ 列级完整性约束条件 ]
            [，<列名> <数据类型>[ 列级完整性约束条件] ]…）
            [，<表级完整性约束条件> ]；
```

<表名>是所要定义的表的名字。表可以由一个或多个属性（列）组成。建表的同时通常还可以定义与该表有关的完整性约束条件，这些完整性约束条件被存入系统的数据字典中。当用户操作表中数据时由数据库管理系统自动检查该操作是否违背这些完整性约束条件。如果完整性约束条件涉及该表的多个属性列，则必须定义在表级，否则既可以定义在列级，也可以定义在表级。

（1）数据类型

关系模型中一个很重要的概念是域，每一个属性来自一个域，它的取值必须是域中的值。在 SQL 中域的概念用数据类型来实现。SQL 提供了一些主要的数据类型，如表 3-6 所示，在实际使用中要遵照具体的数据库管理系统的规定。一个属性选用哪种数据类型要根据实际情况来决定，一般要从两个方面来考虑，一是取值范围，二是要做哪些运算。例如，对于年龄（Sage）属性，当然可以采用 CHAR(2)作为数据类型，但考虑到要在年龄上做算术运算（如求平均年龄），所以要采用整数作为数据类型，因为在 CHAR（n）数据类型上不允许做算术运算。整数又有长整数和短整数两种，因为一个人的年龄在百岁左右，所以选用短整数作为年龄的数据类型。

表 3-6   数据类型

数 据 类 型	含　　义
CHAR(n)	长度为 n 的定长字符串
VARCHAR(n)	最大长度为 n 的变长字符串
INT	长整数（也可以写作 INTEGER）

数 据 类 型	含 义
SMALLINT	短整数
NUMERIC(*p,d*)	定点数，由 *p* 位数字（不包括符号、小数点）组成，小数后面有 *d* 位数字
REAL	取决于机器精度的浮点数
DOUBLE PRECISION	取决于机器精度的双精度浮点数
FLOAT(*n*)	浮点数，精度至少为 *n* 位数字
DATE	日期，包含年、月、日，格式为 YYYY-MM-DD
TIME	时间，包含时、分、秒，格式为 HH:MM:SS

（2）实体完整性

例 56 建立 Student 表，Sno 作为主码。

```
CREATE TABLE Student
     (Sno    CHAR(7)  PRIMARY KEY,
      Sname  CHAR(8),
      Ssex   CHAR(2) ,
      Sage   SMALLINT,
      Sdept  CHAR(20) );
```

如果单一列构成主码，则在这个列后紧跟 PRIMARY KEY 子句。执行语句后，数据库的数据字典就记录下表的名字、关系模式和完整性约束，但尚未有数据。

例 57 建立 SC 表，Sno 和 Cno 是主码。

```
CREATE TABLE SC
   (Sno    CHAR(7),
    Cno    CHAR(4),
    Grade  SMALLINT,
    PRIMARY KEY (Sno,Cno));
```

如果多个列构成主码，仍然使用 PRIMARY KEY 子句定义主码，但该子句要作为单独的一行。

（3）参照完整性

例 58 建立 SC 表，Sno 和 Cno 是主码，且 Sno 和 Cno 也是外码，分别引用 Student 表的 Sno 列和 Course 表的 Cno 列。

```
CREATE TABLE SC
     (Sno    CHAR(7),
      Cno    CHAR(4),
      Grade  SMALLINT,
      PRIMARY KEY (Sno,Cno),
      FOREIGN KEY (Sno) REFERENCES Student(Sno),
      FOREIGN KEY (Cno) REFERENCES Course(Cno));
```

FOREIGN KEY 子句定义外码及参照表和参照列，子句要作为单独的一行。

例 59 建立 Course 表，Cno 是主码，Cpno 是外码，引用 Course 表的 Cno 列。

```
CREATE TABLE Course
     (Cno    CHAR(4) PRIMARY KEY,
      Cname  CHAR(40),
      Cpno   CHAR(4) ,
      Ccredit  SMALLINT,
```

```
FOREIGN KEY (Cpno) REFERENCES Course(Cno));
```

一个参照完整性在两个表的元组之间建立了联系，因此，对被参照表和参照表进行增、删、改操作时有可能破坏参照完整性。例如，对 SC 表和 Student 表有 4 种可能破坏参照完整性的情况。

● 在 SC 表中增加一个元组后，造成该元组的 Sno 列的值在表 Student 中找不到一个元组其 Sno 属性的值与之相等。

● 修改 SC 表中的一个元组后，造成该元组的 Sno 列的值在表 Student 中找不到一个元组其 Sno 属性的值与之相等。

● 从 Student 表中删除一个元组后，造成 SC 表中某些元组的 Sno 列的值在表 Student 中找不到一个元组其 Sno 列的值与之相等。

● 修改 Student 表中的一个元组的 Sno 列后，造成 SC 表中某些元组的 Sno 列的值在表 Student 中找不到一个元组其 Sno 列的值与之相等。

当上述的不一致发生时，系统可以采用以下的策略加以处理。

① 拒绝（reject）

不允许该操作执行。该策略一般设置为默认策略。

② 瀑布删除（cascade）

当删除或修改被参照表（上例中 Student）的一个元组时造成了不一致，则删除参照表中（上例中的 SC）所有造成不一致的元组（上例中假设 Student 被删除的元组的 Sno 属性的值为 200012，则从 SC 表中删除 SC.Sno='2000012'的所有元组。）

③ 设置为空值（set-null）

当删除或修改被参照表（上例中的 Student）的一个元组时造成了不一致，则将参照表中（上例中的 SC）的所有造成不一致的元组的对应列设置为空值。（上例中假设 Student 被删除的元组的 Sno 属性的值为 2000012，则将 SC 表中 SC.Sno='2000012'的所有元组的 Sno 列设置为空值。当然，该策略不适用于上例中的 SC 表，因为 Sno 是 SC 码的一部分。）

一般地，当对参照表的操作违反了参照完整性，则该操作被拒绝。当对被参照表的操作违反了参照完整性，系统选用默认策略，即拒绝执行。如果想让系统采用其他的策略，则必须说明，例如：

```
CREATE TABLE SC
    (Sno   CHAR(7),
     Cno   CHAR(4),
     Grade SMALLINT,
     PRIMARY KEY (Sno,Cno),
     FOREIGN KEY Sno REFERENCES Student(Sno)
         ON DELETE CASCADE
         ON UPDATE CASCADE,
     FOREIGN KEY Cno REFERENCES Course(Cno)
         ON DELETE CASCADE
         ON UPDATE CASCADE);
```

这里可以对 DELETE 和 UPDATE 采用不同的策略。

（4）属性值约束

① 非空值限制

如果不允许一个列取空值，在定义列的同时要加上 NOT NULL 子句。例如，不允许 Grade 取空值：

```
Grade   INT  NOT  NULL
```

如果不明确说明的话，属性的值允许取空值。

② 指定允许的取值范围

用 CHECK 子句说明列的取值范围。例如，Student 表的 Ssex 只允许取'男'和'女'：

```
Ssex  CHAR(2)  CHECK (Ssex IN ('男', '女') )
```

SC 表的 Grade 的值应该在 0 到 100 之间：

```
Grade   INT CHECK (Grade >=0 AND Grade <= 100)
```

当往表中插入元组或修改属性的值时，数据库管理系统就检查属性上的限制是否被满足，如果不满足，则操作被拒绝执行。

同属性值限制相比，元组级的限制可以设置属性之间取值的组合。

例 60 当学生的性别是男时，其名字不能以 Ms.打头。

```
CREATE TABLE Student
     (Sno   CHAR(7) PRIMARY KEY,
     Sname CHAR(8) NOT NULL,
     Ssex  CHAR(2),
     Sage  SMALLINT,
     Sdept CHAR(20),
     CHECK (Ssex ='女' OR Sname NOT LIKE 'Ms.% '));
```

性别是女性的元组都能通过该项检查，因为 Ssex='女'成立；当性别是男性时，要通过检查，则名字一定不能以 Ms.打头，因为 Ssex='女'不成立，条件要想为真值，Sname NOT LIKE 'Ms.%必须为真值。

2. 修改表

表建立好以后，一般不会再修改，但随着应用环境和应用需求的变化，偶尔要修改已建立好的表，SQL 语言用 ALTER TABLE 语句修改表，许多 DBMS 有独自的格式，其一般格式为：

```
ALTER TABLE <表名>
[ ADD <新列名> <数据类型> [ 完整性约束 ] ]
[ DROP <完整性约束名> ]
[ MODIFY <列名> <数据类型> ];
```

其中<表名>是要修改的表，ADD 子句用于增加新列和新的完整性约束条件，DROP 子句用于删除指定的完整性约束条件，MODIFY 子句用于修改原有的列定义，包括修改列名和数据类型。

例 61 向 Student 表增加"入学时间"列，其数据类型为日期型。

```
ALTER TABLE Student ADD Scome DATE;
```

不论表中原来是否已有数据，新增加的列一律为空值。

例 62 删除学生姓名不能取空值的约束。

```
ALTER TABLE Student DROP NOT NULL(Sname);
```

SQL 没有提供删除属性列的语句，用户只能间接实现这一功能，即先把表中要保留的列及其内容复制到一个新表中，然后删除原表，再将新表重命名为原表名。

3. 删除表

当某个表不再需要时，可以使用 DROP TABLE 语句删除它。其一般格式为：

```
DROP TABLE <表名>
```

例 63　删除 Student 表。

```
DROP TABLE Student;
```

表一旦被删除，表中的数据及在表上建立的索引和视图都将自动被删除掉。因此执行删除表的操作一定要格外小心。

3.3.2　索引的定义

SQL 语言是描述性的语言，只说明要做什么，如何完成一条 SQL 语句规定的任务，是 DBMS 的职责。例如，如果要查询学生 2000012 的详细信息，只需要向 DBMS 提交下面的语句：

```
SELECT *
FROM Student
WHERE Sno = '2000012';
```

DBMS 怎样在成千上万的学生中找到这个学生？详细的过程取决于 DBMS 如何存储 Student 表中的数据。我们在逻辑数据结构的层面上考虑这个问题，假设 DBMS 使用线性表存储数据，表中的每个元组是线性表的一个数据元素。

上述 SQL 语句就是一个查找问题，如果线性表是无序的，则只能进行顺序查找：

- 首先取出第一个元组 t，得到 t 在 Sno 列的分量，用 t.Sno 表示。
- 然后判断 t.Sno = '2000012'是否成立，如果成立，则输出 t。
- 继续按上述方法处理下一个元组，直至处理完所有的元组。

如果线性表是有序的，则采用折半查找。我们还可以采用很多技术提高查找速度，例如数据分区、Hash 方法等，其中，在表上建立索引是一种常用的方法。索引的概念大家并不陌生，例如有的书后面有索引，可以找到一些关键词所在的页号，据此能很快找到这个关键词。在图书馆中面对众多的图书，要找到自己想要的书，必须先查找图书目录，图书目录就是书的索引。

索引不是关系模型中的概念，它属于物理实现的范畴。在关系上是否建立索引、建立什么样的索引要经过慎重的考虑，因为索引虽然加快了查找速度，但维护索引也要付出代价。索引一般由 DBA 建立。执行一个查询时，由 DBMS 的查询优化子系统决定是否利用关系上的索引，利用哪个索引，用户无权干预。索引为查找的实现提供了更多的选择。

1. 索引的概念

索引是一个独立的、物理的数据库结构，基于表的一列或多列而建立，按照列值从小到大或从大到小排序，提供了一个新的存取路径。

图 3-4 的左侧给出了在 Student 表上的学号列上建立的索引，每一行称为一个索引项，索引项的第一部分存储 Student 表中某个元组在学号列上的值，第二部分是一个指针，指向 Student 表中对应的元组，索引项按照第一部分的值排序。

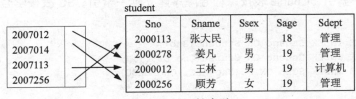

图 3-4　唯一性索引

图 3-4 中以线性表的形式表示索引。实际上，在数据库中，索引往往被组织成一棵 B^+ 树。

索引有多种类型。按照表中索引列上的值是否唯一，索引分为唯一索引（UNIQUE）和非唯一索引（NOT UNIQUE）。建立 UNIQUE 索引后，插入新记录时，DBMS 会自动检查新记录在索引列上是否取了重复值，这相当于增加了一个 UNIQUE 约束。图 3-4 在 Sno 列上建立的索引就是唯一性索引，因为 Sno 是关键字。在 Sdept 列上建立的索引是非唯一索引，如图 3-5 所示。

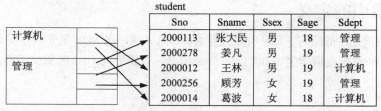

student

Sno	Sname	Ssex	Sage	Sdept
2000113	张大民	男	18	管理
2000278	姜凡	男	19	管理
2000012	王林	男	19	计算机
2000256	顾芳	女	19	管理
2000014	葛波	女	18	计算机

图 3-5　非唯一性索引

按照索引的结构，分为两大类索引：聚簇索引（Clustered Index）和非聚簇索引（Nonclustered Index）。聚簇索引要求表中的元组的存放次序和索引中索引项的存放次序完全相同，或者说表中的元组也是有序的，非聚簇索引则无此要求。

聚簇索引能提高某些类型的查询效率，例如，范围查询，Sno BETWEEN n AND m，利用聚簇索引首先定位学号等于 n 的元组，然后顺序访问表中的元组，直到遇到学号大于 m 的元组。

由于表中的元组只能有一种物理存储顺序，因此一个表最多只有一个聚簇索引。表中的数据发生变化后，为了维护表中元组的有序性，要付出很大的代价。

2. 建立索引

在 SQL 语言中，建立索引使用 CREATE INDEX 语句，其一般格式为：

```
CREATE [ UNIQUE ] [ CLUSTERED | NONCLUSTERED] INDEX <索引名>
ON <表名>(<列名>[<次序>][, <列名>[<次序>] ]…);
```

其中，<表名>是要建立索引的表的名字。索引可以建立在表的一列或多列上，各列名之间用逗号分隔。每个<列名>后面还可以用<次序>指定索引值的排列次序，可选择 ASC（升序）或 DESC（降序），默认值为 ASC。

UNIQUE 表明建立唯一性索引。CLUSTERED 表示要建立的索引是聚簇索引。NONCLUSTERED 意味着建立非聚簇索引，默认情况下是建立 NONCLUSTERED 索引。例如，执行下面的 CREATE INDEX 语句：

```
CREATE CLUSTERED INDEX Stusname ON Student(Sname);
```

将在 Student 表的 Sname 列上建立一个聚簇索引。

例 64　为学生-课程数据库中的 Student、Couse、SC 3 个表建立索引。其中 Student 表按学号升序建立唯一索引，Course 表按课程号降序建立唯一索引，SC 表按学号升序和课程号降序建立唯一索引。

```
CREATE UNIQUE INDEX Stusno ON Student(Sno);
CREATE UNIQUE INDEX Coucno ON Course(Cno DESC);
CREATE UNIQUE INDEX SCno ON SC(Sno ASC, Cno DESC);
```

3. 删除索引

索引一经建立，就由系统使用和维护它，不需要用户干预。建立索引是为了减少查询操作的时间，但如果数据增、删、改频繁，系统会花费许多时间来维护索引。这时，可以删除一些不必要的索引。

在 SQL 语言中，删除索引使用 DROP INDEX 语句，其一般格式为：

```
DROP INDEX <表名.索引名>
```

例 65 删除 Student 表的 Stusname 索引。

```
DROP INDEX Student.Stusname;
```

删除索引时，系统从数据字典中删去有关该索引的描述，同时从数据区释放索引占用的存储空间。

3.3.3 视图的定义

视图是从一个或多个表中导出的表，用户可以像对表一样对它进行查询，在 SELECT 语句中可以出现表的地方都可以出现视图。视图是一个**虚表**，在数据库中只存储视图的定义（一个 SELECT 语句），而不存放视图的数据，这些数据仍存放在导出视图的基本表中，直到用户使用视图时才去执行视图的定义，求出数据。因为视图是一个虚表，所以更新操作受到一些限制。

1. 视图的作用

（1）简化用户的操作

视图机制使用户可以将注意力集中在所关心的数据上。如果这些数据不是直接来自表，则可以通过定义视图，使数据库看起来结构简单、清晰，并且可以简化用户的数据查询操作。例如，那些定义了若干张表连接的视图，就将表与表之间的连接操作对用户隐蔽起来了。换句话说，用户所做的只是对一个虚表的简单查询，而这个虚表是怎样得来的，用户无需了解。

（2）减少冗余数据

定义表时，为了减少数据库中的冗余数据，表中只存放基本数据，由基本数据经过各种计算派生出的数据一般是不存储的。但由于视图中的数据并不实际存储，所以定义视图时可以根据应用的需要，设置一些派生属性列。

（3）对重构数据库提供了一定程度的逻辑独立性

数据的物理独立性是指用户和用户程序不依赖于数据库的物理结构。数据的逻辑独立性是指当数据库重构造时，如增加新的关系或对原有关系增加新的字段等，用户和用户程序不会受影响。在关系数据库中，数据库的重构往往是不可避免的。重构数据库最常见的是将一个表"垂直"地分成多个表。例如，将学生关系拆分为 SX 和 SY 两个关系：

```
Student(Sno, Sname, Ssex, Sage, Sdept)
SX(Sno, Sname, Sage)
SY(Sno, Ssex, Sdept)
```

这时，表 Student 为 SX 表和 SY 表自然连接的结果。如果建立一个视图 Student：

```
CREATE VIEW Student(Sno, Sname, Ssex, Sage, Sdept)
AS
SELECT SX.Sno, SX.Sname, SY.Ssex, SX.Sage, SY.Sdept
FROM SX, SY
WHERE SX.Sno = SY.Sno;
```

这样尽管数据库的逻辑结构改变了，但应用程序并不必修改，因为新建立的视图定义了用户原来的关系，使用户的外模式保持不变，用户的应用程序通过视图仍然能够查找数据。

当然，视图只能在一定程度上提供数据的逻辑独立性，比如由于对视图的更新是有条件的，因此应用程序中修改数据的语句可能仍会因表结构的改变而需要改变。

（4）对机密数据提供安全保护

有了视图机制，就可以在设计数据库应用系统时，对不同的用户定义不同的视图，使机密数据不出现在不应看到这些数据的用户视图上，这样视图机制就自动提供了对机密数据的安全保护功能。例如，Student 表涉及 3 个系的学生数据，可以在其上定义 3 个视图，每个视图只包含一个系的学生数据，并且只允许每个系的系主任查询本系的学生视图。

2. 建立视图

SQL 语言使用 CREATE VIEW 命令建立视图，其一般格式为：

```
CREATE  VIEW  <视图名>[(<列名>[, <列名>]…)]
AS <子查询>
[WITH CHECK OPTION];
```

组成视图的列名或者全部省略或者全部指定，没有第 3 种选择。如果省略了视图的各个列名，则视图的与子查询的 SELECT 子句的目标列相同。但在下列 3 种情况下必须明确指定组成视图的所有列名：

- 某个目标列不是单纯的列名，而是聚集函数或列表达式；
- 多表连接时选出了几个同名列作为视图的列；
- 需要在视图中为某个列启用更合适的名字。

其中子查询可以是任意复杂的 SELECT 语句，但通常不允许含有 ORDER BY 子句和 DISTINCT 短语。

WITH CHECK OPTION 表示对视图进行 UPDATE 和 INSERT 操作时要保证更新后的元组和新插入的元组满足视图定义中子查询的 WHERE 子句中的条件表达式。

例 66 建立计算机系学生的视图。

```
CREATE VIEW Student_CS
AS
SELECT *
FROM Student
WHERE Sdept = '计算机';
```

本例在表 Student 上建立了视图 Student_CS，但是没有明确指出视图 Student_CS 的列名，则构成视图的列与 SELECT 子句相同，即 Student_CS 有 Sno、Sname、Sex、Sage 和 Sdept 共 5 个列，这 5 个列分别对应 Student 的 Sno、Sname、Ssex、Sage 和 Sdept 列。

CREATE VIEW 语句的执行结果是在 DBMS 的数据字典中保存了视图名和 SELECT 语句。

例 67 建立英语课（课程号为 1156）成绩单的视图。

```
CREATE VIEW English_Grade(Sno, Sname, Grade)
AS
SELECT Student.Sno, Sname, Grade
FROM Student JOIN SC ON Student.Sno = SC.Sno AND SC.Cno = '1156';
```

本例在表 Student 和 SC 上建立了视图 English_Grade。它有 3 个列：Sno、Sname、Grade、分别对应表 Student 的 Sno 列、Sname 列和表 SC 的 Grade 列。因为 SELECT 语句中包含了 Student 表与 SC 表的同名列 Sno，所以必须在视图名后面明确说明视图的各个列名。

例 68　定义一个反映学生出生年份的视图。

```
CREATE VIEW BT_S(Sno, Sname, Sbirthday)
AS
SELECT Sno, Sname, datepart(year, getdate()) - Sage
FROM Student;
```

由于 Student 表的 Sage 列存放了学生的年龄，没有存放其出生年份，本例定义的视图由学号、学生姓名和学生出生年份 3 个列组成。getdate 函数返回系统日期，datepart 函数求出日期中的年份。由于 SELECT 子句中出现了表达式，则必须指明视图的列名。

视图不仅可以建立在一个或多个表上，也可以建立在一个或多个已定义好的视图上，或者建立在表与视图上。

例 69　建立英语课的成绩在 80 分以上的学生的视图。

```
CREATE VIEW English_Grade_80
AS
SELECT Sno, Sname, Grade
FROM English_Grade
WHERE Grade >= 80;
```

已经定义过的视图可以和表一样使用。本例中的 FROM 子句中出现了在例 67 定义过的视图 English_Grade，因此，视图 English_Grade_80 是建立在视图 English_Grade 之上的。

3. 删除视图

当不再需要一个视图时，可以删除它，语句格式为：

```
DROP VIEW <视图名>
```

例 70　删除视图 Student_CS。

```
DROP VIEW Student_CS;
```

执行 DROP VIEW 语句后，DBMS 从数据字典中删除视图 Student_CS 和定义它的 SELECT 语句。

4. 查询视图

定义视图以后，就可以像对表一样对视图进行查询。

例 71　查找计算机学院年龄小于 19 岁的学生的姓名。

视图 Student_CS 包含有计算机学院全体学生的信息，可以直接对视图进行查询。

```
SELECT Sname
FROM Student_CS
WHERE Sage < 19;
```

前面讲过，视图中没有存放任何数据，又被称为虚表。那么对视图的查询会返回数据吗？

对视图进行查询时，DBMS 要进行视图消解工作，把对视图的查询转换为对**基本表**（定义视图时涉及的表）的查询，即把对视图查询的一个 SQL 语句转换为对基本表查询的 SQL 语句。视图消解的基本过程分为 4 个步骤：首先从数据字典中取出定义视图的子查询（SELECT 语句）；然后用子查询的 FROM 子句替换要执行的 SELECT 的 FROM 子句；接着根据定义视图时视图的列和基本表的列的对应关系，映射要执行的 SELECT 子句的列到基本表的列；最后将定义视图的子查询的 WHERE 子句的条件表达式合并到要执行的 SELECT 语句的 WHERE 子句中，逻辑关系是与关系，如图 3-6 所示。

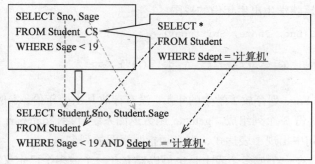

图 3-6　视图消解基本过程

例 72　假设定义了一个求每个学生学号和平均成绩的视图：

```
CREATE VIEW S_G(Sno, Gavg)
AS
SELECT Sno, AVG(Grade)
FROM SC
GROUP BY Sno;
```

现在要查询平均成绩在 80 分以上的学生学号和平均成绩，可以写出以下的语句：

```
SELECT *
FROM S_G
WHERE Gavg >= 80;
```

这时，DBMS 无法得到一个等价的 SELECT 语句。DBMS 采用第二种视图消解方法。先执行定义视图 S_G 的 SELECT 语句，得到了一个结果，把它作为一个临时表，假设命名为 tmp_S_G，然后将上面的查询语句改写为：

```
SELECT *
FROM tmp_S_G
WHERE Gavg >= 80;
```

同样可以得到正确结果。因此，我们可以把视图当作表一样进行查询，而不必关心 DBMS 如何进行处理。

5. 更新视图

更新视图是指向视图中插入（INSERT）、删除（DELETE）和修改（UPDATE）数据。像查询视图那样，对视图的更新操作也要通过视图消解转换为对表的更新操作。

在关系数据库中，并不是所有的视图都是可更新的，因为有些视图的更新不能唯一有意义地转换成对基本表的更新。

例如，例 71 定义的视图 S_G 是由"学号"和"平均成绩"两个属性列组成的，其中平均成绩一项是由 SG 表中对元组分组后计算平均值得来的。如果我们想把视图 S_G 中学号为 2000012 的学生的平均成绩改成 90 分，SQL 语句如下：

```
UPDATE S_G
SET Gavg = 90
WHERE Sno = '2000012';
```

但对视图的更新无法转换成对表 SC 的更新，因为系统无法修改各科成绩，以使平均成绩成为 90。所以 S_G 视图是不可更新的。

目前，多数 DBMS 保证**行列子集视图**是可以更新的。若一个视图是从单个表导出的，并且只是去掉了表的某些行和某些列，但保留了主关键字，我们称这类视图为**行列子集视图**。例 65 中定义的视图 Student_CS 就是一个行列子集视图。

除行列子集视图外，还有些视图理论上是可更新的，但它们的确切特征还是尚待研究的课题。还有些视图从理论上是不可更新的。

目前各个关系数据库管理系统对视图的更新有较多的限制，由于各系统实现方法上的差异，这些规定也不尽相同。

应该指出的是，不可更新的视图与不允许更新的视图是两个不同的概念。前者指理论上已证明其是不可更新的视图；后者指实际系统中不支持其更新，但它本身有可能是可更新的视图。

对于行列子集视图的更新，DBMS 也要进行视图消解，把对视图的更新转换为对基本表的更新，基本过程与对 SELECT 语句的转换过程相同。

例 73　将计算机系的学生王林的姓名改为王琳。

```
UPDATE Student_CS
SET Sname = '王琳'
WHERE Sname = '王林';
```

DBMS 进行视图消解后，得到下面的语句：

```
UPDATE Student
SET Sname = '王琳'
WHERE Sname = '王林' AND Sdept = '计算机';
```

例 74　计算机系增加一名新生，学号为 2000015，姓名为赵明，年龄为 20 岁。

```
INSERT
INTO Student_CS(Sno, Sname, Sage)
VALUES('2000015', '赵明', 20);
```

转换后的更新语句为：

```
INSERT
INTO Student(Sno, Sname, Sage)
VALUES('2000015', '赵明', 20);
```

例 75　删除计算机系的学生，学号是 2000015。

```
DELETE
FROM Student_CS
WHERE Sno= '2000015';
```

转换为对表的删除操作：

```
DELETE
FROM Student
WHERE Sno= '2000015' AND Sdept = '计算机';
```

通过上面的 3 个例子可以发现，视图消解后得到的 UPDATE 和 DELETE 语句中包含了视图定义时的过滤条件 Sdept = '计算机'。但 INSERT 语句没有将 Sdept 列的值设置为'计算机'。上例的 WHERE 条件中指定了赵明的学号，但由于赵明在 Sdept 列上的值为空，不能满足条件 Sno= '2000015' AND Sdept = '计算机'，实际上并没有删除学生赵明。

如果要防止用户通过视图对数据库进行增删改时有意无意地对不属于视图范围内（不满足子

查询的过滤条件）的基本表数据进行操作，则在视图定义时要加上 WITH CHECK OPTION 子句。WITH CHECK OPTION 短语相当于在视图上施加了一个元组级约束条件，更新前后的元组必须满足定义视图的子查询的过滤条件。若操纵的元组不满足条件，则拒绝执行该操作。

例 76 建立计算机系学生的视图，要求进行更新操作前后的元组要保证满足视图的过滤条件（即 Sdept 列上的值是'计算机'）。

```
CREATE VIEW Student_CS
AS
SELECT *
FROM  Student
WHERE  Sdept= '计算机'
WITH CHECK OPTION;
```

由于在定义 Student_CS 视图时加上了 WITH CHECK OPTION 子句，以后对该视图进行插入、修改时，DBMS 会自动检查插入的元组和修改后的元组在 Sdept 列上的值是否等于'计算机'。例如，DBMS 会拒绝执行下面的对视图进行修改的 SQL 语句。

```
INSERT
INTO Student_CS(Sno, Sname, Sdept, Sage)
VALUES('2000015', '赵明', '管理', 20); --新插入的元组在 Sdept 的值不等于'计算机'
UPDATE Student_CS
SET Sdept = '管理'       --试图将 Sdept 的值由'计算机'更改为'管理'
WHERE Sno = '2000012';
```

3.4 数 据 更 新

数据更新操作有 3 个：向表中添加若干行数据、修改表中的数据和删除表中的若干行数据，在 SQL 语言中有相应的 3 个语句，本节介绍 3 个语句的基本用法。

1. 插入操作

插入语句的格式是：

```
INSERT
INTO <表名> [(<属性列 1>[, <属性列 2 >…])]
VALUES (<常量 1> [, <常量 2>]…);
```

语句的功能是向表中添加一个元组，元组在第 1 列的值为常量 1，第 2 列的值为常量 2，……。没有出现在 INTO 子句中的列将取空值。

子查询不仅可以嵌套在 SELECT 语句中，用以构造父查询的条件，也可以嵌套在 INSERT 语句中，用以生成要插入的批量数据。

插入子查询结果的 INSERT 语句的格式为：

```
INSERT
INTO <表名> [(<属性列 1> [, <属性列 2>…])]
子查询;
```

例 77 将学生王林的信息插入到 Student 表中。

```
INSERT
INTO Student(Sno,Sname,Ssex,Sdept,Sage)
```

```
VALUES ('2000012', '王林', '男', '计算机', 19);
```

INTO 子句指定 Student 表和要赋值的列，VALUES 子句对元组的各列赋值。

插入子句向表增加的数据不能违反表上定义的各种约束，否则，DBMS 拒绝执行语句。

例 78 将学生张大民的信息插入到 Student 表中。

```
INSERT
INTO Student
VALUES ('2000113', '张大民', '男', 18, '管理');
```

本例与上例的不同之处在于在 INTO 子句中只指定了表名，没有给出列，这表示插入的元组在表的所有列上都指定值，列的次序与 CREATE TABLE 中的次序相同。VALUES 子句对新元组的各列赋值，注意值与列要一一对应。

当表的结构被修改了，如增加了一个新的列，则上述语句要出错，因为常数的个数少于列的个数。

例 79 在表 Course 中增加离散数学课程的信息。

```
INSERT
INTO Course(Cno,Cname,Cpno,Ccredit)
VALUES ('1136', '离散数学', NULL, 4);
```

其中符号 NULL 的含义是赋予该列的值是空值。

例 80 每一个学生都要选修高等数学（课程号为 1128）课程，将选课信息加入表 SC 中。

```
INSERT
INTO SC(Sno, Cno)
SELECT  Sno, '1128'
FROM Student;
```

2. 修改操作

修改操作又称为更新操作，该语句的一般格式是：

```
UPDATE  <表名>
SET  <列名>=<表达式>[, <列名>=<表达式>]…
[WHERE <条件>];
```

该语句的功能是修改指定表中满足 WHERE 子句条件的元组。SET 子句指出元组中要修改哪些列，要修改一个列就要给出表达式<列名>=<表达式>，其含义是列的新值等于<表达式>的值。如果省略 WHERE 子句，则表示要修改表中的所有元组。

表达式中可以出现常数、列名、系统支持的函数及运算符。最简单的条件是列名=常数。

例 81 将学号为 2000012 的学生的年龄改为 18 岁。

```
UPDATE Student
SET Sage=18
WHERE Sno='2000012';
```

例 82　将所有学生的年龄增加 1 岁。

```
UPDATE Student
SET Sage= Sage+1;
```

由于语句中没有出现 WHERE 子句，所以 Student 表中的每个元组的 Sage 分量都被修改。

例 83　将计算机系全体学生的数据库原理（课程号为 1024）课程成绩修改为空值。

```
UPDATE SC
SET Grade = NULL
WHERE  Cno='1024' AND Sno IN (SELECT Sno
                              FROM   Student
                              WHERE  Sdept = '计算机');
```

3. 删除操作

删除操作语句的一般格式为：

```
DELETE
FROM <表名>
[WHERE <条件>];
```

该语句的功能是从指定表中删除满足 WHERE 子句条件的所有元组。如果省略 WHERE 子句，表示删除表中全部元组，但表的定义仍然存在于数据字典中。也就是说，DELETE 语句删除的是表中的数据，而不是关于表的定义。

例 84　删除学号为 2000012 的学生记录。

```
DELETE
FROM Student
WHERE Sno='2000012';
```

例 85　删除所有的学生选课记录。

```
DELETE
FROM SC;
```

这条 DELETE 语句将使 SC 成为空表，它删除了 SC 的所有元组。

例 86　删除计算机科学系所有学生的选课记录。

```
DELETE
FROM SC
WHERE  Sno IN (SELECT Sno
               FROM Student
               WHERE Sdept='计算机');
```

3.5　存　取　控　制

数据库中存放了一个机构运营所需要的全部数据，并提供给机构中的所有职员使用，因此，必须严格控制对数据库的存取操作，否则，会发生泄漏敏感数据的事件，这是绝对不允许的事情。

使用 UNIX 操作系统必须要拥有一个账号，经过身份验证，登录系统后，才能使用系统提供的各种功能，并且在完成某项任务时还要拥有一定的权限，例如，读取一个文件的数据时要有读权限。

使用数据库管理系统必须是系统的一个合法的用户，以某种方式连接到数据库管理系统后，当对表和视图等数据库对象操作时，系统要检查是否拥有必要的权限。

对于表和视图而言，有 SELECT、INSERT、DELETE、UPDATE 等权限。对表执行 SELECT、INSERT、DELETE 和 UPDATE 操作时，分别要拥有对表的 SELECT、INSERT、DELETE 和 UPDATE 权限。

SQL 采用的安全性控制策略简单易行。原理上，数据库中有一个矩阵，矩阵的每列是数据库中的一个操作对象，矩阵的每行是数据库的一个用户，矩阵的元素是一个权限集合，记录了用户对操作对象所拥有的权限。当用户提交操作时，DBMS 就根据该矩阵确定是否允许用户所提交的操作。

例如，假设用户 U1 提交了下面的 SQL 语句：

```
INSERT
INTO SC(Sno, Cno)
        SELECT Sno, '1128'
        FROM Student;
```

U1 必须拥有对 SC 表的 INSERT 权限和 Student 表的 SELECT 权限，DBMS 才允许 U1 执行这条 SQL 语句。

操作对象的所有者拥有对操作对象的所有权限，一般情况下，所有者就是操作对象的创建者，也可以通过其他方式成为操作对象的所有者。操作对象的所有者可以把部分或全部操作权限授予给一个或多个其他用户，在必要时还可以收回这些权限。

1. 授权

SQL 语言用 GRANT 语句向用户授予操作权限，GRANT 语句的一般格式为：

```
GRANT <权限>[, <权限>…]
        [ON <表名或视图名>]
        TO <用户>[, <用户>…]
        [WITH GRANT OPTION];
```

接受权限的用户可以是一个或多个具体用户，也可以是 PUBLIC 用户。PUBLIC 用户是一个特殊的用户，它代表系统中当前的所有用户以及将来新增加的所有用户。

如果指定了 WITH GRANT OPTION 子句，则获得权限的用户还可以把权限再授予其他的用户；如果没有指定 WITH GRANT OPTION 子句，则获得权限的用户只能使用该权限，但不能传播该权限。

例 87　把 Student 表的 SELECT 权限授予用户 U1。

```
GRANT SELECT
ON TABLE Student
TO U1;
```

例 88　把 Student 表和 Course 表的全部操作权限授予用户 U2 和 U3。

```
GRANT ALL PRIVILIGES
ON TABLE Student, Course
TO U2, U3;
```

ALL PRIVILIGES 表示对表的所有操作权限。

例 89　把表 SC 的 SELECT 权限授予所有用户。

```
GRANT SELECT
ON TABLE SC
TO PUBLIC;
```

例 90 把 Student 表的 SELECT 权限和 Sname 列的 UPDATE 权限授给用户 U4。

```
GRANT UPDATE(Sname), SELECT ON TABLE Student TO U4;
```

UPDATE 权限表示可以修改表的所有列，本例中对 UPDATE 权限进行了限制，用户 U4 只能修改 Sname 列，但是不能修改其他的列。

例 91 把表 SC 的 INSERT 权限授予 U5 用户，并允许 U5 将此权限再授予其他用户。

```
GRANT INSERT ON TABLE SC TO U5 WITH GRANT OPTION;
```

U5 不仅拥有了对表 SC 的 INSERT 权限，还可以传播此权限，即由 U5 用户发出上述 GRANT 命令给其他用户。例如，U5 可以将此权限授予 U6：

```
GRANT INSERT ON TABLE SC TO U6 WITH GRANT OPTION;
```

同样，U6 还可以将此权限授予 U7：

```
GRANT INSERT ON TABLE SC TO U7;
```

因为 U6 未给 U7 传播的权限，因此 U7 不能再传播此权限。

2. 收回权限

授予的权限使用 REVOKE 语句收回，REVOKE 语句的一般格式为：

```
REVOKE <权限>[,<权限>]…
    [ON <表名或视图名>]
    FROM <用户>[,<用户>];
```

例 92 把用户 U4 修改学生学号的权限收回。

```
REVOKE UPDATE(Sname) ON TABLE Student FROM U4;
```

例 93 收回所有用户对表 SC 的查询权限。

```
REVOKE SELECT ON TABLE SC FROM PUBLIC;
```

例 94 把用户 U5 对 SC 表的 INSERT 权限收回。

```
REVOKE INSERT ON TABLE SC FROM U5;
```

在例 91 中，U5 将对 SC 表的 INSERT 权限授予了 U6，而 U6 又将其授予了 U7。执行上例的 REVOKE 语句后，数据库管理系统在收回 U5 对 SC 表的 INSERT 权限的同时，还会自动收回 U6 和 U7 对 SC 表的 INSERT 权限，即收回权限的操作会级联下去的。但如果 U6 或 U7 还从其他用户处获得对 SC 表的 INSERT 权限，则它们仍具有此权限，系统只收回直接或间接从 U5 处获得的权限。

3. 角色

一般地讲，一个机构中的每个访问数据库的工作人员都是 DBMS 的一个用户。这样，对于一个大型机构，数据库管理系统的用户会成千上万。如何管理这些用户，正确地分配各自的权限？当然可以像上面介绍的那样，系统中每增加一个用户，就用 GRANT/REVOKE 语句对其要操纵的对象授予适当的权限。但是，在一个大型系统中，用户、数据对象、操作权限三者之间的可能的组合会非常多，上述工作方式劳动强度大，而且也容易出错。

两个工作人员虽然在数据库中是两个不同的用户，但是，他们从事的工作是一样的，比如说，都是售票员，因此，他们对数据库的操作是一样的，操作同样的表，需要相同的权限。据此就有了按工作岗位分配权限的想法。

角色是一个 DBMS 的用户的集合，该集合中的用户要操作相同的数据库对象，需要拥有相同的权限。角色可以是组织中的一个部门，也可以是一个工作岗位。角色还可以按照 DBMS 管理的需要而设置。

有了角色的概念后，权限的管理可以这样进行：首先根据工作需要建立各个角色，然后用 GRANT 语句把角色要访问的数据对象的操作权限授予角色；其次，创建用户，把用户分派到一个或多个角色中，每个用户享有其所在角色的全部权利。例如，在图 3-7 中，Role1 拥有对表 T_1 的 INSERT 权限和 UPDATE 权限，以及对表 T_2 的 SELECT 权限，所以，用户 U1 也拥有对表 T_1 的 INSERT 权限和 UPDATE 权限，以及对表 T_2 的 SELECT 权限。用户 U3 既属于 Role1，又属于 Role2，U3 同时拥有 Role1 和 Role2 的权限。

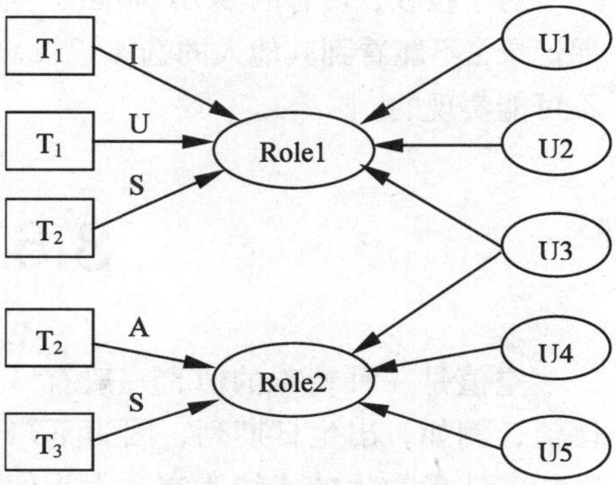

在 SQL-1999 中使用 CREATE ROLE 建立角色，例如，建立 Clerk 角色：

图 3-7　角色及其授权

```
CREATE ROLE Clerk;
```

角色可以被分配给用户，也能被分配给其他的角色：

```
GRANT Clerk TO U1; --用户 U1 是角色 Clerk 的成员
GRANT Clerk TO Manager; --Manager 是另外一个角色，
```
也是 Clerk 的成员

角色可以像用户一样被授予各种各样的权限：

```
GRANT SELECT ON Student TO Clerk --角色 Clerk 对 Student 表有 SELECT 权限
```

有些 DBMS 使用不同的语法创建角色和分配成员。例如，SQL Server 使用系统存储过程完成上述任务。系统存储过程 sp_addrole 和 sp_droprole 分别用于建立和删除角色，系统存储过程 sp_addrolemember 和 sp_droprolemember 分别用于将用户指派给角色和从角色中删除一个用户。

例 95　在数据库中增加角色 Managers，删除角色 Sales。

```
sp_addrole  'Managers'
GO
sp_droprole  'Sales'
GO
```

例 96　使数据库用户 John 成为角色 Sales 的成员，从数据库角色 Manager 中删除成员 Jeff。

```
sp_addrolemember  'Sales', 'John'
GO
sp_droprolemember  'Managers', 'Jeff'
GO
```

例 97　让角色 Managers 成为角色 Sales 的成员。

```
sp_droprolemember  'Sales', 'Managers'
GO
```

4. 其他的权限

除了对表和视图的权限外，在使用数据库时可能还需要其他的权限，例如：

- **CREATE DATABASE**：创建数据库的权限。
- **CREATE TABLE**：在数据库中创建表的权限。
- **CREATE VIEW**：在数据库创建视图的权限。
- **CREATE FUNCTION**：创建用户自定义函数的权限。
- **CREATE PROCEDURE**：创建存储过程的权限。
- **CREATE INDEX**：在数据库中创建索引的权限。
- **CREATE TRIGGER**：在表上创建触发器的权限。

在使用时请参照具体 DBMS 的说明书。

对于授权，现有的 SQL 标准尚存在一些缺陷。例如，假设想要每个学生只能看到他自己的选课记录，不能看到其他人的选课记录，授权就必须在单独的元组级进行，这是 SQL 标准中的授权不可能实现的。

3.6 空值的处理

空值是一种特殊的值，一般有 3 种含义，第 1 种是应该有一个值，但目前不知道它的具体值，例如，出生日期列，因为不知道一个人的出生时间而没有填写；第 2 种是不应该有值，例如，缺考学生的成绩为空，因为他没有参加考试；第 3 种是由于某种原因不便于填写，例如，一个人的电话号码不想让大家知道，就取空值。因此，空值含有不确定性，需要做特殊的处理。

1．空值的产生

例 98 向 SC 表中插入一个元组，学生号是 2000012，课程号是 1128，成绩为空。

```
INSERT INTO SC(Sno,Cno,Grade)
VALUES('2000012', '1128', NULL);
```

或

```
INSERT INTO SC(Sno,Cno)
VALUES('2000012', '1128');
```

在插入语句中，没有赋值的列，其值为空值。

例 99 将 Student 表中学生号为 2000012 的学生所属的系改为空值。

```
UPDATE Student
SET Sdept = NULL
WHERE Sno='2000012';
```

另外，外连接也会产生空值。

2．空值的判断

判断一个列的值是否为空值，不能写成"= NULL"的形式，而应该用 IS NULL 来表示。

例 100 从 SC 表中找出缺考的学生号和课程号（假设缺考学生的成绩为空值）。

```
SELECT Sno,Cno
FROM SC
WHERE Grade IS NULL;
```

3. 能否取空值的限制

构成主码的列不能取空值，加了 UNIQUE 限制的列不能取空值，作了 NOT NULL 限制的列不能取空值。

4. 有空值的算术运算、比较运算和逻辑运算

空值与另一个值（包括另一个空值）的算术运算的结果为空值，空值与另一个值（包括另一个空值）的比较运算的结果为 UNKNOWN。有了 UNKNOWN 后，传统的二值（TRUE,FALSE）逻辑就变成了三值逻辑。

在查询语句中,只有使 WHERE 和 HAVING 子句中的选择条件为 TRUE 的元组才被选出作为输出结果。

例 101 选出选修课程号 1156 的不及格的学生。

```
SELECT Sno
FROM SC
WHERE Grade < 60  AND  Cno='1156';
```

这里选出的学生是那些参加了考试（Grade 列为非空值）而不及格的学生，不包括缺考的学生，因为前者使条件 Grade < 60 的值为 TRUE，后者使条件的值为 UNKNOWN。

例 102 选出选修课程号 1156 的不及格的学生以及缺考的学生。

```
SELECT Sno
FROM SC
WHERE Grade < 60  AND  Cno='1156'
UNION
SELECT Sno
FROM SC
WHERE Grade IS NULL  AND  Cno='1156'
```

或者

```
SELECT Sno
FROM SC
WHERE  Cno='1156' AND (Grade < 60 OR Grade IS NULL);
```

注意

在聚集函数中遇到空值时，除了 COUNT(*)外，都跳过空值而去处理非空值。

小　结

本章重点介绍了 SQL 语言的查询语句，包括查询的概念、单表查询、多表查询、集合操作和嵌套查询。读者应重点掌握单表查询的应用，理解连接操作的过程，熟练掌握内连接和外连接的概念和应用，理解查询结果是一个临时表、表是集合的概念，掌握简单的嵌套查询的使用方法。

SQL 是关系数据库的标准语言。从功能上可以划分为 DDL（CREATE 和 DROP）、DML（INSERT、UPDATE、DELETE、SELECT）、DCL（GRANT 和 REVOKE）。

SQL 从 1974 年被提出以来，有若干个标准化版本，如 SQL-1989、SQL-1992、SQL-1999、

SQL-2003。不同的 DBMS 支持的版本会有所不同，在使用时要注意阅读随机文档。

SELECT 语句是 SQL 中最重要、最活跃的语句。它由 SELECT、FROM、WHERE、GROUP BY、HAVING 和 ORDER BY 子句构成。SELECT 和 FROM 子句在每个 SQL 语句中都必须出现，其他子句可以根据实际情况选用。

SELECT 语句的基本功能是从一个或多个表构造出另外一个新表，这个新表是查询的结果，是一个临时表。

聚集函数的自变量的值不是单值，而是一个集合。SQL 提供的聚集函数有 COUNT、MAX、MIN、SUM、AVG。特别要注意的是，除了 COUNT(*) 函数以外，其他的聚集函数对空值忽略不计。

分组是将在分组列上有相同值的元组分配到同一组。分组是聚集函数的作用对象，可以把同一组的所有元组或者每个元组在某一列上的值作为聚集函数自变量的值。

连接操作是一个二元操作符，它将两个表中的元组首尾相连，形成新表的一个元组。连接操作有交叉连接、条件连接和外连接 3 类。掌握连接操作的关键是正确理解其执行过程。

SQL 只提供了集合操作中的并运算，它将两个 SELECT 语句的结果（集合）合并成一个集合。可以用条件连接实现交运算，外连接操作实现差运算。

SELECT 语句的子句中出现了 SELECT 语句的查询叫做嵌套查询。它分为不相关嵌套查询和相关嵌套查询两类。

SELECT 语句的查询结果作为一个集合可以出现在 WHERE 子句中。运算符 IN、SOME、ALL 和 EXISTS 的操作对象都是集合。IN 用于判断成员关系，SOME 和 ALL 用于对比较运算符进行修饰。EXISTS 用于测试集合是否为空集。利用连接操作和 EXISTS 运算符，可以实现判断两个集合的包含关系和相等关系。

子查询可以出现在 INSERT、UPDATE 和 DELETE 语句中。

习　题

1. 试述 SQL 语言的特点。
2. 试述 SQL 的定义功能。
3. 使用 SQL 语句建立第 2 章习题 7 中的 4 个表。
4. 针对上题中建立的 4 个表使用 SQL 语言完成第 2 章习题 7 中的查询。
5. 针对习题 3 中的 4 个表使用 SQL 语言完成以下各项操作：
（1）找出所有供应商的姓名和所在城市。
（2）找出所有零件的名称、颜色、重量。
（3）找出使用供应商 S1 所供应零件的工程号码。
（4）找出工程项目 J2 使用的各种零件的名称及其数量。
（5）找出上海厂商供应的所有零件号码。
（6）找出使用上海生产的零件的工程名称。
（7）找出没有使用天津生产的零件的工程号码。
（8）把全部红色零件的颜色改成蓝色。
（9）将由 S5 供给 J4 的零件 P6 改为由 S3 供应，作必要的修改。

（10）从供应商关系中删除 S2 的记录，并从供应情况关系中删除相应的记录。

（11）将（S2，J6，P4，200）插入供应情况关系。

6. 什么是表？什么是视图？两者的区别和联系是什么？

7. 试述视图的优点。

8. 所有的视图是否都可以更新？为什么？

9. 哪类视图是可以更新的？哪类视图是不可更新的？各举一例说明。

10. 试述某个你熟悉的实际系统中对视图更新的规定。

11. 为习题 3 的工程项目建立一个供应情况的视图，包括供应商代码（SNO）、零件代码（PNO）、供应数量（QTY）。针对该视图完成下列查询：

（1）找出三建工程项目使用的各种零件代码及其数量。

（2）找出供应商 S1 的供应情况。

12. 针对习题 3 建立的表，用 SQL 语言完成以下各项操作：

（1）把对表 S 的 INSERT 权限授予用户张勇，并允许他再将此权限授予其他用户。

（2）把查询 SPJ 表和修改 QTY 属性的权限授给用户李天明。

13. 向 SC 中增加几个选修了英语课但无成绩（grade 的值为空值）的学生。如何找出这些无成绩的学生？如果对英语课按成绩排名的话排列次序是怎样的？会影响平均成绩吗？

14. 今有两个关系模式：

职工（职工号，姓名，年龄，职务，工资，部门号）

部门（部门号，名称，经理名，地址，电话号）

使用 SQL 的 GRANT 和 REVOKE 语句（加上视图机制）完成以下授权定义或存取控制功能：

（1）用户王明对两个表具有 SELECT 权限；

（2）用户李勇对两个表具有 INSERT 和 DELETE 权限；

（3）每个职工只对自己的记录具有 SELECT 权限；

（4）用户刘星对职工表具有 SELECT 权限，对工资字段具有更新权限；

（5）用户张新具有修改这两个表的结构的权限；

（6）用户周平具有对两个表的所有权限（读取、插入、修改、删除数据）并具有给其他用户授权的权限；

（7）用户杨兰具有从每个部门职工中查询最高工资、最低工资、平均工资的权限，但他不能查看每个人的工资。

第4章
查询处理及优化

前面介绍的关系代数和 SQL 是一种描述性的语言,这种逻辑层面的查询语言把程序员从细节问题中解放出来,提高了工作效率。

用户提交的 SQL 语句由 DBMS 的查询处理子系统经过一系列的分析和优化工作后生成查询执行计划,再经过存储子系统读写数据库中的数据,完成 SQL 语句规定的功能。查询处理和优化是 DBMS 的主要任务之一,是 DBMS 的核心技术之一。

在本章中,我们简单地介绍一些实现关系代数操作的算法以及使用 DBMS 实现查询优化的技术,了解这些知识对更好地编写 SQL 语句有一定的帮助作用。

4.1 查询处理的步骤

DBMS 接收到 SQL 查询后,它的查询处理子系统要将查询转换为操作代码,一般分为 4 个步骤:

(1)查询分析。通过对查询语句进行词法分析和语法分析,判断用户提交的 SQL 语句是否符合 SQL 语法。

(2)查询检查。根据数据字典中存放的元数据,检查语句中引用的数据库对象,例如,关系、属性、存储过程、函数等是否存在和有效。还要检查用户是否拥有执行 SQL 语句所必需的权限。检查完毕后把 SQL 查询转换成等价的关系代数表达式,一般采用查询树的形式表示关系代数表达式。

(3)查询优化。从多个可供选择的执行策略和算法中选择一个执行效率高的作为执行计划。查询优化有代数优化和物理优化两个层次。代数优化根据关系代数操作的性质进行等价变换,使得执行更高效。物理优化是指选择存取路径和实现代数操作的具体算法,一般采用基于代价的方法进行选择。

(4)查询执行:根据查询优化的结果生成执行代码。

4.2 查询处理算法

关系的逻辑存储结构是二维表,表的元素是元组。不同的 DBMS 使用不同的物理存储结构存放关系。一般地讲,DBMS 向操作系统申请若干个文件,把这些文件占用的磁盘空间作为一个整体进行段页式管理,一个页面又叫做一块(block)。不同系统的块的大小也不一样,块是 DBMS

的 I/O 单位。一个关系的元组被存储在一个或多个块中。

为了便于描述和讨论，这里引入一些记号。使用 $B(R)$ 表示关系 R 占用的块数，使用 $T(R)$ 表示 R 中元组的数目，使用 $V(R, A)$ 表示关系 R 在属性 A 上不同值的个数。

在查询处理中，需要内存和磁盘操作，由于磁盘 I/O 操作涉及机械动作，需要的时间与内存操作相比要高几个数量级。因此，在评估查询处理算法时，一般用算法读写的 I/O 块数作为衡量单位。

4.2.1 外部排序

排序是数据库中最基本的操作之一。很多语句中执行 DISTINCT、GROUP BY 和 ORDER BY 子句等都要使用排序操作。在数据库环境下，排序操作对象的数量十分巨大，例如，对一个有几百万元组的关系进行排序就要使用外部排序算法。

一个典型的外部排序算法分为内部排序阶段和归并阶段。其核心思想是根据内存的大小，将存放在磁盘上待排序的关系逻辑上分为若干个段（run），一个段的大小以可使用的内存大小为上限。在内部排序阶段，从磁盘上把一个段中的全部元组读入内存，使用我们熟悉的内部排序算法，如快速排序，将这些元组排序，然后把它们写到磁盘中临时存放。处理完所有的段后，进入归并排序阶段，采用多路归并排序算法，经过 1 趟或 2 趟归并排序后，就完成了对关系的排序。

如图 4-1 所示是内部排序示意图，学号是排序属性，假设可用内存大小为 4 个元组，则 10 个元组将分 3 次读入内存，排序后在磁盘上有 3 个有序的段。图 4-2 是 3 路归并示意图，选择算法从输入缓冲区中选择最小的学号，把该学号所在的元组放到输出缓冲区，待缓冲区满后，将缓冲区中的元组再输出到磁盘，图中为了节省空间，只给出了每个元组的学号属性。一个输入缓冲区和输出缓冲区是一个或多个块，选择算法一般使用堆。

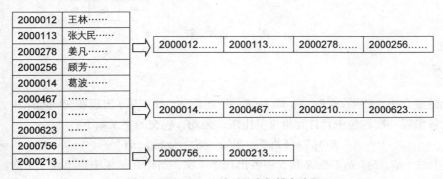

图 4-1　对 Student 关系的内部排序阶段

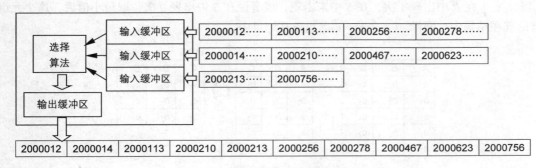

图 4-2　对 Student 关系的多路归并阶段

如果可用内存为 M 块，则外部排序的 I/O 次数大约为：

$$2B(R)\log_{(M-1)}B(R)$$

所有的 DBMS 都对外部排序算法进行了最大限度的优化，理论计算表明，对绝大数应用而言，多路归并阶段只需要一趟即可。

4.2.2 集合操作算法

在 SQL 中，集合有两种语义，即传统的集合语义和包语义，二者的差别在于是否允许出现重复的元素。

我们首先给出包语义的并、交和差运算的定义。为了叙述方便，使用记号 t^m 表示元组 t 在集合中的出现次数，$m>0$ 表示 t 重复出现了 m 次，$m=0$ 表示 t 没有出现在集合中。

1. 包并

两个集合 R 和 S 包并的结果要包含 R 和 S 中的所有元组，用公式表示为：

$$R\cup_B S = \{\, t^{m+n}|t^m \in R \wedge t^n \in S \,\}$$

图 4-3 中关系 R 和 S 中都有元组（a_2，b_2，c_1），这个元组在结果中重复出现了 2 次。

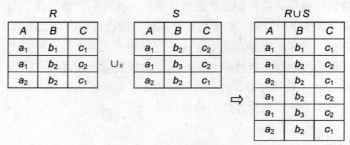

图 4-3 包并运算

2. 包交

在传统的集合中，如果 $t \in R \cap S$，则 $t \in R$，并且 $t \in S$，即如果 t 出现在交的结果中，则 t 在 R 和 S 中至少各出现一次。包中允许元组重复出现，因此，包交的定义如下：

$$R\cap_B S = \{\, t^k|t^m \in R \wedge t^n \in S, k=\min(m,n) \,\}$$

图 4-4 中的（a_1，b_2，c_2）在 R 和 S 中各出现了 1 次，所以在结果中也出现了 1 次。（a_2，b_2，c_1）在 R 中出现了 3 次，在 S 中出现了 2 次，取二者之间的最小值，该元组在结果中出现了 2 次。（a_1，b_1，c_1）在 R 中出现 1 次，在 S 中未出现，或者说在 S 中出现 0 次，取最小值后，这个元组没有出现在结果中。同样，（a_1，b_3，c_2）也不在结果中。

R				S				$R\cap S$		
A	B	C		A	B	C		A	B	C
a_2	b_2	c_1	$\cap_B$	a_1	b_2	c_2	$\Rightarrow$	a_1	b_2	c_2
a_1	b_1	c_1		a_2	b_2	c_1		a_2	b_2	c_1
a_2	b_2	c_1		a_1	b_3	c_2		a_2	b_2	c_1
a_1	b_2	c_2		a_2	b_2	c_1				
a_2	b_2	c_1								

图 4-4 包交运算

3. 包差

差运算类似于并运算，包差的定义为：

$$R -_B S = \{ t^k | t^m \in R \wedge t^n \in S, k=\max(0, m-n)\}$$

一个具体的例子见图 4-5。元组（a_1，b_1，c_1）在 R 中出现 2 次，在 S 中出现 0 次，在结果中出现 2 次。元组（a_1，b_2，c_2）和（a_2，b_2，c_1）在 R 和 S 中都各出现 1 次，所以未出现在结果中。

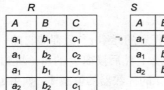 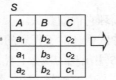

图 4-5 包差运算

采用的语义不同，实现集合操作的算法也不同。下面我们给出不同语义下集合并、交和差操作的算法。假设可用的内存为 M 块，参与操作的两个关系是 R 和 S，并且 S 为两个关系中占用存储空间较少的关系。

一趟算法

如果满足 $B(S) \leq M-1$ 的条件，则集合操作只需要读关系 R 和 S 各一次，写结果关系一次，总的 I/O 次数等于 $2(B(R)+B(S))$，我们把这样的算法叫做一趟算法。

（1）集合并

① 将 S 读入内存中的 $M-1$ 个缓冲区。

② 建立一个查找结构，例如二叉查找树。

③ Do。

④ 把 R 的一个块读到第 M 个缓冲区，对于这个缓冲区中的每个元组 t，在查找结构中查找是否有与 t 相同的元组，如果没有，则输出 t，否则不输出。

⑤ while R 中还有其他的块。

⑥ 输出 S 的所有元组。

（2）集合交

集合交的算法和集合并的算法不同之处在于，对于 R 的一个元组 t，如果能在查找结构中找到它，则输出 t，否则不输出它。另外，不需要第 6 步。

（3）集合差

集合差是一种不可交换的操作，R-S 不同于 S-R。假设 R 为关系中较大的关系。在两种情况下，将 S 读到 $M-1$ 个缓冲区中，建立查找结构。

对于 R-S，每次读取 R 的一个块，检查块中的每个元组 t。若 t 在 S 中，则忽略 t，否则输出 t。

对于 S-R，每次读取 R 的一个块，检查块中的每个元组 t。若 t 在 S 中，从内存中 S 的副本中将 t 删掉，否则不做任何处理。最后，当把 R 中的所有元组扫描完后，将 S 中剩余的元组复制到输出。

包语义下的操作不需要去除重复元组，实现起来相对简单。

（4）包并

包并的结果是 R 和 S 中的所有元组，因此，只要分别读入 R 和 S 的元组并将它们输出到操作结果中即可。

（5）包交

将 S 读到 M−1 个缓冲区中，对于任意的元组 t，只存储它的一个副本，并为它设置一个计数器，计数器的值等于 t 在 S 中出现的次数。

读取 R 的每一块，对于块中的每一个元组 t，如果 t 在 S 中，并且 t 的计数器的值为正值，则输出 t，并将计数器的值减 1；如果 t 在 S 中，并且计数器的值为 0，则不输出 t；如果 t 不在 S 中，则不输出 t。

（6）包差

由于 $S–R \neq R–S$，需要分别给出处理它们的算法。

对于 $S-R$，将 S 读到 M−1 个缓冲区中，对于任意的元组 t，只存储它的一个副本，并为它设置一个计数器，计数器的值等于 t 在 S 中出现的次数；然后读取 R 的每一块到第 M 个缓冲区，对于块中的每一个元组 t，如果 t 出现在 S 中，则将 t 的计数器的值减 1；如果 t 不在 S 中，则放弃它。处理完 R 的所有元组后，输出内存中 S 的元组。对于 S 的任意一个元组 t，如果计数器的值为正值，则重复输出 t，重复次数等于它的计数器的值；如果计数器的值等于 0，则不输出 t。

对于 $R-S$，同样处理 S 中的元组；然后读取 R 的每一块，对于块中的每一个元组 t，如果 t 不出现在 S 中，则输出 t；如果 t 出现在 S 中，并且 t 的计数器的值等于 0，则输出 t，否则，不输出 t，但是将其计数器减 1。

二趟算法

如果 $B(S)>M–1$，则需要采用二趟算法，通过排序（也可以采用散列的方法）消除重复元组。使用排序方法实现集合并的伪代码如下：

① 重复地将 R 的 M 块装入内存排序，在磁盘上产生一组有序的段。

② 对 S 做相同的工作，产生 S 的一组有序段。

③ 为 R 和 S 的每个段分配一个内存缓冲区，将每个段的第一块读入缓冲区。

④ 重复地在所有缓冲区中查找关键字最小的元组 t，输出 t，并且从缓冲区中删除 t 的所有副本。如果某个缓冲区空，则读入段中的下一块。

实现集合其他操作的算法和集合并相似，不再赘述。

4.2.3 选择操作算法

选择操作只涉及一个关系，一般采用全表扫描或者基于索引的算法。

1. 全表扫描算法

全表扫描算法非常简单，假设可以使用的内存为 M 块，全表扫描的伪代码如下：

① 按照物理次序读取 R 的 M 块到内存。

② 检查内存的每个元组 t，如果 t 满足选择条件，则输出 t。

③ 如果 R 还有其他的块未被处理，重复上面的操作。

全表扫描算法只需要很少的内存（最少为 1 块）就可以运行，而且控制简单，I/O 次数为 $B(R)$，如果 $B(R)$ 很大，则运算时间较长。

2. 基于索引的算法

前面介绍过，为了改善查询响应时间，可以在关系上建立若干个索引。如果选择条件是 A=c

的形式，并且在 A 列上有索引，可以采用效率更高的索引选择操作算法。例如，在 Student 表的 Sno 列上建立了索引，而选择条件是 Sno='2000012'。

索引一般使用 B⁺树，查找一个关键字时，从根节点开始逐层往下查找，最终到达一个叶子节点。查找过程中，对从根节点到叶子节点路径上的每个节点都要执行一次 I/O 操作，因此，I/O 次数至少是树的深度。基于索引的伪代码如下：

① 在 B⁺树中查找满足条件的元组所在的块 B_1、B_2、$\cdots$、B_n。

② 消除 B_1、B_2、$\cdots$、B_n 中重复的块，最终块的集合为 B_1、B_2、$\cdots$、B_m。

③ 从 R 中逐一把 B_1、B_2、$\cdots$、B_m 读入内存，在块中找到满足条件的元组后作进一步的处理（如投影）并输出。

一般情况下 $m \ll B(R)$，因此，基于索引的选择算法要优于全表扫描算法。但在某些特殊情况下，要查找的元组均匀地分布在 R 中，即 $m=B(R)$，这时，基于索引的选择算法的性能不如全表扫描算法。

选择操作算法也有基于散列技术的，请参见参考文献[3]。

4.2.4　连接操作算法

连接操作是经常用到的操作，也是最耗费时间的操作，人们对它进行了深入的研究，提出了一系列的算法。我们简单介绍一下嵌套循环连接算法和归并连接算法，其他的算法请参见参考文献[3]。

1.　嵌套循环算法

嵌套循环算法的思想非常简单：对于 S 中的任意一个元组 t_S，找出中 R 所有满足连接条件的元组 t_R，输出 t_S 和 t_R 的连接结果。我们可以用一个二重循环实现它，因此得名。

如果采用全表扫描的方法在 R 中查找所有满足条件的元组，并使用块的形式，则伪代码如下：

```
FOR B_S ∈ S DO
      FOR B_R ∈ R DO
        {对任意的 t_S ∈ B_S，t_R ∈ B_R，如果 t_S 和 t_R 满足连接条件，则输出二者的连接结果}
```

算法的含义是每读 S 的一个块到内存，就依次读 R 的所有块到内存，然后在两个内存块中查找满足条件的元组进行连接。因此，算法的 I/O 次数为：$B(S) + B(S) \times B(R)$。为了减少 I/O 次数，外循环应该是体积较小的一个关系。

如果在连接属性上建立有索引，则使用索引能加快在 R 中查找满足连接条件的元组。例如，考虑自然连接 $S(X, Y)$ 和 $R(Y, Z)$，假设 R 在属性 Y 上有一个索引，则借助索引在 R 中找到可以和 S 中的元组 t_S 做连接的所有元组，平均的 I/O 次数要远小于 $B(R)$，一般情况下，总的 I/O 次数要远小于 $B(S)+B(S) \times B(R)$，因此，基于索引的连接算法要优于简单嵌套循环算法。

2.　排序合并连接算法

排序合并连接算法的思想是先将关系 R 和 S 按照连接属性排序，然后使用合并两个有序线性表的归并算法实现两个关系的连接操作。假设有关系 $R(X, Y)$ 和 $S(Y, Z)$，有 M 块内存作为缓冲区，实现自然连接的排序合并连接算法的伪代码如下：

① 用 Y 作为关键字，使用 4.2.1 节介绍的两段多路归并排序对 S 排序。

② 同样也对 R 进行排序。

③ 使用两个缓冲区，分别存放 S 和 R 的一个块，归并已经排序过的 S 和 R。设置两个指针 P_S 和 P_R，初始时分别执向 S 和 R 在缓冲区的第一个元组，重复下面的操作步骤：

● 取出 P_S 所指向的元组 t_S，取出 P_R 所指向的元组 t_R。

● 如果 $t_S.Y=t_R.Y$，则输出 t_S 和 t_R 连接的结果，然后使 P_R 指向下一个元组，如果 P_R 指向了 R 在缓冲区中最后一个元组的后面，则读入 R 的下一块，令 P_R 指向第一个元组，如果 R 中所有的块已经处理完，则算法结束，否则转向第 2 步。

● 如果 $t_S.Y>t_R.Y$，则将 P_R 指向下一个元组，如果 P_R 指向了 R 在缓冲区中最后一个元组的后面，则读入 R 的下一块，令 P_R 指向第一个元组，如果 R 中所有的块已经处理完，则算法结束，否则转向第 2 步。

● 如果 $t_S.Y<t_R.Y$，则将 P_S 指向下一个元组，如果 P_S 指向了 S 在缓冲区中最后一个元组的后面，则读入 S 的下一块，令 P_S 指向第一个元组，如果 S 中所有的块已经处理完，则算法结束，否则转向第 2 步。

以上算法假设 R 和 S 在属性 Y 上没有重复值，如果有重复值仅需略作修改。

4.3 查 询 优 化

查询优化在关系数据库管理系统（RDBMS）中有着非常重要的地位。RDBMS 和非过程化的 SQL 语言能够取得巨大的成功，关键是得益于查询优化技术的发展。关系查询优化是影响 RDBMS 性能的关键因素。

优化对关系数据库管理系统来说既是挑战又是机遇。所谓挑战是指 RDBMS 为了达到用户可接受的性能必须进行查询优化。由于关系表达式的语义级别很高，使 RDBMS 可以从关系表达式中分析查询语义，提供了执行查询优化的可能性。这就为 RDBMS 在性能上接近甚至超过非关系数据库统提供了机遇。

4.3.1 概述

RDBMS 的查询优化既是 RDBMS 实现的关键技术，又是 RDBMS 的优点所在。它减轻了用户选择存取路径的负担。用户只要提出"干什么"，不必指出"怎么干"。对比一下非关系数据库管理系统中的情况：用户使用过程化的语言表达查询要求，执行何种记录级的操作，以及操作的序列是由用户而不是由系统来决定的。因此用户必须了解存取路径，系统要提供用户选择存取路径的手段，查询效率由用户的存取策略决定。如果用户做了不好的选择，系统是无能为力对此加以改进的。这就要求用户有较高的数据库技术和程序设计水平。

查询优化的优点不仅在于用户不必考虑如何最好地表达查询以获得较好的效率，而且在于系统可以比用户的"优化"做得更好。这是因为：

① 优化器可以从数据字典中获取许多统计信息，例如关系中的元组数、关系中每个属性值的分布情况等。优化器可以根据这些信息选择有效的执行计划，而用户则难以获得这些信息。

② 如果数据库的物理统计信息改变了，系统可以自动对查询进行重新优化，以选择相适应的执行计划。在非关系系统中必须重写程序，而重写程序在实际应用中往往是不太可能的。

③ 优化器可以考虑数百种不同的执行计划，而用户一般只能考虑有限的几种可能性。

④ 优化器中包括了很多复杂的优化技术，这些优化技术往往只有高级程序员才能掌握。系统的自动优化相当于使得所有人都拥有这些优化技术。

　　关系数据库查询优化的总目标是：选择有效的策略，求得给定关系表达式的值。实际系统对查询优化的具体实现不尽相同，但一般来说，可以归纳为 4 个步骤：

　　① 将查询转换成某种内部表示，通常是语法树。

　　② 根据一定的等价变换规则把语法树转换成标准（优化）形式。

　　③ 选择低层的操作算法。对于语法树中的每一个操作需要根据存取路径、数据的存储分布、存储数据的聚簇等信息来选择具体的执行算法。

　　④ 生成查询计划。查询计划也称查询执行方案，是由一系列内部操作组成的。这些内部操作按一定的次序构成查询的一个执行方案。通常这样的执行方案有多个，需要对每个执行计划计算代价，从中选择代价最小的一个。在集中式关系数据库中，计算代价时主要考虑磁盘读写的 I/O 次数，也有一些系统还考虑了 CPU 的处理时间。

　　步骤 3 和步骤 4 实际上没有清晰的界限，有些系统是作为一个步骤处理的。对于一个查询可能会有很多候选的查询计划，因此应采取适当的启发式技术来缩减查询计划的搜索空间。另外，由于统计信息的不精确性，中间结果的大小难以预计等因素使得代价的精确估计常常比较困难。

　　目前的商用 RDBMS 大都采用基于代价的优化算法。这种方法要求优化器充分考虑系统中的各种参数（如缓冲区大小、表的大小、数据的分布、存取路径等），通过某种代价模型计算出各种查询执行方案的执行代价，然后选取代价最小的执行方案。在集中式数据库中，查询的执行开销主要包括：

$$总代价= I/O 代价 + CPU 代价$$

　　在多用户环境下，内存在多个用户间的分配情况会明显地影响这些用户查询执行的总体性能。例如，如果系统分配给某个用户大量的内存用于其查询处理，这固然会加速该用户查询的执行，但是却可能使系统内的其他用户得不到足够的内存而影响其查询处理速度。因此，多用户数据库还应考虑查询的内存开销，即

$$总代价= I/O 代价 + CPU 代价 + 内存代价$$

4.3.2　一个实例

　　首先来看一个简单的例子，说明为什么要进行查询优化。

　　例 1　查询选修了 1024 号课程的学生姓名。使用 SQL 语言表达如下：

```
SELECT  Sname
FROM    Student,SC
WHERE   Student.Sno=SC.Sno AND SC.Cno='1024';
```

假定学生-课程数据库中有 1000 个学生记录和 10000 个选课记录，其中选修 1024 号课程的选课记录为 50 个。可以用多种等价的关系代数表达式来完成这一查询：

$$Q1 = \pi_{Sname}(\sigma_{SC.Sno \wedge SC.Cno='1024'}(Student \times SC))$$

$$Q2 = \pi_{Sname}(\sigma_{SC.Cno='1024'}(Student \bowtie SC))$$

$$Q3 = \pi_{Sname}(Student \bowtie \sigma_{SC.Cno='1024'}(SC))$$

　　还可以写出几种等价的关系代数表达式，但分析这 3 种就足以说明问题。后面将看到由于查询执行的策略不同，查询时间相差很大。

1.　第 1 种情况

（1）计算广义笛卡尔积

把 S 和 SC 的每个元组连接起来。一般连接的做法是：在内存中尽可能多地装入某个表（如

Student 表）的若干块元组，留出一块存放另一个表（如 SC 表）的元组。然后把 SC 中的每个元组和 Student 中的每个元组连接，连接后的元组装满一块后就写到中间文件上，再从 SC 中读入一块与内存中的 S 元组连接，直到 SC 表处理完。这时再次读入若干块 S 元组，读入一块 SC 元组，重复上述处理过程，直到把 S 表处理完。

设一个块能装入 10 个 Student 元组或 100 个 SC 元组，在内存中存放 5 块 Student 元组和 1 块 SC 元组，则读取总块数为：

$$\frac{1000}{10} + \frac{1000}{10 \times 5} \times \frac{10000}{100} = 100 + 20 \times 100 = 2100 \text{ 块}$$

其中读 Student 表 100 块，读 SC 表 20 遍，每遍读 100 块。若每秒读写 20 块，则总计用时 105s。连接后的元组数为 $10^3 \times 10^4 = 10^7$。设每块能装入 10 个元组，则写出这些块要用时 $10^6/20 = 5 \times 10^4$s。

（2）作选择操作

依次读入连接后的元组，按照选择条件选取满足要求的记录。假定内存处理时间忽略。这一步读取中间文件花费的时间（同写中间文件一样）需要 5×10^4s。满足条件的元组假设仅 50 个，均可放在内存。

（3）作投影

把第 2 步的结果在 Sname 上作投影输出，得到最终结果。

因此第 1 种情况下执行查询的总时间 $\approx 105 + 2 \times 5 \times 10^4 \approx 10^5$ s。这里，所有内存处理时间均忽略不计。

2. 第 2 种情况

（1）计算自然连接

为了执行自然连接，读取 Student 和 SC 表的策略不变，总的读取块数仍为 2100 块，用时 105s。但自然连接的结果比第一种情况大大减少，为 10^4 个 SC 的元组数。因此写出这些元组时间为 $10^4/10/20 = 50$ s，仅为第 1 种情况的千分之一。

（2）读取中间文件块，执行选择运算，花费时间也为 50 s。

（3）把第 2 步结果投影输出。

第 2 种情况总的执行时间 $\approx 105 + 50 + 50 \approx 205$ s。

3. 第 3 种情况

（1）先对 SC 表作选择运算，只需读一遍 SC 表，存取 100 块花费时间 5s，因为满足条件的元组仅 50 个，不必使用中间文件。

（2）读取 Student 表，把读入的 Student 元组和内存中的 SC 元组作连接。也只需读一遍 Student 表，共 100 块，花费时间为 5 s。

（3）把连接结果投影输出。

第 3 种情况总的执行时间 $\approx 5 + 5 \approx 10$ s。

假如 SC 表的 Cno 字段上有索引，第 1 步就不必读取所有的 SC 元组，而只需读取 Cno='2'的那些元组（50 个）。存取的索引块和 SC 中满足条件的数据块大约 3～4 块。若 Student 表在 Sno 上也有索引，则第 2 步也不必读取所有的 Student 元组，因为满足条件的 SC 记录仅 50 个，涉及最多 50 个 Student 记录，因此读取 Student 表的块数也可大大减少，总的存取时间将进一步减少到数秒。

这个简单的例子充分说明了查询优化的必要性,同时也给出了一些查询优化方法的初步概念。例如,当有选择和连接操作时,应当先做选择操作,这样参加连接的元组就可以大大减少。下面给出优化的一般策略。

4.3.3 查询优化的一般准则

下面的优化策略一般能提高查询效率,但不一定是所有策略中最优的。其实"优化"一词并不确切,也许"改进"或"改善"更恰当些。

① 选择运算应尽可能先做。在优化策略中这是最重要、最基本的一条。它常常可使执行时间节约几个数量级,因为选择运算一般使计算的中间结果大大变小。

② 在执行连接前对关系适当地预处理。预处理方法主要有两种,在连接属性上建立索引和对关系排序,然后执行连接。

③ 将投影运算和选择运算同时进行。如有若干投影和选择运算,并且它们都对同一个关系操作,则可以在扫描此关系的同时完成所有的这些运算以避免重复扫描关系。

④ 把投影与其前或其后的双目运算结合起来,没有必要为了去掉某些字段而扫描一遍关系。

⑤ 把某些选择与在它前面要执行的笛卡尔积结合起来成为一个连接运算,连接特别是等值连接运算要比同样关系上的笛卡尔积节省很多时间(如 4.3.2 节中的实例)。

⑥ 找出公共子表达式。如果这种重复出现的子表达式的结果不是很大的关系,并且从外存中读入这个关系比计算该子表达式的时间少得多,则先计算一次公共子表达式并把结果写入中间文件是合算的。当查询视图时,定义视图的表达式就是公共子表达式的情况。

4.3.4 关系代数等价变换规则

上面的优化策略大部分都涉及到代数表达式的变换。在第 2、3 章中介绍了各种查询语言,这些语言都可以转换成关系代数表达式。因此关系代数表达式的优化是查询优化的基本课题。而研究关系代数表达式的优化最好从研究关系表达式的等价变换规则开始。所谓关系代数表达式的等价是指用相同的关系代替两个表达式中相应的关系所得到的结果是相同的。

两个关系表达式 E_1 和 E_2 是等价的,可记为 $E_1 \equiv E_2$。常用的等价变换规则有:

规则 1 连接、笛卡尔积交换律

设 E_1 和 E_2 是关系代数表达式,F 是连接运算的条件,则有:

$$E_1 \times E_2 \equiv E_2 \times E_1$$

$$E_1 \bowtie E_2 \equiv E_2 \bowtie E_1$$

$$E_1 \underset{F}{\bowtie} E_2 \equiv E_2 \underset{F}{\bowtie} E_1$$

规则 2 连接、笛卡尔积的结合律

设 E_1,E_2,E_3 是关系代数表达式,F_1 和 F_2 是连接运算的条件,则有:

$$(E_1 \times E_2) \times E_3 \equiv E_1 \times (E_2 \times E_3)$$

$$(E_1 \bowtie E_2) \bowtie E_3 \equiv E_1 \bowtie (E_2 \bowtie E_3)$$

$$(E_1 \underset{F_1}{\bowtie} E_2) \underset{F_2}{\bowtie} E_3 \equiv E_1 \underset{F_1}{\bowtie} (E_2 \underset{F_2}{\bowtie} E_3)$$

规则 3 投影的串接定律

$$\pi_{A_1, A_2, \cdots, A_n} \left(\pi_{B_1, B_2, \cdots, B_m} (E) \right) \equiv \pi_{A_1, A_2, \cdots, A_n} (E)$$

其中，E 是关系代数表达式，$A_i(i=1, 2, \cdots, n)$，$B_j(j=1, 2, \cdots, m)$是属性名且$\{A_1, A_2, \cdots, A_n\}$是$\{B_1, B_2, \cdots, B_m\}$的子集。

规则4 选择的串接定律

$$\sigma_{F_1}(\sigma_{F_2}(E)) \equiv \sigma_{F_1 \wedge F_2}(E)$$

其中，E 是关系代数表达式，F_1，F_2 是选择条件。选择的串接律说明选择条件可以合并。这样一次就可检查全部条件。

规则5 选择与投影的交换律

$$\sigma_F(\pi_{A_1, A_2, \cdots, A_n}(E)) \equiv \pi_{A_1, A_2, \cdots, A_n}(\sigma_F(E))$$

其中，选择条件 F 只涉及属性 A_1，$\cdots$，A_n。若 F 中有不属于 A_1，$\cdots$，A_n 的属性 B_1，$\cdots$，B_m，则有更一般的规则：

$$\pi_{A_1, A_2, \cdots, A_n}(\sigma_F(E)) \equiv \pi_{A_1, A_2, \cdots, A_n}(\sigma_F(\pi_{A_1, A_2, \cdots, A_n, B_1, B_2, \cdots, B_m}(E)))$$

规则6 选择与笛卡尔积的交换律

如果 F 中涉及的属性都是 E_1 中的属性，则

$$\sigma_F(E_1 \times E_2) \equiv \sigma_F(E_1) \times E_2$$

如果 $F=F_1 \wedge F_2$，并且 F_1 只涉及 E_1 中的属性，F_2 只涉及 E_2 中的属性，则由上面的等价变换规则、规则4、规则6可推出：

$$\sigma_F(E_1 \times E_2) \equiv \sigma_{F_1}(E_1) \times \sigma_{F_2}(E_2)$$

若 F_1 只涉及 E_1 中的属性，F_2 涉及 E_1 和 E_2 两者的属性，则仍有

$$\sigma_F(E_1 \times E_2) \equiv \sigma_{F_2}(\sigma_{F_1}(E_1) \times E_2)$$

它使部分选择运算在笛卡尔积运算前先进行。

规则7 选择与并的交换

设 $E=E_1 \cup E_2$，E_1，E_2 有相同的属性名，则

$$\sigma_F(E_1 \cup E_2) \equiv \sigma_F(E_1) \cup \sigma_F(E_2)$$

规则8 选择与差运算的交换

若 E_1 与 E_2 有相同的属性名，则

$$\sigma_F(E_1 - E_2) \equiv \sigma_F(E_1) - \sigma_F(E_2)$$

规则9 投影与笛卡尔积的交换

设 E_1 和 E_2 是两个关系表达式，A_1，$\cdots$，A_n 是 E_1 的属性，B_1，$\cdots$，B_m 是 E_2 的属性，则

$$\pi_{A_1, A_2, \cdots, A_n, B_1, B_2, \cdots, B_m}(E_1 \times E_2) \equiv \pi_{A_1, A_2, \cdots, A_n}(E_1) \times \pi_{B_1, B_2, \cdots, B_m}(E_2)$$

规则10 投影与并的交换

设 E_1 和 E_2 有相同的属性名，则

$$\pi_{A_1, A_2, \cdots, A_n}(E_1 \cup E_2) \equiv \pi_{A_1, A_2, \cdots, A_n}(E_1) \cup \pi_{A_1, A_2, \cdots, A_n}(E_2)$$

4.3.5 关系代数表达式的优化算法

应用上面的变换法则来优化关系表达式，使优化后的表达式能遵循 4.3.3 节中的一般原则。例如，把选择和投影运算尽可能地早进行（即把它们移到表达式语法树的下部）。下面给出关系表达式的优化算法。

算法：关系表达式的优化。

输入：一个关系表达式的语法树。

输出：计算该表达式的程序。

方法：

① 利用规则 4 把 $\sigma_{F1 \wedge F2 \wedge \cdots \wedge Fn}(E)$ 变换为

$$\sigma_{F_1}(\sigma_{F_2}(\cdots(\sigma_{F_n}(E))\cdots))$$

② 对于每一个选择，利用规则 4～8 尽可能把它移到树的叶端。

③ 对于每一个投影利用规则 3、规则 5、规则 9、规则 10 中的一般形式尽可能把它移向树的叶端。

 规则 3 使一些投影消失，而一般形式的规则 5 把一个投影分裂为两个，其中一个有可能被移向树的叶端。

④ 利用规则 3～规则 5 把选择和投影的串接合并成单个选择、单个投影或一个选择后跟一个投影。使多个选择或投影能同时执行，或在一次扫描中全部完成，尽管这种变换似乎违背"投影尽可能早做"的原则，但这样做效率更高。

⑤ 把上述得到的语法树的内节点分组。每一个双目运算（×、⋈、∪、-）和它所有的直接祖先为一组（这些直接祖先是σ、π运算）。如果其后代直到叶子全是单目运算，则也将它们并入该组，但当双目运算是笛卡尔积（×），而且其后的选择不能与它结合为等值连接时除外。把这些单目运算单独分为一组。

⑥ 生成一个程序，每组节点的计算是程序中的一步。各步的顺序可以是任意的，只要保证任何一组的计算不会在它的后代组之前计算。

4.3.6　优化的一般步骤

各个关系数据库管理系统的优化方法不尽相同，大致的步骤可以归纳如下：

（1）把查询转换成某种内部表示

通常用的内部表示是语法树，例如 4.3.2 节中的实例可表示为图 4-6。为了使用关系代数表达式的优化法，不妨假设内部表示是关系代数语法树，则上面的语法树变成图 4-7。

（2）把语法树转换成标准（优化）形式

利用优化算法，把原始的语法树转换成优化的形式。各个 RDBMS 优化算法不尽相同，这里利用前面讨论的关系代数表达式的优化算法进行优化。

利用规则 4 和 6 把选择$\sigma_{SC.Cno='1024'}$移到叶端，图 4-7 所示的语法树便转换成图 4-8。这就是 4.3.2 节中 Q3 的语法树表示。上面已经分析了 Q3 比 Q1 和 Q2 查询效率要高得多。

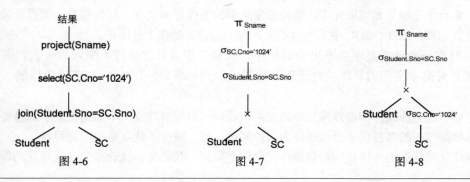

图 4-6　　　　　　　　　图 4-7　　　　　　　　　图 4-8

（3）选择低层的存取路径

根据第2步得到的优化了的语法树计算关系表达式值的时候要充分考虑索引、数据的存储分布等存取路径。利用它们进一步改善查询效率。这就要求优化器查找数据字典，获得当前数据库状态的信息。例如，选择字段上是否有索引，连接的两个表是否有序，连接字段上是否有索引等，然后根据一定的优化规则选择存取路径。如本例中若 SC 表上建有 Cno 的索引，则应该利用这个索引，而不必顺序扫描 SC 表。

（4）生成查询计划（选择代价最小的）

查询计划是由一组内部过程组成的，这组内部过程实现按某条存取路径计算关系表达式的值。一般有多个查询计划可供选择。例如，在作连接运算时，若两个表（设为 R1，R2）均无序，连接属性上也没有索引，则可以有下面几种查询计划：

- 对两个表作排序预处理。
- 对 R1 在连接属性上建立索引。
- 对 R2 在连接属性上建立索引。
- 在 R1、R2 的连接属性上均建立索引。

对不同的查询计划计算代价，选择代价最小的一个。在计算代价时主要考虑磁盘读写的 I/O 数，内存 CPU 处理时间在粗略计算时可不考虑。

对某一查询可以有许多不同的查询计划，不可能生成所有的查询计划。因为对这些查询计划进行代价估计本身要花费一定的代价，弄不好就会得不偿失。生成查询计划的方法和技术这里不细述，有兴趣的读者可阅读 SYSTEM R 和 INGRES 优化技术的有关文献。

小　结

在这一章中，我们介绍了外部排序算法、集合操作算法、选择和连接算法，这些算法是实现 SQL 查询的基础，然后通过一个实例简要描述了查询优化的步骤和方法。了解这些算法和查询优化的原理可以帮助我们更好地理解 SQL 语句的执行过程，书写出更好的 SQL 语句。

DBMS 以块作为 I/O 单位，将磁盘上的块有机地组织成一个整体，一个关系被存储在若干块中。一般以 I/O 次数衡量算法的性能。

外部排序是实现其他数据库操作的基础，多采用两阶段多路归并排序，DBMS 对其进行了充分的优化。

由于集合中不能有相同的元素，消除重复元素需要排序或散列，代价较高，而投影操作等可能产生重复元素，因此，SQL 中采用包语义，特别是包并操作十分简单。

连接操作是关系模型中必不可少的操作，研究工作者对此进行了深入的研究。嵌套循环连接算法是最简单实用的算法，对于理解连接操作很有帮助。DBMS 对连接操作做了充分的优化。

通过索引在选择操作和连接操作中的应用，我们可以理解建立一个适当的索引的重要性。现代的关系数据库一般都提供了自动选择索引的实用工具，减少了建立索引的盲目性。

查询优化有代数操作优化和物理操作优化两个层面。代数操作优化是通过代数式的等价变换而实现的，我们可以再次体会到理论研究对实际应用的促进作用。

习 题

1. 试述查询优化在关系数据库管理系统中的重要性和可能性。
2. 对学生-课程数据库有如下的查询：

```
SELECT  Cname
FROM  Student,Course,SC
WHERE  Student.Sno=SC.Sno  AND
        SC.Cno=Course.Cno  AND
        Student.Sdept ='计算机';
```

此查询用于得到计算机学生所选修的所有课程名称。试画出用关系代数表示的语法树，并用关系代数表达式优化算法对原始的语法树进行优化处理，画出优化后的标准语法树。

3. 试述查询优化的一般准则。
4. 试述查询优化的一般步骤。

第5章
事务管理

事务管理是数据库管理系统的一个重要功能，事务处理能力是衡量数据库管理系统的一个重要性能指标。本章介绍事务的概念和特性，以及实现事务的关键技术，使读者了解事务对数据库应用开发带来的影响。

5.1　事　务

在数据库环境中，事务是一个十分重要的概念。事务是由一系列的对数据库的查询操作和更新操作构成的，这些操作是一个整体，不能分割，即要么所有的操作都顺利完成，要么一个操作也不要做，绝不能只完成了部分操作，而还有一些操作没有完成。

事务是数据库运行中的一个逻辑工作单位，由 DBMS 中的事务管理子系统负责事务的处理。

5.1.1　事务的特性

（1）原子性（Atomicity）

一个事务中的所有操作是一个逻辑上不可分割的单位。从效果上看，这些操作要么全部执行，要么一个也不做。这是事务最本质的特性。

（2）一致性（Consistency）

数据库处于一个一致性状态是指数据库中的数据满足各种完整性约束。数据库初始时是处于一致性状态的，而数据库又是处理事务的，这就要求一个事务执行完毕，数据库仍然处于一致性状态。也就是说，事务的执行不能破坏完整性约束。

如果事务中有一条 INSERT 语句违反了实体完整性约束，或者某条 DELETE 语句破坏了参照完整性，或者没有满足用户自定义的完整性约束，则 DBMS 会拒绝执行引发错误的 SQL 语句，并返回一个错误码。作为程序员，要在每一条 SQL 语句后，捕获其返回码，判断语句是否正常执行，如果出现问题，要及时使用 ROLLBACK 语句撤销事务，否则，会破坏数据库的一致性。

（3）隔离性（Isolation）

单位时间内完成的事务的个数叫做事务吞吐率。为了提高事务吞吐率，大多数 DBMS 允许同时执行多个事务，就像分时操作系统为了充分利用系统资源，同时执行多个进程一样。由于数据库中的数据由事务共享，多个事务同时执行可能会出现事务之间相互干扰的情况，导致错误的结果。

隔离性的含义是指无论同时有多少事务在执行，DBMS 会保证事务之间互不干扰，同一时刻就像只有一个事务在运行一样。

DBMS 的并发控制子系统采用封锁技术来满足事务的隔离性。

（4）持久性（Durability）

事务一旦结束，即执行了 ROLLBACK 或 COMMIT 语句，无论出现什么情况，即使突然掉电，或者操作系统崩溃，DBMS 也确保完成指定的任务，ROLLBACK 保证撤销事务所做的所有操作，COMMIT 保证把所有操作的结果保存到数据库中。

DBMS 的恢复子系统采用日志和备份技术保证事务的持久性。

事务的这 4 个特性一般简称为事务的 ACID 特性。

5.1.2　定义事务的 SQL 语句

定义事务的 SQL 语句有 3 条：

（1）启动事务

BEGIN TRANSACTION

开始一个事务，这条语句后的其他 SQL DML 语句构成了一个事务，直到遇到 COMMIT 或 ROLLBACK 语句。

（2）提交事务

COMMIT TRANSACTION

表示一个事务正常结束，语句执行后，DBMS 将事务对数据库的操作保存到数据库中。

（3）回滚语句

ROLLBACK TRANSACTION

表示一个事务非正常结束，语句执行后，DBMS 将撤销事务对数据库的所有操作，把数据库恢复到事务执行前的状态。

例 1　假设在事例数据库的 Course 表中增加一个 Limit 列，用于存储允许选修这门课程的最大人数。当有一个学生报名选修这门课程时，将其 Limit 分量上的值减 1。如果课程的 Limit 分量的值等于 0，就不允许其他的学生选修这门课程。

图 5-1 给出了学生报名选修课程的事务，该事务由 3 条 SQL 语句组成。事务开始后，先把一条选课信息插入 SC 表，然后读出所选课程的 Limit 分量进行判断，如果其值等于 0，表明这门课程已经满员，由于这时已经把选课信息加入了 SC 表，所以执行了事务回滚语句，把插入的元组从 SC 表中删除。如果 Limit 的值不等于 0，表明还允许学生选修，则将课程的 Limit 减 1，然后执行提交事务语句，把 INSERT 和 UPDATE 语句的结果永久地反映到数据库中。

在本例中，因为我们要求一门课程的最大选修人数必须大于等于 SC 表中选修该门课程的元组个数，INSERT 和 UPDATE 语句必须被封装在一个事务中，利用事务的原子性特性，保证这条规则被贯彻执行。

事务是类似于具有一个入口、两个出口的一种控制结构。COMMIT 是一个出口，表示事务正常结束，通知 DBMS 将事务完成的所有操作的结果反映到数据库中；ROLLBACK 是另一个出口，表示在事务的执行过程中出现了问题，通知 DBMS 撤销事务已经做的操作。

```
DECLARE @num smallint    --声明变量

BEGIN TRANSACTION --开始事务

INSERT INTO SC VALUES('2000113','1024',NULL);

SELECT @num = Limit    --取出选课人数限制
FROM Course
WHERE Cno = '1024';

IF @num = 0--选课人数已满
    ROLLBACK TRANSACTION    --回滚事务
ELSE
  BEGIN
    UPDATE Course
    SET Limit = @num – 1
    WHERE Cno = '1024';
    COMMIT TRANSACTION    --提交事务
  END
```

图 5-1　定义事务的 SQL 语句

5.2　恢 复 技 术

从前面的讨论中可知，DBMS 不断地执行事务来完成对数据库的查询操作和更新操作，将数据库从一个一致性状态带到了另一个一致性状态。但是由于多种原因会破坏数据库中数据的正确性，DBMS 必须采用技术手段保证数据库中数据的安全性和一致性。

DBMS 的恢复子系统保存冗余数据，在必要的时候撤销（UNDO）或重做（REDO）一个或多个事务，使得数据库始终处于一致性状态。

5.2.1　故障种类

在系统运行期间，DBMS 在内存开辟了系统缓冲区，用于临时存放从数据库读出的数据和要写回数据库的数据，并给每个事务在内存中建立各自的工作区。

事务使用数据库的数据时，首先查看数据是否在系统缓冲区中，如果在系统缓冲区中，则将数据从系统缓冲区复制到事务工作区；否则，DBMS 发出读磁盘指令，将数据从数据库复制到系统缓冲区，再从系统缓冲区复制到事务工作区。

事务要将数据存放到数据库时，则首先将数据从工作区复制到系统缓冲区，再由 DBMS 根据一定的调度算法，在适当的时候将数据从系统缓冲区复制到数据库。如图 5-2 所示，其中标号为

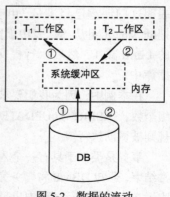

图 5-2　数据的流动

①和②的流程分别是读操作和写操作的数据流动过程。

明白 DBMS 中数据的流动过程后，下面分析 DBMS 运行过程中可能出现的各种故障及其危害。

1. 事务故障

事务在运行过程中，如果出现运算溢出，违反了某些完整性规则，某些应用程序发生错误，以及并发事务发生死锁等，使事务不能继续执行下去，这种情况称为事务故障。出现事务故障会造成事务的一部分操作已经完成，并且操作结果也保存到了数据库中，违反了事务的原子性要求，使得数据库处于不一致性状态。

2. 系统故障

系统故障是指系统在运行过程中，由于某种原因，如操作系统或 DBMS 代码错误，操作员操作失误、特定类型的硬件错误（如 CPU 故障）、突然停电等造成系统停止运行，丢失了系统缓冲区中的数据，而存储在磁盘中的数据未受到影响。

系统故障使得一些正在运行的事务中途夭折，这些事务只完成了部分操作，从前面的分析可知，会破坏数据库的数据的正确性。

系统故障还会使得在故障发生前已经完成的事务（已经提交了 COMMIT）的操作结果没有写入磁盘，因为从数据的流动过程看，已经完成的事务可能只是把操作结果复制到了系统缓冲区，还没有写入磁盘。这同样会使得数据库处于不一致性状态（已完成事务的一部分操作写到了数据库，另外一部分没有写到数据库）。

3. 介质故障

系统在运行过程中，由于某种硬件故障，如磁盘坏损、磁头碰撞或由于操作系统的某种潜在的错误、瞬时强磁场干扰，使存储在外存上的数据部分损失或全部损失，称为介质故障。这类故障比前两类故障的可能性小得多，但破坏性最大，所有正在运行的事务被中止，系统缓冲区中的数据无法写入磁盘，存储在磁盘上的数据全部丢失。

5.2.2　应对措施

对于不同类型的故障，需要采取不同的恢复操作，这些操作从原理上讲都是利用存储在系统其他地方的冗余数据来重建数据库中已经被破坏或已经不正确的那部分数据。这个原理虽然简单，但实现技术却相当复杂。一般对于一个大型数据库管理系统而言，其恢复部分的代码占全部代码的 10%以上。

在这一节中介绍如何建立数据冗余，在下一节中将介绍如何利用这些冗余数据进行恢复操作。

1. 日志文件

事务由一系列对数据库的读写操作组成，按照操作执行的先后次序，记录下事务所执行的所有对数据库的写操作（更新操作），就构成了事务的日志文件。

（1）日志文件的格式和内容

日志文件从逻辑上来看是由若干条记录构成的，这些记录叫做日志记录，同一个事务的日志记录组织成了一个链表。

图 5-1 的事务有两个执行路径，一是向 SC 表插入一个元组后，发现选课人数已经满员而中

止事务的执行，日志文件如图 5-3（a）所示。二是顺利完成选课任务，向 SC 表中插入一个选课记录，同时把 Course 表允许选课的人数从 80 改变为 79，日志文件如图 5-3（b）所示。

从图 5-3 可见，日志文件由若干记录组成，记录有 3 种类型。一是记录事务的开始，图中用 Begin 表示，主要记录事务的内部标识和开始时间。二是记录事务的结束，图中用 Rollback 和 Commit 表示，主要记录事务的内部标识和结束时间。三是记录事务的更新操作，图中用 Update 表示，更新要记录以下的信息：

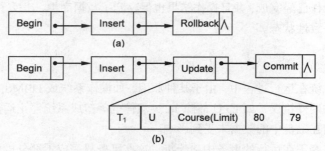

图 5-3　事务日志文件示意图

- 事务标识（标明是哪个事务）；
- 操作的类型（插入、删除或修改）；
- 操作对象（记录内部标识）；
- 更新前数据的旧值（对于插入操作而言，此项为空值）；
- 更新后数据的新值（对于删除操作而言，此项为空值）。

图 5-3（b）中给出了 Update 记录的内部结构，T_1 表示发出操作的是事务 T_1，U 表示操作类型是修改（Update），Course（Limit）表示修改的数据对象是 Course 表的 Limit 列，修改前的值是 80，修改后的值是 79。

（2）登记日志文件

日志文件为数据库的数据建立了副本（冗余），为了保证数据库数据的可恢复性，必须坚持先写日志、后写数据的原则。事务更新了某个数据后，把数据由工作区复制到系统缓冲区，同时形成了一条日志记录，该日志记录也被存放到系统缓冲区。DBMS 保证把更新后的数据由系统缓冲区移动到数据库之前，要首先把相应的日志记录写入日志文件中，这叫做**先写日志规则**。图 5-4 解释了该规则的含义：第一步，事务把更新后的数据和形成的日志记录写入系统缓冲区；第二步，将日志记录写入磁盘上的日志文件；第三步，把更新后的数据写入数据库。

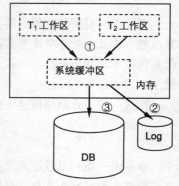

图 5-4　先写日志规则

先写日志规则是很重要的，因为写数据到数据库和写日志记录到日志文件是两个不同的操作，在这两个操作之间可能发生故障，使得只完成了某一个操作，而无法完成恢复操作。

例如，事务修改了 Course 表的 Limit 列，修改前的值是 80，修改后的值是 79。故障可能发生在以下的时间：

- 如果修改完数据库后发生了系统故障，磁盘中保存的值是 79，这时由于不知道修改前的值是多少，就无法恢复正确的值 80。
- 如果写了日志文件和数据库之后发生了故障，此时数据库的值是 79，可以从日志文件中获得修改前的值 80，然后把它写入磁盘，做到了正确的恢复。

● 如果写了日志文件后，写数据库之前发生了故障，数据库的值是 80，仍然从日志文件中获得 Limit 列的原值 80，然后把它写入磁盘，也得到了正确的结果，只不过多作了一次写磁盘操作而已。

所以为了安全，一定要先写日志文件，即首先把日志记录写入日志文件中，然后写对数据库的修改。

日志文件的长度是有限制的，当日志文件被写满以后，要将它进行备份。

2. 数据库备份

为了处理介质故障，需要由 DBA 定期地将数据库和日志文件复制到磁带或磁盘上，并将这些备用的数据文本妥善地保存起来，当数据库遭到破坏时就可以将后备副本重新装入，恢复数据库。

请注意，数据库和日志文件备份要使用 DBMS 提供的实用程序完成，而不能使用操作系统的 copy 命令制作数据库备份。因为从前面的分析可知，在任意时刻，数据库中的数据可能包含了尚未完成的事务的操作结果，已经完成的事务的操作结果也可能没有反映到数据库中，这样得到的数据库备份处于不一致性状态。

制作备份的过程称为**转储**。转储是十分耗费时间和资源的，不能频繁进行。DBA 应根据应用情况确定适当地转储时间和周期。

转储可以分为增量转储和海量转储。海量转储是指每次转储全部数据库，而增量转储是指每次转储上次转储后修改过的数据。如果数据库很大，增量转储的方法效果很好。还有两种方式结合的方法，例如，每天晚上进行增量转储，每周或每日进行海量转储。这样的方法也很实用。

转储还可分为静态转储和动态转储。静态转储是指系统停止对外服务，不允许用户运行事务，只进行转储操作。静态转储实现简单，但转储必须等待正运行的用户事务结束才能进行，同样，新的事务必须等待转储结束才能开始，显然，这会降低数据库管理系统的可用性。动态转储是指转储期间允许用户对数据库进行存取操作，即转储和用户事务可以并发执行。动态转储克服了静态转储的缺点，它不用等待正在运行的用户事务结束，也不会影响新事务的运行。这对于需要提供 7×24 小时不间断服务的系统是必需的，但是实现技术复杂。

普通用户是无权进行转储操作的，转储操作必须由 DBA 完成。当然，DBA 也可以授权给其他的用户，由他代为转储。目前，许多商用系统可以在 DBA 指定的时间自动完成转储操作，大大减轻了 DBA 的负担。

5.2.3 恢复过程

我们已经了解了建立日志文件和数据库备份的内容，现在就可以进一步讨论如何根据日志文件进行故障恢复。对于事务故障和系统故障的恢复是由 DBMS 自动进行的，不需要人工干预，对于介质故障需要 DBA 利用 DBMS 提供的工具手工完成。

1. 事务故障恢复

事务故障是指事务未运行至正常终止点前被 DBMS 或用户撤销，这时恢复子系统对此事务做 UNDO 处理。具体做法是：反向阅读日志文件，找出该事务的所有更新操作，对每一个更新操作做它的逆操作，即若记录中是插入操作，则做删除操作；若记录中是删除操作，则做插入操作；

若是修改操作，则用修改前的值代替修改后的值，如此处理直至读到此事务的开始标签，事务故障恢复完成。

2. 系统故障恢复

系统故障发生时，造成数据库不一致状态的原因有两个，一是由于一些未完成事务对数据库的更新已写入数据库，二是由于一些已提交事务对数据库的更新还留在缓冲区，没来得及写入数据库。

系统故障恢复是在系统重新启动以后进行的。基本的恢复算法分为两步：

（1）根据日志文件建立重做队列和撤销队列。

从头扫描日志文件（系统启动时会在日志文件中写入一个特殊记录），找出在故障发生前已经提交的事务（这些事务有 BEGIN 记录，也有 COMMIT 记录），将其事务标识记入重作（REDO）队列。同时还要找出故障发生时尚未完成的事务（这些事务有 BEGIN 记录，但无 COMMIT 记录），将其事务标识记入 UNDO 队列。

（2）对 UNDO 队列中的事务进行 UNDO 处理，对 REDO 队列中的事务进行 REDO 处理。

进行 UNDO 处理的方法是，从 UNDO 队列中取出一个事务，反向扫描日志文件，对该事务的更新操作执行逆操作，直至处理完 UNDO 队列中的所有事务。

进行 REDO 处理的方法是：从 REDO 队列中取出一个事务，正向扫描日志文件，对该事务的更新操作重新执行，直至处理完 REDO 队列中的所有事务。

3. 介质故障的恢复

在发生介质故障时，磁盘上的物理数据库被破坏，因此，需要重装最后一次备份的数据库备份，但重装副本只能将数据库恢复到转储时的状态。以后的所有更新事务必须重新运行才能恢复到故障时的状态。图 5-5 说明了这样一个例子。系统在 t_1 时刻停止运行事务，进行数据库转储，在 t_2 时刻转储完毕，得到 t_2 时刻的数据库的一致性副本。当系统运行到 t_n 时刻时发生故障。系统重新启动后，恢复程序重装数据库后备副本，将数据库恢复至 t_2 时刻的状态。要想将数据库恢复到故障发生前某一时刻的一致状态，必须重新运行自 t_2 时刻至 t_n 时刻的所有更新事务，或通过日志文件将这些事务对数据库的更新重新写入数据库。

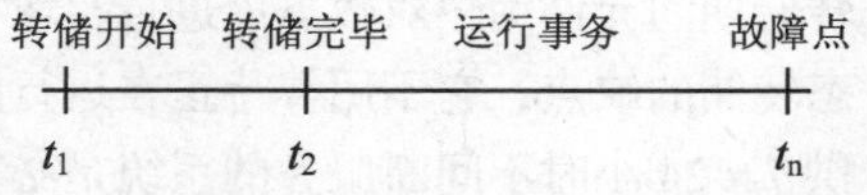

转储开始	转储完毕	运行事务	故障点
t_1	t_2		t_n

图 5-5 介质故障恢复过程

因此，在发生介质故障时恢复操作可分为 3 步进行：

- 重装转储的数据库副本，使数据库恢复到转储时的一致状态。
- 装入转储后备份的第一个日志文件：
  - ◆ 读日志文件，找出已提交的事务，按提交次序的先后将其记入 REDO 队列。
  - ◆ 重做 REDO 队列中每个事务的所有更新操作。
- 装入下一个日志文件重复上一步，直至处理完所有的日志文件，这时数据库恢复至故障前一时刻的一致状态。

5.3 并 发 控 制

DBMS 为了有效地利用计算机的硬件资源和数据库中的数据，允许多个事务并发执行，但事务的并发执行可能出现诸如丢失修改、读脏数据、不可重复读问题，使数据库处于不一致性的状态。为了防止并发执行产生的问题，DBMS 需要具备并发控制的功能。并发控制常用的方法有封锁法、时间印法和乐观控制法，商用的 DBMS 一般都采用封锁法。并发控制由 DBMS 中的调度器来完成，调度器和事务管理器以及存储子系统协同完成并发控制，如图 5-6 所示。

用户通过 SELECT、INSERT、UPDATE 、DELETE 语句对数据库进行操作，这些语句经过 DBMS 的语言翻译处理层转换成了一些执行计划，执行计划由一些内部操作组成。事务管理器将这些操作组织成事务并将读写操作传递给调度器，调度器根据操作的类型（读、写）对要读写的数据加锁，并将加锁信息保存在一个锁表中，通过加锁操作的读写操作被送给 DBMS 的存取操作层去完成具体的读写操作，没有通过加锁的读写操作处于等待状态，被延迟执行。调度的含义就是对到达调度器的读写操作重新安排它们的执行次序，而不是先来先服务。

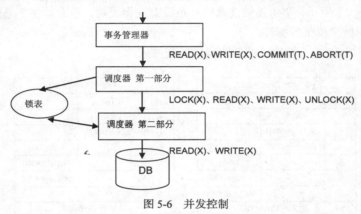

图 5-6　并发控制

在本节中将对数据库的操作用更低层的读操作和写操作来描述，用 R(x) 表示对数据 x 的读操作，W(x) 表示对数据 x 的写操作，一个事务由若干的读操作和写操作组成。SQL 中的 SELECT 语句可以用一串读操作表示，INSERT 语句可以用一串写操作表示，UPDATE 和 DELETE 可以用一串读写操作表示。

5.3.1　并发带来的问题

如果调度器按照先来先处理的策略来调度（即不加任何限制），我们看会出现什么问题。

例 2　假设有两个学生同时运行图 5-1 所示的事务，分别用 T_1 和 T_2 表示。图 5-1 所示的事务用底层操作可以表示为：

W(A)R(B)W(B)

W(A)表示向 SC 表插入一个元组，R(B)和 W(B)表示读、写 Course 表的 Limit 列，因为一个UPDATE语句首先要读出 Limit 上的值，然后才能做加 1 运算，所以，UPDATE 语句要使用两个底层操作。

并发执行 1

在 t_1、t_2 和 t_3 时刻学生甲的事务的 3 个操作被送到 DBMS 的存取层，并立刻获得执行，在 t_4、t_5 和 t_6 时刻执行学生乙的 3 个操作，执行的结果和我们预期的结果完全相同，如图 5-7（a）所示。两个事务的执行实际上是串行执行，先执行完 T_1，再执行 T_2。

并发执行 2

执行过程如图 5-7（b）所示，T_1 和 T_2 的操作穿插执行，结果是 T_1 的修改操作没有起到应有的作用，这种现象称为"丢失修改"。

并发执行 3

执行过程如图 5-7（c）所示。T_1 在执行过程中读了两次 Limit，但是发现 Limit 的两次余额不一样，由于不知道发生了什么情况而将 T_1 撤销了。原因是在两个读操作中间执行了另外的事务 T_2，这种现象叫做"不可重复读"。

并发执行 4

学生甲执行事务 T_1，但是在确认是否真正选修课程时，他放弃了选修，事务被回滚。具体的执行过程如图 5-7（d）所示，学生乙的选课操作也没有获得成功，原因是在 T_1 没有结束时就读了 Limit，这种现象叫做"读脏数据"。

如果串行执行 T_1 和 T_2，学生乙的选课操作能获得成功。

开始时 Limit = 80		
时刻	T_1	T_2
t_1	W(A)	
t_2	R(Limit=80)	
t_3	W(Limit=79)	
t_4		W(A)
t_5		R(Limit=79)
t_6		W(Limit=78)
结束时 Limit=78		

(a)串行执行

开始时 Limit = 80		
时刻	T_1	T_2
t_1	W(A)	
t_2	R(Limit=80)	
t_3		W(A)
t_4		R(Limit=80)
t_5		W(Limit=79)
t_6	W(Limit=79)	
结束时 Limit=79		

(b)丢失修改

开始时 Limit = 1		
时刻	T_1	T_2
t_1	W(A)	
t_2	R(Limit=1)	
t_3		W(A)
t_4		R(Limit=1)
t_5		W(Limit=0)
t_6	R(Limit=0)	
t_7	RollBack	
结束时 Limit=0		

(c)不可重复读

开始时 Limit = 1		
时刻	T_1	T_2
t_1	W(A)	
t_2	R(Limit=1)	
t_3	W(Limit=0)	
t_4		W(A)
t_5		R(Limit=0)
t_6	RollBack	
t_7		RollBack
结束时 Limit=1		

(d)读脏数据

图 5-7 事务的并发执行过程

通过例 2 可以看出，不施加任何限制的调度会使数据库处于不一致性状态，因此必须对用户的操作实行某种限制，使得系统能既处理更多的事务，同时又保证数据库处于一致性状态。那么什么样的调度是正确的呢？那就是能保证数据库处于一致性状态。显然，串行调度是正确的，如图 5-7（a）所示，执行结果等价于串行调度的调度也是正确的，这样的调度叫做**可串行化调度**。

例 3 如果把图 5-7（b）中一些操作提交给 DBMS 的次序稍作调整，如图 5-8 所示，因为 T_1 和 T_2 交叉执行，不是串行调度，但是结果却与串行执行事务的结果相同，因此，是一个可串行化

开始时 Limit = 80		
时刻	T_1	T_2
t_1	W(A)	
t_2	R(Limit=80)	
t_3		W(A)
t_4	W(Limit=79)	
t_5		R(Limit=79)
t_6		W(Limit=78)
结束时 Limit=78		

图 5-8 可串行化调度

调度，是正确的调度。

5.3.2　封锁技术

从上节的分析可以看出，如果调度器收到了一个事务的操作请求马上就执行的话，可能会造成错误的结果，因此，调度器只有在满足一定条件时才执行事务请求的操作，否则，就让其处于等待状态，直到条件满足再执行它。多数 DBMS 采用加锁技术来保证事务并发执行的正确性。

1. S 锁和 X 锁

S 锁和 X 锁是最常用的有两种锁，S 锁又被称为共享锁（Share Locks），X 锁又被叫做排它锁（Exclusive Locks）。

共享锁又称为读锁。若事务 T 对数据对象 A 加上 S 锁，则事务 T 可以读 A 但不能修改 A，其他事务只能再对 A 加 S 锁，而不能加 X 锁，直到 T 释放 A 上的 S 锁。这就保证了其他事务可以读 A，但在 T 释放 A 上的 S 锁之前不能对 A 做任何修改。

排它锁又称为写锁。若事务 T 对数据对象 A 加上 X 锁，则只允许 T 读取和修改 A，其他任何事务都不能再对 A 加任何类型的锁，直到 T 释放 A 上的锁。这就保证了其他事务在 T 释放 A 上的锁之前不能读取和修改 A。

排它锁与共享锁的控制方式可以用表 5-1 所示的相容矩阵来表示。

在表 5-1 所示的封锁类型相容矩阵中，最左边一列表示事务 T_1 已经获得的数据对象上的锁的类型，其中横线表示没有加锁。最上面一行表示另一事务 T_2 对同一数据对象发出的封锁请求。T_2 的封锁请求能否被满足用矩阵中的 Y 和 N 表示，其中 Y 表示事务 T_2 的封锁要求与 T_1 已持有的锁相容，封锁请求可以满足。N 表示 T_2 的封锁请求与 T_1 已持有的锁冲突，T_2 的请求被拒绝。

表 5-1　　　　　　　　　　　　封锁类型的相容矩阵

T_1 ＼ T_2	X	S	-	
X	N	N	Y	Y=Yes，相容的请求
S	N	Y	Y	N=No，不相容的请求
-	Y	Y	Y	

2. 封锁协议

在运用 X 锁和 S 锁这两种基本封锁对数据对象加锁时，还需要约定一些规则，例如何时申请 X 锁或 S 锁、持锁时间多长、何时释放等。这些规则称为封锁协议（Locking Protocol）。对封锁方式规定不同的规则，就形成了各种不同的封锁协议。下面介绍三级封锁协议。对并发操作的不正确调度可能会带来丢失修改、不可重复读和读"脏"数据等不一致性问题，三级封锁协议分别在不同程度上解决了这一问题，为并发操作的正确调度提供一定的保证。不同级别的封锁协议达到的系统一致性级别是不同的。

一级封锁协议是：事务 T 在修改数据 R 之前必须先对其加 X 锁，直到事务结束才释放。事务结束包括正常结束（COMMIT）和非正常结束（ROLLBACK）。一级封锁协议可防止丢失修改，并保证事务 T 是可恢复的，但它不能保证可重复读和不读"脏"数据。

二级封锁协议是：一级封锁协议加上事务 T 在读取数据 R 之前必须先对其加 S 锁，读完后即可释放 S 锁。二级封锁协议除了防止丢失修改，还可进一步防止读"脏"数据，由于读完数据后即可释放 S 锁，所以它不能保证可重复读。

三级封锁协议是：一级封锁协议加上事务 T 在读取数据 R 之前必须先对其加 S 锁，直到事务结束才释放。三级封锁协议除了防止丢失修改和不读"脏"数据外，还进一步防止了不可重复读。

理论工作者证明，如果调度器按照两段封锁协议来调度的话，产生的调度一定是可串行化调度。两段封锁协议的大体内容有以下 4 条：

（1）在事务 T 的 R(A)操作之前，先对 A 加 S 锁，如果加锁成功，则执行操作 R(A)，否则，将 R(A)加入 A 的等待队列。

（2）在事务 T 的 W(A)操作之前，先对 A 加 X 锁，如果加锁成功，则执行操作 W(A)，否则，将 W(A)加入 A 的等待队列。

（3）在收到事务的 ABORT 或 COMMIT 请求后，释放 T 在每个数据上所加的锁，如果在数据 A 的等待队列中不空，即有其他的事务等待对 A 进行操作，则从队列中取出第一个操作，完成加锁，然后执行该操作。

（4）执行 ABORT 和 COMMIT 请求后，不再接收该事务的读写操作。

例 4　假设事务 T_1 和事务 T_2 的操作次序如图 5-7（b）所示，采用两段封锁协议后，事务各操作的实际次序如表 5-2 所示。在 t_1 时刻，事务 T_1 的 W(A)操作被送到事务调度器，加 X 锁获得成功，同时完成 W(A)操作。在 t_2 时刻，事务 T_1 的 R(Limit)到达事务调度器，加 S 锁获得成功，完成读操作，得到 Limit=80。在 t_3 时刻，事务 T_2 的 W(A)操作被送到事务调度器，加 X 锁未获得成功，因为在操作对象上已经有一个 X 锁，因此，事务 T_2 被挂起。在 t_6 时刻，事务调度器接收到了事务 T_1 的 W(Limit=79)操作，加 X 锁获得成功，立刻执行该操作，到此事务 T_1 的所有操作都已经完成，执行 COMMIT 操作，释放 T_1 获取的所有锁。这样，T_2 的 XLOCK(A)获得成功，事务 T_2 的其他操作被依次执行。

很明显，调度器改变了事务操作的执行次序，得到了正确的结果。

表 5-2　　　　　　　　　　　　　　　　两段封锁

时　　刻	事务 T_1	事务 T_2
t_1	XLOCK(A) W(A)	
t_2	RLOCK(Limit) R(Limit=80)	
t_3		XLOCK(A)
t_4		等待
t_5		等待
t_6	XLOCK(Limit) W(Limit=79)	等待 等待
t_7	COMMIT	
t_8		W(A)
t_9		RLOCK(Limit) R(Limit=79)
t_{10}		XLOCK(Limit)
t_{11}		W(Limit=78) COMMIT

3. 封锁粒度

在表 5-1 中没有指出要对谁封锁，即封锁对象。封锁对象的大小称为封锁粒度。在实际的数据库管理系统中，封锁对象可以是逻辑单位，这时的粒度可以是数据库、表、元组、属性。封锁对象也可以是物理单位，这时的封锁对象可以是数据块、物理记录。不同的粒度会影响事务的并发度。例如，考虑例 1 的选课事务，由于选课事务要改变报名人数，报名人数账户余额保存在 Course 关系中，由于事务要改变报名人数，所以要加排它锁。如果封锁关系表，则一次只能处理一个事务，也就是说一次只能允许一个同学选修一门课。如果对物理数据块加排它锁，则除了报名人数被系统放在一个数据块上的课程外，其他课程可以同时报名。有的用户可以同时存取款。可见粒度越小，并发度越高，但封锁表就会很大，用于加锁、解锁的开销也会增大。所以要在封锁粒度和系统性能之间做出合理的平衡。

4. 死锁问题

调度器按照两段封锁协议进行调度，可以得到一个可串行化调度，保证了事务的隔离性。由于采用加锁手段进行调度，会产生死锁现象。图 5-9 是只涉及两个事务的死锁状态图，事务 T_1 已经获得了对数据对象 A 的加锁请求，又申请对数据对象 B 加锁，但没有获得批准，处于 B 的等待队列中。事务 T_2 已经获得了对数据对象 B 的加锁请求，又申请对数据对象 A 加锁，但没有获得批准，处于 A 的等待队列中。两个事务都处于无限的等待中，不能继续执行下去，称为死锁问题。

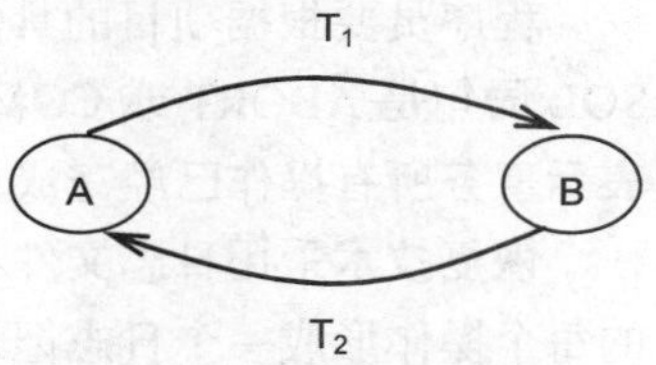

一般地讲，可能有多个事务因为互相等待其他事务持有的锁而陷入死锁中，此时，DBMS 会根据一定的策略选择一个或多个

图 5-9　死锁状态图

事务，强行中断其执行，回滚它或它们的所有操作，以便打破死锁状态，让其他的事务继续执行下去。

5.3.3　隔离级别

DBMS 的并发控制子系统保证了事务的隔离性，尽管同时有很多事务在使用系统，但是它们互不干扰，就像单独使用系统一样，不会出现丢失修改、读脏数据、不可重复读等问题。由于事务执行期间需要加锁、解锁操作，有时会处于等待状态，延缓了事务的执行。

对于一些**只读事务**（仅出现 SELECT 语句），有时可以忍受读脏数据、不可重复读等问题，为了加快它的执行，不需要严格地按照两段锁协议运行。SQL 提供的隔离级别设置语句能满足这个要求。

```
SET TRANSACTION ISOLATION LEVEL
    {READ UNCOMMITTED
    | READ COMMITTED
    | REPEATABLE READ
    | SERIALIZABLE
    }
```

● READ UNCOMMITTED 执行事务的读操作之前不对数据对象加 S 锁，可能会读到未完成事务的操作结果（脏数据），不能重复读。

● READ COMMITTED 执行事务的读操作之前对数据对象加 S 锁，执行完读操作之后立刻释放 S 锁，不会读到脏数据，但不能重复读。

● REPEATABLE READ 执行事务的读操作之前对数据对象加 S 锁，持有该锁直到事务结束，可以重复读。

● SERIALIZABLE 严格按照两段封锁协议对数据加锁，默认选择。

如果一个只读事务在执行前，设置隔离级别为 READ UNCOMMITTED，则不会做任何加锁操作，因此，就不会处于等待状态，执行速度大大加快，缺点是可能会读到脏数据。

小　结

本章着重介绍了事务的概念、事务的 ACID 特性，以及 DBMS 为了实现事务特性而采取的相关技术与事务处理对程序员的影响和要求。读者应重点掌握定义事务的 SQL 语句、设置隔离性的 SQL 语句和死锁对事务的影响。

事务由一系列的 SQL 语句组成，包含 UPDATE、DELETE 和 INSERT 语句的叫做更新事务，只包含 SELECT 语句的叫做只读事务。在任何情况下，构成事务的语句要么全部执行成功，要么一个也不能执行，这是事务的原子性，是最根本的要求。

程序员要根据项目的具体要求决定把哪些 SQL 语句定义成一个事务。每个事务的最后一个 SQL 语句是 ABORT 或 COMMIT，ABORT 表示撤销在此之前执行的所有操作的结果，COMMIT 表示事务所有操作已经完成，要把这些操作的结果写入数据库。

恢复技术采用日志文件和数据库副本来保证事务的原子性和持久性。DBMS 把事务对数据库的每个操作形成一个日志记录，日志记录包含了被更新数据对象的原值和新值，按照执行的先后次序形成了事务的日志文件。数据库管理员定期备份数据库。在出现事务故障、系统故障和介质故障时，由数据库副本和日志文件可以把数据库恢复到最近的一个一致性状态。

事务的隔离性由并发控制子系统实现。一般的商用 DBMS 采用二段封锁协议实现并发控制，执行读和写操作之前要分别对数据对象加 S 锁和 X 锁，并持有到事务结束再统一解锁。

对于只读事务，可以根据情况，通过设置合理的隔离级别来加快其执行速度。

SQL 语句可能由于违反系统定义的完整性约束而被拒绝执行，也可能由于事务陷入了死锁而被系统撤销，程序员要对每个 SQL 语句的执行状态进行监控，根据不同的情况采取合理的补偿措施。

习　题

一、填空题

1. _____是由一个或多个 SQL 语句构成的，是 DBMS 的处理单位。

2. 事务的 ACID 特性是指_____、_____、_____和_____。

3. 事务并发控制的方法有_____、_____和_____。

4. 事务的一致性隔离级别有_____、_____、_____和_____。

5. 数据库恢复的基本原理就是利用_____和_____来重建数据库。

二、选择题

1. SQL 语言的 ROLLBACK 语句的主要作用是_____。

A. 终止程序　　　　B. 保存数据　　　　C. 事务提交　　　　D. 事务回滚

2. 日志的用途是（　　　　）。

A. 数据转储　　　　B. 一致性控制　　　　C. 安全性控制　　　　D. 故障恢复

3. SQL 语言的 COMMIT 语句的主要作用是_____。

A. 终止程序　　　　B. 保存数据　　　　C. 事务提交　　　　D. 事务回滚

4. 后备副本的用途是_____。

A. 数据转储　　　　B. 一致性控制　　　　C. 安全性控制　　　　D. 故障恢复

5. 并发控制带来的数据不一致性不包括下列哪一类？_____。

A. 读脏数据　　　　B. 不可重复读　　　　C. 破坏数据库安全性　　　D. 丢失修改

6. 数据库的并发操作有可能带来的 3 个问题中包括_____。

A. 数据独立性降低　　　　　　　　　B. 无法读出数据

C. 权限控制　　　　　　　　　　　　D. 丢失更新

7. 若事务 T 对数据对象 A 加上 X 锁，则_____。

A. 只允许 T 修改 A，其他任何事务都不能再对 A 加任何类型的锁

B. 只允许 T 读取和修改 A，其他任何事务都不能再对 A 加任何类型的锁

C. 只允许 T 修改 A，其他任何事务都不能再对 A 加 X 锁

D. 只允许 T 读取 A，其他任何事务都不能再对 A 加任何类型的锁

8. 系统运行过程中，由于事务没有达到预期的终点而发生的故障称为_____，这类故障比其他故障的可能性_____。

A. 事务故障　　　　B. 系统故障　　　　C. 介质故障　　　　D. 大，但破坏性小

E. 小，破坏性也小　　F. 大，破坏性也大　　G. 小，但破坏性大

三、简答题

1. 试述事务的概念及事务的 4 个特性。

2. 为什么事务非正常结束时会影响数据库数据的正确性？请列举一例说明之。

3. 数据库运行中可能产生的故障有哪几类？

4. 数据库中为什么要有恢复子系统？它的功能是什么？

5. 什么是日志文件？为什么要设立日志文件？

6. 登记日志文件时为什么必须先写日志文件，后写数据库？

7. 在数据库中为什么要并发控制？

8. 并发操作可能会产生哪几类数据不一致？

9. 简述两段封锁协议。

10. 你所使用的 DBMS 是如何进行数据库备份和日志文件备份？

第6章
客户机/服务器数据库环境

开发一个数据库应用系统首先要确定系统的总体结构。目前，一般采用客户机/服务器（Client/Server）软件体系结构，数据库管理系统作为服务器，应用系统作为客户端。客户端提供人机交互界面，处理用户的业务流程，当需要存取数据时，向服务器端发送请求（一系列 SQL 语句），服务器执行请求后把得到的数据传送给客户端。

6.1 客户机/服务器的一般概念

如果从技术角度看，客户机（client）/服务器（server）结构本身是一个非常简单的概念。它是将一个大的计算机应用分解成多个子任务，由多台计算机协同完成。

客户机接收用户的数据和处理要求，执行应用程序，把其中的服务请求发送给服务器，即向服务器提出对某种信息或数据的服务请求，系统将选择最适宜完成该任务的服务器完成处理，服务器将结果作为服务响应返回客户机。

在这一过程中，多任务之间存在多种交互关系，即"服务请求/服务响应"关系。因此客户机/服务器不应理解为是一种硬件结构，而是一种计算（处理）模式。

1. 主要技术特征

客户机/服务器的主要技术特征可归纳为以下几方面。

● 服务：客户机/服务器是从服务的概念出发，提出了对服务功能的明确划分。一个服务器可同时为多个客户端提供服务，服务器具有对多个客户端使用共享资源的协调能力。

● 位置透明性：客户端和服务器之间存在着多对一或多对多的关系，客户机/服务器软件应向客户端提供服务器位置透明性服务。也就是说，客户端的应用请求不必考虑也不必知道服务器的位置，由哪个服务器或何处的服务器提供服务对客户端是透明的。

● 可扩展性：客户机/服务器系统可进行横向扩展与纵向扩展，如增加服务器个数，提高硬件配置等，以扩大系统服务规模，增加服务器软件功能，增加新的服务项目与提高服务性能等。

2. 基本构成

基本的客户机/服务器系统由 3 部分组成：客户平台、服务器平台、连接支持。

（1）客户平台

客户机原则上可以是任何一种计算机，一般选用微型计算机。客户机运行前端应用程序，提供应用开发用的工具，同时还可以通过网络获得服务器的服务，使用服务器上的共享资源。

客户机需要具有适当的内存、联网功能。客户机运行的操作系统可以是 Windows、Linux 或 UNIX 等。客户机应该具有较强的应用开发功能、直观友好的用户界面和高效的处理能力。

（2）服务器平台

服务器平台必须是多用户计算机系统，可以是 PC 服务器、工作站、支持对称多处理器的超级服务器，也可以是小型、中型或大型计算机。

（3）连接支持

这一部分处于客户机与服务器之间，负责透明地连接客户机与服务器，完成数据通信功能。

这些计算机用网络联结起来成为一个互相协作的系统。它们在同一个网络上协同工作以完成一项任务，即 C/S 系统是能把工作任务交给客户机和服务器分担的系统，是把用户接口、事务处理、数据管理等功能恰当地进行划分的一整套方法。

C/S 涉及的软件方面就是把原来运行在大中型、超小型机上的大型软件进行适当的划分，在客户机和服务器之间进行合理分配。一流的 C/S 系统设计应当能够给系统中的每个组成部分分配最合适的工作任务，配制合适的软件模块。它还必须使应用程序中数据的存取对用户透明，即用户不必知道各种资源在网络中的逻辑位置和物理位置。

3．服务器类型

在客户机/服务器结构中，客户机请求服务，服务器处理和提供服务。根据提供服务的类型（即服务器的种类）有文件服务器、数据库服务器、应用服务器，在 Internet 和 Intranet 环境下还有 Web 服务器、电子邮件服务器等。

（1）文件服务器

仿大中型机对文件共享的管理机制，实现用户账户管理，对用户口令、身份检验、用户的文件存取权限的管理，以及共享文件的并发控制等。网络中不同用户可以存取文件服务器中的共享文件。

（2）数据库服务器

安装和执行 DBMS 功能的服务器。客户机将 SQL 语句通过网络发送给数据库服务器，数据库服务器将 SQL 命令执行后的结果通过网络回送给用户。

（3）Web 服务器

在 Internet 和 Intranet 环境下存储和管理 HTML 和 XML 页面的服务器。更广泛地是存储和管理 Internet 和 Intranet 中的各种信息，包括文字、图形、图像、声音等多媒体信息的服务器。

（4）电子邮件服务器

在 Internet 和 Intranet 环境下存储和管理电子邮件的服务器。

在实际系统中，各种类型的服务器都可以共存，以便为客户机的不同类型服务请求提供有效的服务，提高系统的效率与服务质量。

6.2　数据库应用系统结构的演变

从计算机系统总体环境角度来看，数据库系统包括应用系统、DBMS、数据库和计算机（硬件），进一步地还包括网络。随着计算机软硬件技术的发展和数据库应用需求的不断增长，数据库系统的体系结构也不断发展演变，从单机时代的主/从式（主机/终端）结构到网络时代的分布式结构、客户机/服务器结构及 Internet 时代的浏览器/服务器（Browse/Server）结构等。数据库系统的体系结构随着信息技术的发展而不断发展、不断丰富，不同的体系结构适合不同的应用需求、运行环境和系统规模。正确地设计和选择合适的体系结构是数据库应用系统设计人员的首要任务。

1. 主/从式结构

主/从式结构数据库系统也称为主机/终端结构，是指一个主机带有多个终端的多用户数据库系统结构。在这种结构中，应用程序、DBMS、数据库集中存放在一台主机上，所有处理任务都由主机来完成，各个用户通过主机的终端（早期一般是哑终端）并发地存取数据库，共享数据资源，如图 6-1 所示。这种体系结构是一种集中式计算结构，主机上安装的是集中式多用户数据库系统。

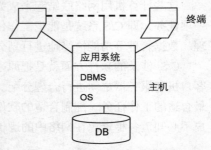

图 6-1　主/从式结构的数据库系统

主/从式结构的数据库系统曾经是普遍使用的多用户数据库系统。主/从式结构的优点是数据库系统和软件系统（包括应用系统、DBMS、数据库和操作系统）都容易管理与维护。其缺点是终端用户数目受到主机规模的限制，不容易扩展，而且当用户数增加到一定程度后，主机的任务会过分繁重，从而使系统性能下降。另外，当主机出现故障时，整个系统的所有用户都受到影响，因此要求主机系统的可靠性非常高。

2. 分布式结构

分布式结构的数据库系统也就是分布式数据库系统。

分布式数据库由一组数据库组成。这组数据库物理地分布在计算机网络的不同计算机上，但是它们在逻辑上是一个整体，从用户的观点看好像是一个集中式数据库，如图 6-2 所示。网络中的每个节点都可以独立地处理本地数据库中的数据，执行局部应用；同时也可以同时存取和处理多个异地数据库中的数据，执行全局应用。

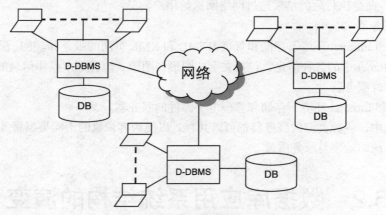

图 6-2　分布式结构的数据库系统

分布数据库系统是数据库技术与网络技术相结合的产物，它适应了地理上分散的公司、团体和组织对于数据库应用的需求。DBMS 的运行环境从单机扩展到网络，对数据的收集、存储、处理和传播由集中式走向分布式，从封闭式走向开放式。

在分布式数据库系统中，计算机网络每个节点上的 DBMS 是分布式 DBMS（Distributed-DBMS，D-DBMS）。分布式数据库不是简单地把集中式 DBMS 分散地安装在网络各节点上便能实现的，D-DBMS 比集中式 DBMS 更加复杂。它具有自己的特征和概念，是集中式数据库技术和网络技术有机结合并进一步发展的产物。分布式数据库系统必须具备在网络环境下更复杂的数据完整性、安全性、并发控制和恢复等控制能力。集中式数据库中的许多概念在分布式数据库中有了更加丰富的内容。

3. 客户机/服务器结构

在基于网络的数据处理中，客户机/服务器计算模式具有里程碑的意义。这种模式在 20 世纪 80 年代后期开始引入业界，它为多用户系统提供了前所未有的双向交流感和灵活性，革命性地改变了传统的应用设计和系统实现方式，很快便在各种类型的软件系统设计与开发中获得了广泛应用，后来出现了客户机/服务器结构的数据库系统。到 20 世纪 90 年代初期，这种计算模式已成为业界的主流技术。

主/从式数据库系统中的主机和分布式数据库系统中的每个节点机都是一个通用计算机，既执行 DBMS 功能，又执行应用程序。随着工作站功能的增强和广泛使用，人们开始把 DBMS 功能和应用系统的处理功能适当分开，网络中某个（些）节点上的计算机专门用于执行 DBMS 功能，称为数据库服务器，其他节点上的计算机安装用户的应用系统，称为客户机。客户机和服务器之间通过局域网（LAN）或广域网（WAN）连接。这就是客户机/服务器结构的数据库系统。

客户机/服务器数据库系统可以分为集中的服务器结构（如图 6-3 所示）和分布的服务器结构（如图 6-4 所示）。集中式服务器结构在网络中仅有一台数据库服务器，而客户机是多台。这时客户机和服务器可以抽象为多对一的关系。分布式服务器结构在网络中有多台数据库服务器。这时客户机和服务器可以抽象为多对多的关系。分布式服务器结构是客户机/服务器与分布式数据库的结合。

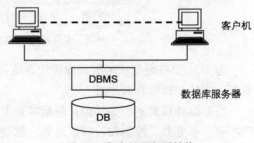

图 6-3 集中的服务器结构

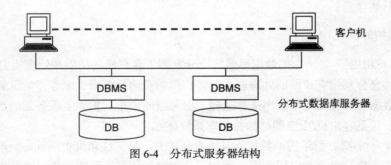

图 6-4 分布式服务器结构

与主/从式结构相似，在集中式服务器结构中，一个数据库服务器要为众多的客户机服务，往往容易成为瓶颈，制约系统的性能。

与分布式结构相似，在分布式服务器结构中，数据分布在不同的服务器上，从而给数据的处理、管理与维护带来困难。

6.3 两层与多层客户机/服务器结构

客户机/服务器结构的数据库系统就是把原来主机环境下的 DBMS 功能和应用系统功能在客户机/服务器这种新的计算模式下进行合理的分布，在客户机和服务器之间作适当的配置。

1. 两层结构

一个数据库应用系统可以划分为以下几个逻辑功能，如图 6-5 所示。

- 用户界面（User Interface）。
- 应用逻辑（Application Logic）。
- 事务逻辑（Transaction Logic）。
- 数据存取（Data Access）。

图 6-5 客户机/服务器结构的数据库系统的逻辑功能划分

客户机/服务器结构的数据库应用系统通常是把事务逻辑、数据存取放在服务器一侧，把用户界面、应用逻辑放在客户机上。

所谓事务逻辑指事务管理，包括事务定义、完整性定义、安全保密定义、完整性检查、安全性控制、事务并发控制和故障恢复等。数据存取则包括数据存储、组织、存取方法、存取路径的实现和维护。事务逻辑和数据存取是 RDBMS 核心层的主要功能。

客户机/服务器结构的数据库软件产品把网络环境中的软件划分为 3 个部分：客户软件、服务器软件及接口软件。

2. 两层结构的优点

第一点，客户机/服务器结构的数据库系统充分发挥了客户机的功能和处理能力。特别是 CPU 密集型应用能够充分利用客户端的处理能力及客户端的自治性来减少服务器的负载，把数据处理的应用逻辑从数据库服务器上分离出来，减轻了服务器的负担，扩大了服务器的数据共享规模和事务处理能力。这是客户机/服务器结构数据库系统优点之一。

第二点，客户机/服务器结构的数据库系统容易扩充、灵活性和可扩展性好。当应用需求改变时可以修改相应客户节点上的应用程序，例如，某学校的研究生院要加强对研究生培养的全过程动态管理，因此要在原来研究生院的信息系统中增加每个学期研究生选课情况的管理、统计和查询，增加研究生发表论文情况的管理、统计和查询。在原来的客户机/服务器结构中，开发人员首先修改了服务器上的数据库模式，增加了"研究生选课"表和"发表论文"表，然后对培养处的两台客户机上的"研究生学籍学位管理系统"进行了扩充和修改，增加了新的功能、新的查询界面等。客户机和应用程序都没有改变。当应用系统的规模（如研究生人数继续增加，需求越来越多）扩大时，可以通过增加客户机节点数、提高服务器和客户机的配置等方式，使整个系统升级。这样灵活性和可扩展性好，也保护了在硬件和软件上原有的投资。

因此，客户机/服务器结构获得了广泛的采用，特别是中小规模的应用。

3. 多层结构

上面讨论的客户机/服务器结构是一个简单的两层模型，即一端是客户机，另一端是服务器。我们也讲解了这种结构的优点。该结构最大的优点在于结构简单，开发和运行的环境也简单。但是任何事物都是一分为二的，也正是由于这种结构而产生了其局限性。

由于两层模型中业务的处理逻辑主要在客户机上执行，所有客户机都要安装应用程序和相应的支持工具。对于大型的信息系统，不仅客户机的个数很多（数百、数千个），而且客户端的应用复杂，因此客户端越来越庞大，人们称之为胖客户（Fat Client）。这时，两层客户机/服务器结构出现了如下主要问题。

（1）服务器的负担问题

由于客户端和服务器端直接连接，服务器将消耗部分系统资源忙于处理与客户端的连接工作。当存在大量客户端数据请求时，服务器有限的系统资源将被用于频繁的与客户端之间的连接，从而降低了对数据库请求的存取效率。客户端数据请求堆积的直接后果将导致系统整体运行效率的大幅降低。

（2）客户端负担问题

两层模型中企业逻辑放在客户端，在企业级信息系统中企业逻辑复杂，要求客户机具有完成这些计算任务的强大功能，客户机的性能成为制约系统性能的因素，只有提高客户机的性能才能满足业务要求。当系统规模较大，相同的应用程序要重复安装在多台客户机上，从总体来看，大大浪费了系统资源。

（3）系统的安装和维护量大

当系统规模达到数百、数千台客户机时，在系统开发完成后，要为每一个客户机安装应用程序和相应的工具模块，以及与数据库的连接程序，并完成大量的系统配置工作，整个系统的安装繁杂，并且它们的硬件配置、操作系统又常常不同，因此安装维护代价将十分巨大。

为了适应用户不断变化的应用需求，客户端的应用程序需要不断更新，在这种升级的更新过程中，要求所有客户机上的软件也随之升级，系统维护的工作量大，相应的版本控制也很困难。还有，随着应用程序业务逻辑复杂性的增大，要求开发人员能充分利用原有模块，在此基础上快速稳定地进行二次继承、包装生成新模块来满足新的业务需求，在这种结构下二次开发工作的难度和成本也越来越高。

（4）系统的安全性差

在两层结构下，大部分业务逻辑以代码的形式分散安装在部门的各个用户所在地（客户机），这样企业的业务机密就容易被泄露，而且每台客户机都可以对服务器上的数据进行直接操作，容易产生漏洞。同时，随着用户数量的增加，不仅业务逻辑的维护成本越来越高，而且应用程序系统的安全保密越发难以控制。

以上这些问题是两层结构本身的局限性所导致的问题，仅仅依靠在两层结构的基础上进行细枝末节的修补，无法彻底地解决问题。

从上面的分析可以看到，随着企业应用系统的不断扩充和新应用的不断增加，基于传统的两层客户机/服务器结构在系统拓展性、维护成本、安全性等问题的出现，导致了三层计算体系结构的产生。三层结构是传统的客户机/服务器结构的发展，代表了企业级应用的未来。多层结构和三层结构的含义是类似的，只是细节有所不同。

三层结构将数据处理过程分为三部分：第一层是界面层，提供用户与系统的访问界面；第二层是业务逻辑层，负责业务逻辑的实现，也是界面层和数据层的桥梁，它响应界面层的用户请求，从数据层抓取数据，执行业务处理，并将必要的数据传送给界面层以展示给用户；第三层是数据（库）层，负责数据的存储、存取、查询优化、事务管理、数据完整性和安全性控制、故障恢复等。

由于业务逻辑被提取到应用服务器，大大降低了客户端负担，因此也称为"瘦客户"（Thin Client）结构。三层结构的数据库系统的逻辑功能划分如图 6-6 所示。

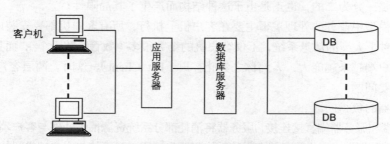

图 6-6　三层结构的数据库系统的逻辑功能划分

三层结构在传统的两层结构的基础上增加了应用（业务）逻辑层，将应用逻辑单独进行处理，从而使得用户界面层与应用逻辑层分层而立，两者之间的通信协议可由系统自行定义。通过这样的结构设计，应用逻辑被所有用户共享，这是两层结构与三层结构系统之间最大的区别。

由于业务逻辑与用户界面相分离，独立出应用服务器，在很大程度上解决了两层结构所面临的问题。具体来说，三层结构具有如下的优越性。

（1）降低了信息系统开发和维护的成本

三层结构将表示部分和业务逻辑部分按照客户界面层和应用服务器相分离，客户端和应用服务器、应用服务器和数据库服务器之间的通信、异构平台之间的数据交换等都可以通过中间件或者相关程序来实现。当数据库或应用服务器的业务逻辑改变或扩展时，只需专注于改进中间层的设计，客户端并不随之改变，反之亦然。这样就大大提高了系统模块的复用性，提高了开发效率，缩短了开发周期，降低了成本。

（2）安全性强

三层结构的系统可以把企业中关键性的业务逻辑放在应用服务器上进行集中管理，而不是放在每台客户机上。对企业敏感数据的访问也是通过应用服务器来进行，而不是由客户机直接进行存取，这就增强了系统的安全性。

（3）扩展性好

由于客户端已经"减肥"，也由于系统模块程度的提高，使得系统的扩展性好。也就是说，增加客户机数量一般就可以满足用户规模扩大的要求；将少数的应用服务器或数据库管理系统升级为更高档次的平台，或更新应用服务器上的部分软件模块就可以增强系统的功能，提高系统的可用性。

（4）前瞻性好

三层结构实际上也是目前 Web 应用采用的体系结构，即把全部的企业逻辑和业务处理放在应用服务器上，支持纯粹的"瘦客户"机，因此采用三层结构的系统可以较为方便地向 Web 应用方向拓展。

三层结构中的中间件继续细分就可以成为多层结构。例如，客户机—Web 服务器—应用服务器—数据库服务器就是一个多层结构，如图 6-7 所示。

随着 Internet 技术的发展，出现了浏览器/服务器（Browser/Server， B/S）结构。客户端进一步变小。在浏览器后面可以有多层多种服务器，例如 Web 服务器、应用服务器、数据库服务器等。

浏览器/服务器结构是客户机/服务器模型的继承和发展。浏览器/服务器多层结构广泛地用于 Internet、Intranet 环境下，显示了如下的优点。

① 在该结构中，客户端任何计算机只要安装了浏览器就可以访问应用程序。浏览器的界面是统一的，广大用户容易掌握，从而大大减少了培训时间与费用。

② 客户端的硬件与操作系统具有更长的使用寿命，因为它们只要能够支持浏览器软件即可，而浏览器软件相比原来的用户界面和应用模块要小得多。

③ 由于应用系统的维护与升级工作都是在服务器上执行，因此不必安装、维护或升级客户端应用代码，大大减少了系统开发和维护代价。这种结构能够支持数万甚至更多的用户。

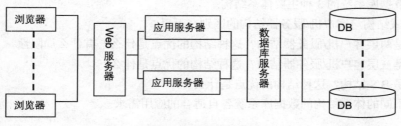

图 6-7　多层结构示意图

小　　结

开发一个数据库应用系统首先要确定系统的总体结构。本章介绍了数据库系统的 3 种主要体系结构，重点讲解了客户机/服务器结构的数据库系统，包括客户机/服务器的一般概念和客户机/服务器结构的数据库系统的逻辑功能划分，还讨论比较了两层、三（多）层客户机/服务器结构的优点和局限性。读者应重点掌握客户机/服务器的概念。

数据库系统的结构随着应用需求的变化及软硬件技术水平的发展而变化。经历了主/从式结构、分布式结构和客户机/服务器结构的发展阶段。这 3 种结构目前仍然都在使用，但在 Internet 环境下，客户机/服务器结构得到了广泛的应用。

客户机/服务器是一种计算模式。它将一项应用分解为多个任务，多任务之间存在多种交互关系，即"服务请求/服务响应"关系。客户方发出服务请求，服务器方给予服务响应。

常见的服务器有文件服务器、电子邮件服务器、Web 服务器、应用服务器和数据库服务器。

早期的客户机/服务器是两层结构，只有客户方和服务器方，客户方负责界面展示和应用逻辑处理，服务器方运行 DBMS。该结构简单易行，但存在着一些缺陷，例如，服务器计算任务重，客户方维护困难，安全性比较差。这种结构一般叫做 C/S 结构，俗称"胖客户"。

Web 环境下的两层客户机/服务器结构有了一些变化，通用的浏览器作为客户方，Web 服务器和数据库服务器作为服务器方。这种结构叫做 B/S 结构，也称为"瘦客户"，由于浏览器安装和维护方便，部分克服了"胖客户"的缺陷。

三层客户机/服务器结构在两层结构的基础上，引入了一个中间层——应用服务器层。在这种结构中，客户方只负责应用的界面，应用逻辑处理从"胖客户"转移到了应用服务器，"胖客户"变成了"瘦客户"，克服了维护困难和安全性差的缺点。

三层体系结构并非是对两层结构的完全排斥。对于一些局域网环境下联机并发用户数不是很多的数据库应用系统，特别是用户群比较单一、网络环境比较稳健、数据安全性要求不高、业务逻辑比较固定的企业应用，两层结构的设计方案是适宜的；但即使是采用两层体系结构的应用系统，也应该按照三层（N 层）的理念进行设计，即将前台展现与业务处理、数据库访问适当分离，以减轻软件维护工作量，延长软件生命周期。

习　　题

1. 试述数据库系统的 3 种主要体系结构。
2. 主/从式结构与客户机/服务器结构的区别在哪里？
3. 什么是两层客户机/服务器结构？这种结构的优点是什么？有什么局限性？
4. 什么是三层客户机/服务器结构？这种结构的优点是什么？
5. 什么是 B/S 结构？这种结构的优点是什么？
6. 试述不同的体系结构的数据库系统各自适合的应用需求。

第7章
在应用中使用 SQL

SQL 语言是标准的数据库查询语言，DBMS 提供 SQL 语言解释器，例如 SQL Server 的 isql、osql 和 isqlw，Oracle 的 sqlplus，用户通过这些实用工具向 DBMS 提交 SQL 语句，对数据库进行操纵。但在开发应用程序时不采用这种方法，而是采用一般的程序设计的方法。

SQL 语言是面向集合的描述性语言，不具备图灵机的计算能力。例如，使用前面介绍的 SQL 语言不能完成即使是 $n!$ 的这样简单的计算工作。为了解决这一问题，SQL 标准使用了多种解决方法。

（1）嵌入式 SQL（Embedded SQL）

SQL 语言被嵌入到某种高级语言，例如，COBOL 语言、C 语言、Java 语言，利用高级语言的过程性结构来弥补 SQL 语言在实现复杂应用方面的不足，高级语言被称为宿主语言（Host Language）。

（2）持久存储模块（Persistent Stored Modules）

使用一种简单通用的程序设计语言编写的存储过程或函数。存储过程和函数可以在 SQL 语句中调用，其代码由 DBMS 解释执行。

（3）调用级接口（Call-Level Interface）

提供一个函数库供我们连接数据库，向数据库提交 SQL 语句，完成对数据库的操作。

7.1　嵌入式 SQL

在高级程序设计语言中使用 SQL 语句操纵数据库需要解决两个问题：采用某种语法形式使得编译程序可以区分 SQL 语句和宿主语言的语句，提供一种机制使得 SQL 语言和宿主语言之间可以交换数据和执行状态。

7.1.1　嵌入式 SQL 的一般形式

在嵌入式 SQL 中，为了能够区分 SQL 语句与宿主语言语句，所有 SQL 语句都必须加上前缀 EXEC SQL。例如：

```
EXEC SQL DROP TABLE SC;
EXEC SQL SELECT * FROM Student;
EXEC SQL GRANT UPDATE ON Student TO User1;
```

为了不修改宿主语言的编译器，DBMS 提供一个预编译器，预编译器识别嵌入式 SQL 语句，将它们换成 SQL 函数库中的函数调用，将最初的宿主语言和嵌入式 SQL 的混合体转换成纯宿主语言的代码，然后由编译器进行通常的编译和连接操作，最终生成可执行代码，完成过程控制和数据库操作，具体过程如图 7-1 所示。

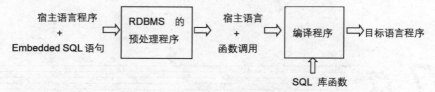

图 7-1　嵌入式 SQL 的处理过程

7.1.2　嵌入式 SQL 语句与宿主语言之间的通信

将 SQL 嵌入到高级语言中混合编程，SQL 语句负责操纵数据库，高级语言语句负责控制程序流程。这时程序中含有两种不同计算模型的语句，一种是描述性的面向集合的 SQL 语句，一种是过程性的高级语言语句，SQL 标准主要使用宿主变量在它们之间互相交换数据，进行通信。

宿主变量使用声明节（declare section）定义宿主变量，格式如下：

```
EXEC SQL BEGIN DECLARE SECTION
    按照宿主语言的语法定义的变量
EXEC SQL END DECLARE SECTION
```

例如，下面声明了 6 个变量，前 5 个用于在宿主语言和 SQL 之间交换 Student 表中学生的信息，在具体使用时要注意两个不同系统之间数据类型的兼容性。在 SQL 中支持 smallint 数据类型，而在 C 语言中无此数据类型，所以采用 short 数据类型。在 SQL 中，char[8]表示存储 8 个字符，而 C 语言中需要多一个字符存储结尾的 null。SQLSTATE 是一个特殊的变量，用来向宿主语言传递 SQL 语句的执行状态，每个 SQL 语句执行完毕后，把执行状态的代码写入这个变量，SQL 标准规定执行状态代码是一个长度为 5 的字符串，对每个字符串的含义也作了具体规定，例如，00000 表示 SQL 语句成功执行，02000 表示一个查询结果中的元组都已经处理完毕。

```
EXEC SQL BEGIN DECLARE SECTION
    char        Sno[8];
    char        Sname[9];
    char        Ssex[3];
    short       Sage ;
    char        Sdept[21];
    char        SQLSTATE[6];
EXEC SQL END DECLARE SECTION
```

7.1.3　查询结果为单个记录的 SELECT 语句

在嵌入式 SQL 中，查询结果为单个记录的 SELECT 语句使用 INTO 子句把查询结果传送到宿主变量，供宿主语言继续处理。该语句的一般格式为：

```
EXEC SQL SELECT  [ALL|DISTINCT] <目标列表达式>[, <目标列表达式>]…
        INTO <宿主变量>[<指示变量>][, <宿主变量>[<指示变量>]]…
        FROM  <表名或视图名>[, <表名或视图名>]…
        [WHERE <条件表达式>]
        [GROUP BY <列名1> [HAVING <条件表达式>]]
        [ORDER BY <列名2> [ASC|DESC]];
```

该语句对交互式 SELECT 语句的扩充就是多了一个 INTO 子句，把从数据库中找到的符合条件的记录放到 INTO 子句指出的宿主变量中，其他子句的含义不变。使用该语句需要注意以下几点。

● INTO 子句、WHERE 子句的条件表达式、HAVING 短语的条件表达式中均可以使用宿主变量，起到宿主语言向 SQL 传递数据的作用。

● 在查询返回的记录中，某些列可能为空值。如果 INTO 子句中宿主变量后面跟有指示变量，则当查询得出的某个数据项为空值时，系统会自动将相应宿主变量后面的指示变量置为负值，不再向宿主变量赋值。所以当指示变量值为负值时，不管宿主变量为何值，均应认为宿主变量值为 NULL。指示变量只能用于 INTO 子句中。

● 如果查询结果实际上并不是单条记录，而是多条记录，则程序出错，DBMS 将 SQLSTATE 的值设置为 21000。

例 1　查询某个学生的信息，将这个学生的学号存放在宿主变量 Sno 中，并且将查询得到的学生信息存放到上一小节定义的变量中。

```
EXEC SQL SELECT Sname, Ssex, Sage, Sdept
        INTO  :Sname, :Ssex, :Sage, :Sdept
        FROM  Student
        WHERE Sno= :Sno;
```

例 2　查询某个学生选修某门课程的成绩。

```
EXEC SQL SELECT Grade
        INTO :grade :gradenullflag
        FROM SC
        WHERE Sno=:Sno AND Cno=:Cno;
```

由于学生的成绩可能是空值，这里使用了指示变量 gradenullflag。

7.1.4　游标

SQL 语言与宿主语言相比有不同的数据处理方式。SQL 语言是面向集合的，一条 SQL 语句将产生或处理多条记录。宿主语言是面向记录的，一组宿主变量一次只能存放一条记录。所以仅使用宿主变量并不能完全满足 SQL 语句向应用程序输出数据的要求，为此，SQL 引入了游标的概念，用游标来协调这两种不同的处理方式。

游标（Cursor）是系统开设的一个数据缓冲区，存放 SQL 语句的执行结果。游标有一个名字，可以通过游标逐一获取记录，并赋予宿主语言的宿主变量，交由宿主语言进一步处理，如图 7-2 所示。

游标包括以下两个部分。

● 游标结果集（cursor result set）：由定义游标的 SELECT 语句返回的行的集合。

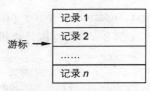

图 7-2　游标示意图

● 游标的位置（cursor position）：指向这个集合中某一行的指针。

1. 使用游标读取数据

使用游标处理数据的流程如图 7-3 所示。

（1）声明游标

格式：

```
EXEC SQL DECLARE cursor-name [INSENSITIVE] [SCROLL] CURSOR
        FOR SELECT statement
        [FOR READ ONLY]
```

其中：

① SELECT 语句定义了游标结果集。

② 前面介绍过，提交给 DBMS 的 SQL 语句被组织成事务，事务在 DBMS 所在的服务器上运行，一般情况下，事务的执行时间都很短，DBMS 并发地执行事务以获得很高的事务吞吐率。使用游标处理数据一般要花费较长的时间，因为要在 DBMS 和宿主语言之间移动数据，而且由于并发事务的存在，很可能在处理游标结果集中的数据期间，其他事务修改了游标结果集对应的数据，使得游标结果集不能得到最新的数据。为了避免出现这种情况，使用 INSENSITIVE 通知 DBMS 在游标存续期间，不允许其他的事务修改游标结果集中的数据。显而易见，这样的游标有可能延迟其他事务的执行。

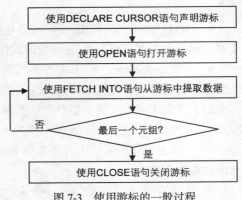

图 7-3　使用游标的一般过程

③ 如果游标不修改数据库中的数据，使用 FOR READ ONLY 子句告知 DBMS，DBMS 将允许这样的游标和 INSENSITIVE 类型的游标并发执行。

④ 默认情况下，游标采用顺序处理的方式，依次处理结果集中的记录。根据需要，也可以将游标定义为滚动（SCROLL）游标。对于滚动游标，SQL 提供了若干命令将游标移动到希望的位置。

- nxet　把游标移动到当前游标所指向的下一个记录。
- prior　把游标移动到当前游标所指向的上一个记录。
- first　把游标移动到第一个记录。
- last　把游标移动到最后一个记录。
- absolute n　如果 n 是一个正整数，把游标移动到从前往后计数的第 n 个记录；如果 n 是一个负整数，把游标移动到从后往前计数的第 n 个记录。absolute 1 等价于 first，absoluet -1 等价于 last。
- relative n　如果 n 是一个正整数，把游标移动相对于当前游标所指记录之后的第 n 个记录；如果 n 是一个负整数，把游标移动相对于当前游标所指记录之前的第 n 个记录；relative 1 等价于 next，relative -1 等价于 prior。

例 3　声明存取计算机系全体学生的游标。

```
EXEC SQL DECLARE dept_computer  CURSOR
     FOR SELECT *
     FROM Student
     WHERE Sdept= '计算机'
     FOR READ ONLY;
```

（2）打开游标

格式：EXEC SQL OPEN <游标名>;

打开游标后，DBMS 执行与游标相关联的 SELECT 语句，并把查询结果存放到游标中，游标指向第 1 个记录。例如，下面的语句得到了如图 7-4 所示的结果集。

```
EXEC SQL OPEN dept_computer;
```

游标 → '2000012','王林','男',19,'计算机'
'2000014','葛波','女',18,'计算机'

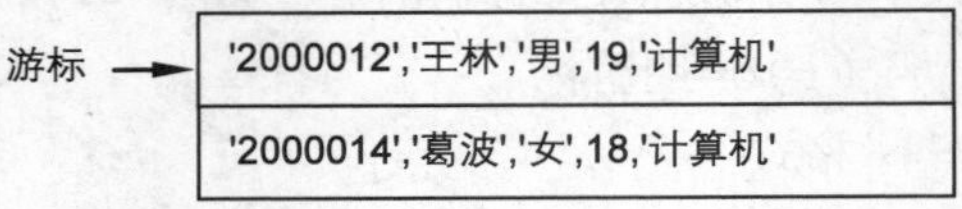

图 7-4　游标 dept_computer 的内容

（3）存取游标

如果游标不是滚动游标，使用 FETCH 语句读取当前游标所指向的记录到宿主变量中，然后，游标自动移向下一个记录：

```
EXEC SQL FETCH [FROM] cursor_name INTO variable-list;
```

如果游标是滚动游标，先将游标移动到所指定的记录，然后将游标所指向的记录存放到宿主变量中：

```
EXEC SQL FETCH {NEXT | PRIOR|FIRST|LAST|ABSOLUTE n|RELATIVE n}
        FROM cursor_name
        INTO variable-list;
```

游标指向了结果集最后一个记录之后时，SQLSTATE 的值被设置为 02000，可以用这个条件作为循环的结束条件。

（4）关闭游标

游标使用完毕后，要释放其所占的系统资源。使用下面的语句：

```
EXEC SQL CLOSE cursor_name;
```

例 4　通过游标 dept_computer 读取每个学生的信息并显示。

```
EXEC SQL BEGIN DECLARE SECTION
    char        Sno[8];
    char        Sname[9];
    char        Ssex[3];
    short       Sage ;
    char        Sdept[21];
    char        SQLSTATE[6];
EXEC SQL END DECLARE SECTION
--声明游标
EXEC SQL DECLARE dept_computer CURSOR
    FOR SELECT *
        FROM Student
        WHERE Sdept= '计算机'
    FOR READ ONLY;
--打开游标
EXEC SQL OPEN dept_computer;
--读取第 1 条记录
EXEC SQL FETCH dept_computer
        INTO :Sno, :Sname,:Ssex,:Sage,:Sdept;
while(strcmp(SQLSTATE, '02000') != 0)
{
    --输出语句，略
    EXEC SQL FETCH dept_computer
            INTO :Sno, :Sname,:Ssex,:Sage,:Sdept;
};
--关闭游标
EXEC SQL CLOSE dept_computer;
```

2．使用游标修改数据

上面介绍了通过游标把数据库的批量数据传送到宿主变量中做进一步处理。游标的另一个作用是可以通过游标修改数据库中的数据。使用游标修改数据要注意两点：

① 声明游标时没有添加 FOR READ ONLY 关键字。

② 一般不要修改基于多表的游标。

为了配合游标的使用，下面介绍 UPDATE 和 DELETE 语句的新格式。

（1）UPDATE 语句

格式：

```
UPDATE table-name SET column-name = expression
WHERE CURRENT OF cursor_name
```

功能：修改数据库中与当前游标所指向的记录相对应的元组的列值。

（2）DELETE 语句

```
DELETE FROM table-name
WHERE CURRENT OF cursor_name
```

功能：删除数据库中与当前游标所指向的记录相对应的元组。

例 5　通过游标 dept_computer 给每个学生年龄增加 1 岁。

```
EXEC SQL BEGIN DECLARE SECTION
    char         SQLSTATE[6];
EXEC SQL END DECLARE SECTION
--声明游标
EXEC SQL DECLARE dept_computer CURSOR
    FOR SELECT *
        FROM Student
        WHERE Sdept= '计算机'
    FOR UPDATE OF Sage --只允许修改列 Sage 的值
--打开游标
EXEC SQL OPEN dept_computer;
--读取第 1 条记录
EXEC SQL FETCH dept_computer;
while(strcmp(SQLSTATE, '02000') != 0)
{
    EXEC SQL UPDATE Student SET Sage = Sage + 1
        WHERE CURRENT OF dept_computer;
    FETCH dept_computer;--读取下一条记录
};
--关闭游标
EXEC SQL CLOSE dept_computer;
```

由于只需要给每个同学的年龄在现在年龄的基础上加 1，所有没有必要取出每条记录的各个字段值，FETCH 语句中也没有出现 INTO 子句。

7.1.5　动态 SQL 简介

前面介绍的 SQL 叫做静态 SQL，完整的 SQL 语句在编译时就是已知的。在某些应用中，在编译时只能知道 SQL 语句的一部分，还有一些细节有待在人机交换中或根据某些条件才能构造出来。

例如，对于 SC 表，任课教师要查询每个学生的学号及其成绩；班主任想查询某个学生选修的课程号及相应成绩；学生想查询自己某门课程的成绩。也就是说，查询条件、要查询的列是不确定的，无法用一条静态 SQL 语句实现查询。

如果在预编译时下列信息不能确定，就必须使用动态 SQL 技术，例如：

● SQL 语句的正文；

● 宿主变量的个数；

● 宿主变量的数据类型；

- SQL 语句中引用的数据库对象（例如列、索引、基本表、视图等）。

动态 SQL 方法允许在程序运行过程中临时"组装"SQL 语句，主要有以下 3 种形式。

- 语句可变：允许用户在程序运行时输入完整的 SQL 语句。
- 条件可变：对于非查询语句，条件子句有一定的可变性。例如，删除学生选课记录，既可以是因为某门课临时取消，需要删除有关该课程的所有选课记录，也可以是因为某个学生退学，需要删除该学生的所有选课记录；对于查询语句，SELECT 子句是确定的，即语句的输出是确定的，其他子句（如 WHERE 子句、HAVING 短语）有一定的可变性。再例如，查询学生人数，可以是查询某个系的学生总数，查询某个性别的学生人数，查询某个年龄段的学生人数，查询某个系某个年龄段的学生人数等，这时 SELECT 子句的目标列表达式是确定的（COUNT（*）），但 WHERE 子句的条件是不确定的。
- 数据库对象、查询条件均可变：对于查询语句，SELECT 子句中的列名、FROM 子句中的表名或视图名、WHERE 子句和 HAVING 短语中的条件等均可由用户临时构造，即语句的输入和输出可能都是不确定的。例如前面查询学生选课关系 SC 的例子。对于非查询语句，涉及的数据库对象及条件也是可变的。

为了处理上述情况，SQL 提供了在宿主语言中构造、准备和执行 SQL 语句的指令，例如 EXECUTE IMMEDIATE、PREPARE、EXECUTE、DESCRIBE 等。这些指令被称为动态 SQL。静态和动态 SQL 使用相同的语法将它们和宿主语言区分开，因此它们可以被同一个预编译器处理。

构造好的 SQL 语句作为宿主语言的一个字符型变量的值出现在程序中，在程序执行时提交给 DBMS，作为动态 SQL 语句的参数。一旦准备好，就可执行语句。

1. PREPARE

PREPARE 指令把存放在宿主变量中的一个字符串"准备"为一个 SQL 语句，所谓"准备"就是通过与 DBMS 的通信，对 SQL 语句进行分析和生成执行计划。其具体格式为：

```
PREPARE stmt_name FROM :host-variable
```

其中，*stmt_name* 为待准备的 SQL 语句命名，供其他动态 SQL 命令引用，*stmt_name* 在一个程序模块中必须是唯一的，不同的 SQL 语句要有不同的 *stmt_name*。*:host-variable* 是存放字符串的宿主变量，其内容不能出现某些特定的 SQL 语句，如 SELECT INTO 等，也不能出现注释和宿主变量，需要使用宿主变量作为参数的地方可以用"?"代替，在执行语句时由 USING 为参数赋值。

如果 PREPARE 准备的 SQL 语句没有返回结果，则用 EXECUTE 命令执行之；如果有多个返回结果，则要使用游标。

2. EXECUTE

EXECUTE 指令执行由 PREPARE 准备的 SQL 语句：

```
EXECUTE prepared_stmt_name [USING : host-variabel [,...]];
```

prepared_stmt_name 是由某个 PREPARE 准备的 SQL 语句，USING 后面的宿主变量用于替换 SQL 语句的"?"参数，有几个"?"参数，就必须有几个宿主变量，数据类型必须兼容，并且按照位置对应的原则进行替换。

例 6 生成一个向 SC 表插入任意元组的 SQL 语句。

```
EXEC SQL BEGIN DECLARE SECTION;
    char     prep[] = "INSERT INTO sc VALUES(?,?,?)";
```

```
        char      sno[8];
        char      cno[5];
        short     grade;
EXEC SQL END DECLARE SECTION;

EXEC SQL PREPARE prep_stat FROM :prep;

while (strcmp(SQLSTATE, "00000") = = 0)
{
    scanf("%s ", sno);
    ifstrcmp(Sno,'0000000')==0)break;   strcmp(Sno,'0000000')==0
    scanf("%s ", cno);
    scanf("%d ", grade);
    EXEC SQL EXECUTE prep_stat USING :sno, :cno, :grade;
}
```

3. EXECUTE IMMEDIATE

EXECUTE IMMEDIATE 语句结合了 PREPARE 和 EXECUTE 指令的功能，准备一个 SQL 语句并且立即执行它。因为准备一个 SQL 语句需要与 DBMS 通信，开销比较大，所以，采用 PREPARE 和 EXECUTE 方式适合于准备的语句要多次执行的方式，而 EXECUTE IMMEDIATE 方式适用于只执行一次的情形。其语句格式为：

```
EXECUTE IMMEDIATE :host-variable
```

7.1.6   实例

为了加深理解和掌握，这里给出一个完整的 C 程序代码。程序首先声明要使用的变量，连接到 SQL Server 服务器。然后通过游标读出 Student 表中的每个学生信息并加以显示，最后插入一个学生的信息并删除。

在 Windows 环境中，使用文本编辑器（如记事本）输入程序代码并保存在 test.sqc 中，在执行之前要进行预编译、编译和连接 3 个独立的步骤，各命令的参数如下，具体含义参考 SQL Server 联机帮助和 C 语言编译器的相关说明。也可以将预编译器产生的 C 语言代码复制到 Visual C++6.0 集成环境中进行编译、连接和执行。

```
nsqlprep test /NOACCESS
cl /c /W3 /D"_X86_" /D"NDEBUG" test.c
link /NOD /subsystem:console test.obj kernel32.lib libcmt.lib sqlakw32.lib caw32.lib
ntwdblib.lib
```

注意

安装 SQL Server 时必须安装开发环境，如果选用典型安装，则不安装预编译器和库函数，无法使用嵌入式 SQL。另外，如果使用 Visual C++6.0，首先要将 SQL Server 开发环境所在目录下的 LIB 和 INCLUDE 子目录（一般在 C:\Program Files\Microsoft SQL Server\80\TOOLS\DevTools\Include 和 C:\Program Files\Microsoft SQL Server\80\ TOOLS\DevTools\Lib）加到 Visual C++6.0 的搜索目录中，否则，在编译和连接过程中，找不到必要的头文件以及目标代码。在生成工程时，选择生成 Win32 Console Application，并选择 empty project。然后按照上面的编译和连接命令的参数配置工程的 C/C++和 Link 属性。

```
#include <stdio.h>
#include <string.h>
int main ()
{
    //声明变量
```

```
EXEC SQL BEGIN DECLARE SECTION;
//存储学生信息
char no[8];
char name[9];
char gender[3];
int  age;
char deptname[21];

//SQL 返回的状态码
char SQLSTATE[6];
EXEC SQL END DECLARE SECTION;


//连接到数据库, lsnmobile 是 SQL Server 服务器的名字, S_C_SC 是一个数据库名
EXEC SQL CONNECT TO lsnmobile.S_C_SC USER sa;

if (strcmp(SQLSTATE,"00000") == 0)
{
    printf("Connection to SQL Server established\n");
}
else
{

    printf("ERROR: Connection to SQL Server failed\n");
    return (1);
}
//定义游标, 读取所有学生信息
EXEC SQL DECLARE providerCursor CURSOR FOR
    SELECT sno,sname,ssex,sage,sdept
    FROM student;
EXEC SQL OPEN providerCursor ;

for(; ;)
{
  //推进游标
  EXEC SQL FETCH providerCursor INTO :no,:name,:gender,:age,:deptname;
  //如果处理完毕, 退出循环
  if (strcmp(SQLSTATE,"02000")==0)
      break;
  //输出学生信息
  printf ("Sno=%s Sname=%s Ssex=%s Sage=%d Sdept%s\n",no,name,gender,age,deptname);
  }
  // 关闭游标
  EXEC SQL CLOSE providerCursor;
  //插入一个学生的信息
  EXEC SQL Insert into student values('2000004','王芳','女',18,'计算机');
  if (strcmp(SQLSTATE,"00000") == 0)
      printf("插入数据成功!\n");
  else
      printf("插入数据失败!\n");
  EXEC SQL WHENEVER SQLERROR continue;
  //删除一个学生的信息
  EXEC SQL delete from student where sno='2000004';
  if (strcmp(SQLSTATE,"00000")  == 0)
      printf("删除数据成功!\n");
  else
```

```
        printf("删除数据失败!\n");

    //断开连接
    EXEC SQL DISCONNECT ALL;

    return 0;
}
```

7.2 存 储 过 程

存储过程是 SQL 语句和可选控制流语句的预编译集合。它以一个名称存储并作为一个单元处理。存储过程存储在数据库内，由应用程序调用执行。存储过程包含流程控制以及对数据库的查询，可接受参数、输出参数、返回单个或多个结果集及执行状态，而且允许定义变量、条件执行、循环等编程功能。

存储过程有以下特点：

- 确保数据访问和操作的一致性，提高了应用程序的可维护性；
- 提高了系统的执行效率；
- 提供一种安全机制；
- 减少了网络的流量负载；
- 若要改变业务规则或策略，只需改变存储过程和参数，不必修改应用程序。

7.2.1 SQL/PSM

编写存储过程及后面介绍的触发器需要一种通用的程序设计语言。SQL/PSM（Persistent Stored Modules）标准制定了一个程序设计语言，这个语言可以被 DBMS 解释执行。

SQL/PSM 提供了通用程序设计语言的定义变量、流程控制和存储过程定义及调用语句。在 PSM 标准出现之前，一些 DBMS 厂商就提供了自己的编程语言，例如，Oracle 的 PL/SQL 和 Microsoft 的 Transact-SQL。这些语言与 PSM 标准有很多类似之处，也有各自的特色。

在这一小节中我们简单地介绍一下 SQL/PSM 的主要内容，在后面的两小节中将分别介绍 PL/SQL 和 Transact-SQL。

1. 存储过程和函数的定义和调用

SQL/PSM 中的存储过程和函数与 Pascal 语言中的过程和函数十分相似，但是语法比较复杂，下面给出一个简化版本。

```
CREATE PROCEDURE <name>([IN | OUT] <variable-name> <datatype>,…)
routine-body;
CREATE FUCTION <name>( variable-name datatype,…) RETURN datatype
routine-body;
```

在定义存储过程和函数时，首先要赋予一个在数据库范围内唯一的名字，然后给出参数。对于存储过程，要进一步指出每个参数是输入参数还是输出参数；对于函数，在函数体内要使用 RETURN <expression>语句返回一个值。过程体和函数体使用 SQL/PSM 提供的过程控制语句和 SQL 语句编写。

SQL/PSM 定义的函数可以出现在 SQL 语句中可以出现常数的地方。存储过程要使用 CALL 语句调用。在过程体或函数体内直接使用 CALL <name>(argument list)，在嵌入式 SQL 中要在

CALL 语句之前加上 EXEC SQL。例如，下面的过程完成一个学生的转系任务，学生的学号和要转到的系名称作为过程的输入参数。

```
CREATE PROCEDURE transform-dept(IN sno char(7), IN dept char(20))
    UPDATE student
    SET Sdept = dept
    WHERE Sno = sno;
```

2. 变量的声明和赋值

DECLARE 语句为一个变量指定变量名称和数据类型，并分配存储空间。变量的作用范围是存储过程，DECLARE 语句应该出现在其他可执行语句之前。

```
DECLARE <variable-name> <datatype>;
```

SET 语句为变量赋值，先计算出等号右边的表达式的值，然后把得到的值赋予变量，表达式的构成与其他程序设计语言相同。

```
SET <variable-name> = <expression>;
```

例如，声明一个变量 average，用于存放某门课程的平均成绩。

```
DECALARE average int;
SET average = 85;
SET average = (SELECT avg(grade) FROM SC WHERE Cno = '1156');
```

SQL/PSM 允许像嵌入式 SQL 那样在 SELECT 语句中使用 INTO 子句为变量赋值。例如：

```
SELECT avg(grade)
INTO average
FROM SC
WHERE Cno '1156';
```

3. 分支语句

SQL/PSM 的分支语句的功能与 C 语言这样的高级程序设计语言相同，但在语法上和逻辑条件的构成上略有不同。

```
IF <condition> THEN
    <statement-list>
ELSEIF <condition> THEN
    <statement-list>
ELSIF
…
ELSE
    <statement-list>
END IF
```

其中逻辑表达式 *conditon* 是 WHERE 子句允许出现的表达式。*statement-list* 是若干条语句，每条语句以分号（;）结尾。ELSEIF 和 ELSE 是可选项。

4. 循环语句

SQL/PSM 的循环语句多用于处理游标，有多种形式，最基本的语句形式为：

```
LOOP
    <statement list>
END LOOP;
```

一般在 LOOP 前加上一个语句标号，语句标号的形式是一个名字后面紧跟一个冒号（:），一般在循环体中要对循环条件进行测试，当条件满足时使用下面的语句结束循环，开始执行 END LOOP 后面的语句。

```
LEAVE <loop label>;
```

例 7　给出选修某门课程的成绩最好的学生的姓名和所在系，如果有多个这样的学生，则任意给出一个。

```
CREATE PROCEDURE course_list(
IN    vcno      char(4),
OUT   vsname    char(8),
OUT   vsdept    char(2)
)
DECLARE   max_grade     int;
DECLARE   vgrade        int;
DECLARE   vsno          char(7);
DECLARE cur_sc CURSOR FOR SELECT Sno, Grade FROM SC WHERE Cno = vcno;
BEGIN
    SELECT max(grade) INTO max_grade FROM SC WHERE Cno = vcno;
    OPEN cur_sc
    cur_loop: LOOP
            FETCH cur_sc INTO vsno, vgrade;
            IF vgrade = max_grade THEN
                    SELECT Sname, Sdept INTO vsname, vsdept
                    FROM Student WHERE Sno = vsno;
                    LEAVE cur_loop;
            END IF;
    END LOOP;
    CLOSE cur_sc;
END;
```

SQL/PSM 提供的其他循环语句有 WHILE、REPEAT 和 FOR，前两个的功能与 C 语言相同，FOR 语句只用于处理游标，FOR 语句每循环一次，游标就向后移动一次。

WHILE 语句的格式为：

```
WHILE <condition> DO
    <statement list>

END WHILE;
```

REPEAT 语句的格式为：

```
REPEAT
    <statement list>
UNTIL <condition>
END REPEAT
```

FOR 语句的格式为：

```
FOR <loop name> AS <cursor name> CURSOR FOR
        <query>
DO
    <statement list>
END FOR;
```

例 8　使用 FOR 语句改写上例。

```
CREATE PROCEDURE course_list(
IN      vcno      char(4),
OUT     vsname    char(8),
OUT     vsdept    char(20)
```

```
)
DECLARE    max_grade       int;
DECLARE vgrade             int;
DECLARE vsno               char(7);
BEGIN
     SELECT max(grade) INTO max_grade FROM SC WHERE Cno = vcno;
     FOR cur_loop AS cur_sc CURSOR FOR
              SELECT Sno, Grade FROM SC WHERE Cno = vcno
     DO
          IF vgrade = max_grade THEN
               SELECT Sname, Sdept INTO vsname, vsdept
               FROM Student WHERE Sno = vsno;
               LEAVE cur_loop;
          END IF;
     END FOR;
END;
```

5. 异常处理

DBMS 在执行 SQL 语句时，如果遇到错误，则将变量 SQLSTATE 的值设置为不等于'00000'
的长度为 5 的字符串。

SQL/PSM 提供了异常处理句柄（Exception Handler）功能，异常处理句柄被封装在一个由
BEGIN 和 END 界定的语句块中，当语句块中的某个语句发生了异常处理句柄所捕获的错误，则
执行异常处理句柄预先定义的代码。异常处理句柄的格式为：

```
DECLARE <next step> HANDLER FOR <condition list>
        <statement>
```

condition list 是用逗号分隔开的一组条件，条件可以用 DECLARE 语句定义，或直接用
SQLSTATE 所规定的代码。例如，当由于字符串超过了规定的长度被截取时，SQLSTATE 的值为
'22001'，将这种情况定义成为一个条件。

```
DECLARE Too_Long CONDITION FOR SQLSTATE '22001'
```

next step 约定执行完 *statement* 后需要做的工作，有 3 种情形：

① CONTINUE：继续执行引起错误的语句的下一条语句。

② EXIT：跳出异常处理句柄所在的语句块，继续执行 END 后面的语句。

③ UNDO：首先撤销引起错误的语句对数据库所作的所有修改，以后的操作同 EXIT。

例 9　查询学生王林所在的系，如果有多个学生叫王林或者没有叫王林的学生，则返回一串星号。

```
CREATE PROCEDURE course_list(OUT vsdept ar(20))
DECLARE Not_Found CONDITION FOR SQLSTATE '02000';
DECLARE Too_Many CONDITION FOR SQLSTATE '21000';
BEGIN
     DECLARE EXIT HANDLER FOR Not_Found, Too_Many
          SET vsdept = '*********************';
     SELECT Sdept INTO vsdept FROM Student WHERE Sname = '王林';
END;
```

在上面的存储过程中，首先声明了 Not_Found 和 Too_Many 两个条件，执行 SELECT 语句时，
如果 Student 表中没有叫王林的同学或者有多个名字为王林的同学，DBMS 就会把 SQLSTATE 设置
为'02000'和'21000'，这时异常处理句柄将获得控制，把 vsdept 的值设置为一串星号，然后退出所在
的语句块，即结束存储过程的执行。如果没有出现预定义的错误，由 SELECT 语句为 vsdept 赋值。

7.2.2 PL/SQL

PL/SQL 是 Oracle 的编程语言，具有支持内存变量、条件结构和循环结构、过程和函数以及执行 SQL 语句的能力。本节简单介绍 PL/SQL 的有关概念。

1. PL/SQL 的块结构

PL/SQL 程序的基本结构是块。所有的 PL/SQL 程序都是由块组成的，这些块之间还可以互相嵌套，每个块完成一个逻辑操作。基本块由定义部分、执行部分和异常处理部分组成。除了执行部分是必需的以外，其他的部分都是可选的。

例 10　向关系 Student 中插入 10 个学生,学生编号从 2000301 到 2000310。

```
DECLARE  sno NUMBER;          /*定义部分*/
BEGIN                         /*执行部分*/
    sno := 2000301;
    LOOP
        INSERT INTO Student(Sno) VALUES(to_char(:sno, '9999999') );
        sno := sno +1;
        EXIT WHEN sno > 2000310;
    END LOOP;
EXCEPTION                     /*异常处理*/
    WHEN others THEN          /*处理异常情况 others*/
        dbms_output.put_line('Error');
END;
```

上面的程序由一个基本块构成。

定义部分从关键字 DECLARE 开始，用来定义在执行部分和异常处理部分要用到的 PL/SQL 的变量、常量、游标、异常、函数和过程。所有的变量和常量定义必须出现在函数或过程的定义的前面。该部分定义的对象只能在该基本块中使用，当基本块执行结束时，定义的变量等就不再存在。在本例中只定义了一个变量 sno，其数据类型是 NUMBER。

执行部分从关键字 BEGIN 开始，以两种方式之一结束，如果有异常处理部分，则执行部分到 EXCEPTION 结束，否则到 END 结束。在执行部分中可以使用 SQL 语句和 PL/SQL 的控制语句，用于完成特定的任务。在本例中出现了赋值语句、循环语句和 SQL 的 INSERT 语句，完成向关系中插入 10 个学生的任务。

在执行部分的 PL/SQL 语句的执行过程中，有可能遇到不能继续执行的错误，这些错误情况称为异常。在出现异常时，应该采取某些措施来纠正错误或向用户报告错误。异常部分以 EXCEPTION 开始，以 END 结束，每个异常对应一个 WHEN 语句。本例中当出现 others 错误时，向屏幕上输出一个 Error 提示。

2. 变量和常量的定义

PL/SQL 中定义变量的语法形式是：

　　　　变量名　数据类型　[[NOT NULL]　:= 初值表达式]

变量名由字母、数字、下划线（_）、美元符号($)和英镑符号(#)组成，以字母开头，长度不超过 30 个字符。保留字不能做变量名。除此之外，PL/SQL 还提供了构造数据类型记录和表以及类型转换函数。

常量的定义类似于变量的定义：

> 常量名称 数据类型 CONSTANT := 常量表达式

对于常量，必须要给定一个值，并且其值在存在期间或常量的作用域内不能改变。如果试图修改它，PL/SQL 将返回一个异常。

PL/SQL 中赋值语句的形式为：

> 变量名　:=　表达式

3. 控制结构

PL/SQL 与其他的过程语言一样提供了流程控制语句，主要有条件控制语句和循环控制语句。

（1）条件控制语句

PL/SQL 中条件控制语句的形式为：

```
IF   条件              THEN
    语句序列1；
[ELSIF   条件2      THEN
    语句序列2；
...
[ELSE
    最后的语句序列；]
END IF;
```

语句序列 1 到最后的语句序列表示一组或多组 PL/SQL 语句。每组语句只在其对应的条件为真时执行，如果 IF 条件之一确定为真，则其余条件不再检查。

例 11　如果选修 1156 号课程的学生人数不超过 30 人，则可以加入选课的学生。

```
DECLARE
    p_total NUMBER;
BEGIN
    SELECT COUNT(*) INTO p_total FROM SC WHERE Cno = '1128';
    IF (p_total < 30) THEN
        INSERT INTO SC('2000012 , '1128',NULL);
    END IF;
END;
```

例 12　将百分制转换成等级制。

```
DECLARE
score NUMBER;
grade    CHAR(1);
BEGIN
.../*从关系 SC 中读出各学生的成绩*/
    IF (score >=90 AND score <=100) THEN
        grade := 'A';
    ELSIF (score >= 80) THEN
        grade := 'B';
    ELSIF (score >= 70) THEN
        grade := 'C';
    ELSIF (score >= 60) THEN
        grade := 'D';
    ELSE
```

```
        grade := 'E';
    END IF;
...
END;
```

（2）循环控制语句

PL/SQL 提供了 3 种不同的循环结构。每种循环结构都能够重复地执行一组 PL/SQL 语句，并可根据条件终止循环的执行。

形式 1：

```
LOOP
    语句序列;
END LOOP;
```

跳出循环语句：

EXIT 或 EXIT WHEN 条件

形式 2：

```
WHILE 条件 LOOP
    语句序列;
END LOOP;
```

形式 3：

```
FOR 循环变量 IN [REVERSE] 下限..上限 LOOP
    语句序列;
END LOOP;
```

例 13 求 1 到 10 的和。

使用 LOOP 语句实现：

```
DECLARE
    p_sum NUMBER :=0;                      /*p_sum 的初始值为 0*/
    p_inc NUMBER;
BEGIN
    p_inc := 1;
    LOOP
        p_sum := p_sum + p_inc;
        p_inc := p_inc + 1;
        EXIT WHEN (p_inc > 10);
    END LOOP;
    dbms_output.put_line(p_sum);    /*Oracle 包提供的输出函数*/
END;
```

使用 **WHILE** 语句实现：

```
DECLARE
    p_sum NUMBER :=0;
    p_inc NUMBER;
BEGIN
    p_inc := 1;
    WHILE (p_inc <= 10)
    LOOP
        p_sum := p_sum + p_inc;
        p_inc := p_inc + 1;
    END LOOP;
```

```
    dbms_output.put_line(p_sum);
END;
```

使用 FOR 语句实现：

```
DECLARE
    p_sum NUMBER :=0;
    p_inc NUMBER;
BEGIN
    FOR p_inc IN 1..10
    LOOP
        p_sum := p_sum + p_inc;
    END LOOP;
    dbms_output.put_line(p_sum);
END;
```

4. 异常处理

异常是一个在出现特定问题时被激活（或唤醒）了的错误状态。有许多不同的异常，每个异常都与一种不同类型的问题相联系。在出现异常时，程序在产生异常的语句处停下来，根据异常的种类去寻找该语句所在基本块的处理该异常的语句组，执行这些语句，完成异常处理。如果语句所在的基本块中无对应的异常处理部分，而该基本块又嵌套在另一个块中，则去外层基本块中的异常处理部分查找，如果最外层的程序块也没有包含处理该异常的部分，则程序停止执行。异常处理完毕后，控制返回引起异常的语句所在基本块的外层基本块。

（1）系统预定义的异常

PL/SQL 预先定义了一些常见的异常名称，如表 7-1 所示。

表 7-1　　　　　　　　　　　　　　系统定义的异常

异 常 名	说 明
CURSOR_ALREADY_OPEN	试图打开一个已经打开的游标
DUP_VAL_ON_INDEX	试图在限制为唯一索引的列中插入重复值
INVALID_CURSOR	试图取得或关闭一个尚未打开的游标
INVALID_NUMBER	将一个非数字型的字符串转换成数字型
LOGIN_DENIED	以一个无效的用户名/口令登录
NO_DATA_FOUND	SELECT 语句返回的结果是空
NOT_LOGGED_ON	没有登录到 Oracle 就发出了访问数据库的请求
PROGRAM_ERROR	PL/SQL 出现了内部问题
STORAGE_ERROR	PL/SQL 运行中出现了内存越界
TIMEOUT_ON_RESOURCE	系统等待一个可用资源超时
TOO_MANY_ROWS	SELECT INTO 语句返回多余一行的数据
TRANSACTION_BACKED_OUT	事务的远程部分被回滚
VALUE_ERROR	算术运算、类型转换中出现了错误
ZERO_DIVIDE	零做除数
OTHERS	所有其他的异常。当不能确定异常的名字而又想处理异常时，可以使用这个异常名

例 14 处理零做除数异常。

```
DECLARE
    num1        NUMBER := 6;
    num2        NUMBER := 0;
BEGIN
    num1 := num1 / num2;
EXCEPTION
    WHEN ZERO_DIVIDE THEN
        DECLARE                                /*嵌套块*/
            err_num NUMBER := SQLCODE;
            err_msg VARCHAR2(512):= SQLERRM;
        BEGIN
            dbms_output.put_line('ORA Error Number' || err_num);
            dbms_output.put_line('ORA Error Messager' || err_msg);

        END;
END;
```

当程序执行到语句 num1 := num1 / num2 时发生了零做除数异常，到异常处理部分去找处理零做除数的异常处理，在屏幕上输出错误码和错误提示。

（2）程序定义的异常

程序员可以定义一个异常名，然后在满足一定的条件下用 RAISE 语句触发异常处理。

例 15 在向关系 SC 中输入学生成绩时，成绩必须为正数。

```
DECLARE
    sno         CHAR(7);
    cno         CHAR(4);
    grade       SMALLINT;
    must_be_positive_grade   EXCEPTION;
BEGIN
    /*输入 sno,cno,grade*/
    IF grade >= 0 THEN
        INSERT INTO SC VALUES(sno,cno,grade);
     ELSE
            RAISE must_be_positive_grade;
     END IF;
EXCEPTION
WHEN must_be_positive_grade THEN
    dbms_output.put_line('Grade Must Be Positive' || grade);
END;
```

例 16 异常处理后控制不再返回异常语句所在的基本块。

```
DECLARE
    ratio   NUMBER(3,1);
    t1  NUMBER;
    t2  NUMBER;
BEGIN
    INSERT INTO Course('1234', '数据结构', '1136',4);
    SELECT COUNT(*) INTO t1 FROM Student;
    SELECT COUNT(*) INTO t2 FROM SC WHERE Cno = '1234';
      ratio := t1 / t2 *100;
        INSERT INTO Course('1235', '数据挖掘', 'NULL',4);
EXCEPTION
```

```
WHEN ZERO_DIVIDE THEN
...
END;
```

本例中先执行一条 INSERT 语句，增加一个课程数据结构，而后计算选择该课的学生占总学生的比例。如果没有一个学生选择该课，就出现了零做除数异常，触发了 ZERO_DIVIDE 异常处理，程序不会执行语句 INSERT INTO Course('1235', '数据挖掘', 'NULL',4)。如果想让程序继续执行该语句，则采用下面的写法：

```
DECLARE
    ratio   NUMBER(3,1);
    t1 NUMBER;
    t2 NUMBER;
BEGIN
  INSERT INTO Course('1234', '数据结构', '1136',4);
  SELECT COUNT(*) INTO t1 FROM Student;
  SELECT COUNT(*) INTO t2 FROM SC WHERE Cno = '1234';
  BEGIN                  /*嵌套的内层基本块*/
  ratio := t1 / t2 *100;
  EXCEPTION
  WHEN ZERO_DIVIDE THEN
  ...
  END;
  INSERT INTO Course('1235', '数据挖掘', 'NULL',4);
EXCEPTION
...
END;
```

内层的基本块触发了零做除数异常，处理完后控制转移到外层的基本块，执行语句 INSERT INTO Course('1235', '数据挖掘', 'NULL',4)。

5. 存储过程和函数

PL/SQL 块主要有两种类型，即命名块和匿名块。前面介绍的都是匿名块，匿名块每次使用时都要进行编译，它不能被存储到数据库中，也不能在其他的 PL/SQL 块中调用。过程和函数是命名块，被编译后保存在数据库中，可以被反复调用，它们的运行速度较快。

（1）存储过程

存储过程是利用 PL/SQL 编写的一组规定的操作。在调用一个存储过程时，它执行所包含的操作。此过程存储在数据库中，这就是将它称为存储过程的原因。

存储过程的语法形式为：

```
CREATE OR REPLACE PROCEDURE 过程名（参数1，参数2，…） {AS | IS}
    变量声明;
BEGIN
    语句组;
END;
```

例 17　计算某个员工的应发奖金。

```
CREATE OR REPLACE PROCEDURE calc_bonus(emp_id IN INTEGER) IS
    hire_date    DATE;          /*进入某单位工作的日期*/
    bonus        REAL;
BEGIN
```

```
            /*奖金为工资的10%*/
      SELECT sal * 0.10, hiredate INTO bonus,hire_date FROM emp WHERE empno = emp_id;
      IF (bonus IS NULL) THEN
            INSERT INTO emp_bonus(empno,bonus) VALUES(emp_id,NULL);
      ELSE
            IF MONTHS_BETWEEN(SYSDATE,hire_date) > 60 THEN   /*工作时间超过 5 年,
                bonus := bonus + 500;                                       奖金增加 500 元*/
            END IF;
            INSERT INTO emp_bonus(empno,bonus) VALUES(emp_id,bonus);
      END IF;
   END;
```

　　CREATE OR REPLACE 表示如果在数据库中已经保存了该过程，就替换原来的过程，否则建立一个过程，把它存储在数据库。**SYSDATE** 是一个系统函数，返回系统的当前时间。**MONTHS_BETWEEN** 返回两个日期型变量之间相差的月数。

　　（2）函数

　　函数类似于存储过程。其语法是：

```
CREATE OR REPLACE FUNCTION 函数名（参数 1，参数 2，…）RETURN DataType {AS | IS}
        变量声明；
     BEGIN
        语句组；
     END；
```

　　例 18　计算某个员工的应发奖金。

```
CREATE OR REPLACE FUNCTION calc_bonus_func(emp_id INTEGER) RETURN REAL IS
     hire_date       DATE;
     bonus           REAL;
BEGIN
     SELECT sal * 0.10, hiredate INTO bonus,hire_date FROM emp WHERE empno = emp_id;
     IF (bonus IS NULL) THEN
         RETURN ( -1 );
     ELSE
         IF MONTHS_BETWEEN(SYSDATE,hire_date) > 60 THEN
              bonus := bonus + 500;
         END IF;
         RETURN ( bonus );
     END IF;
END;
```

　　函数必须返回一个值，一个函数体中必须有 RETURN 语句，由 RETURN 语句返回一个值。

　　（3）存储过程和函数的区别

　　● 过程和函数都是经过编译以后保存在数据库中的。

　　● 通过将参数的模式设置为 OUT，过程也可以返回值，函数也可以返回多于一个值（但不提倡）。参数的模式有 IN、OUT 和 IN OUT 几种，默认的参数模式是 IN。IN 表示参数是向过程（函数）传送值的，该参数的值在过程（函数）体中不能被改变；OUT 表示该参数的值是由过程（函数）返回的；IN OUT 具有 IN 和 OUT 的双重意义。

　　● 过程和函数都可以有声明部分、执行部分和异常处理部分。

　　● 在使用过程和函数时，过程要作为一个语句，而函数必须出现在 SQL 语句中（所有可以出现数值的地方）。

- 过程中可以包含 INSERT、UPDATE 和 DELETE 语句，而函数中不能出现这些语句。

例 19 计算 empno 从 1 到 10 的员工的奖金，并把计算结果存放到关系 emp_bonus 中。

利用存储过程来实现：

```
DECLARE
    p_empno    NUMBER;
BEGIN
    FOR p_empno IN 1..10
    LOOP
        calc_bonus(p_empno);       /*存储过程作为一个语句*/
    END LOOP;
END;
```

利用函数来实现：

```
DECLARE
    p_empno    NUMBER;
    p_bonus    REAL;
BEGIN
    FOR p_empno IN 1..10
    LOOP
        SELECT calc_bonus_func(p_empno) INTO p_bonus FROM DUAL;
        INSERT INTO emp_bonus(p_empno,p_bonus);
    END LOOP;
END;
```

因为函数不能像过程那样作为一个语句来使用，所以使用了语句 SELECT calc_bonus_func(p_empno) INTO p_bonus FROM DUAL，其中 DUAL 是 ORACLE 提供的一个虚拟关系。也可以写成赋值语句 p_bonus := calc_bonus_func(p_empno)。

（4）删除过程和函数

当一个存储过程或函数不再需要时，可以使用 DROP 语句将它们删除。

例 20 删除 calc_bonus 和 calc_bonus_func。

```
DROP PROCEDURE calc_bonus;
DROP FUNCTION  calc_bonus_func;
```

6. 游标

如果 SELECT 语句只返回一行，则可以将该结果存放到变量中，例如，语句 SELECT COUNT(*) INTO p_total FROM Student 可以正确执行，而语句 SELECT sno INTO p_sno FROM Student WHERE Sname = '王林'就可能出现错误，触发 TOO_MANY_ROWS 异常，因为可能有多个人叫王林。要处理这种情况就必须使用游标，游标的概念已经在 7.1.4 节中介绍过了。PL/SQL 提供了定义游标、打开游标、取数据和关闭游标语句，我们通过一个例子来介绍各个语句。

例 21 统计离散数学各分数段的分布情况。

```
DECLARE
    CURSOR    dist                              /*声明游标*/
        SELECT grade FROM SC WHERE cno = (SELECT Cno FROM Course WHERE Cname = '离散数学';
    p_100      NUMBER := 0;
    p_90       NUMBER := 0;
    p_80       NUMBER := 0;
    p_70       NUMBER := 0;
```

```
      p_60          NUMBER := 0;
      p_others  NUMBER := 0;
      p_grade       NUMBER;
BEGIN
    OPEN dist;                          /*打开游标*/
    LOOP
        FETCH dist INTO p_grade;        /*使用游标*/
        EXIT WHEN (dist%NOTFOUND);
        IF (p_grade = 100) THEN
            p_100 := p_100 + 1;
        ELSIF (p_grade >= 90) THEN
            p_90 := p_90 + 1;
        ELSIF (p_grade >= 80) THEN
            p_80 := p_80 + 1;
        ELSIF (p_grade >= 70) THEN
            p_70 := p_70 + 1;
        ELSIF (p_grade >= 60) THEN
            p_60 := p_60 + 1;
        ELSE
            p_others := p_others + 1;
        END IF;
    END LOOP;
    CLOSE dist;                         /*关闭游标*/
    dbms_output.put_line('100 = ' || p_100);
    ...
END;
```

　　首先定义了一个游标 dist，它找出所有选修离散数学课的学生的成绩。在执行部分，先用 OPEN 语句打开了游标 dist，然后用一个循环语句取出所有的成绩，执行 FETCH 语句以后，PL/SQL 返回了是否取到了数据的标识 NOTFOUND，如果该变量的值为真，则表示该游标中的没有数据了。最后关闭了游标。

　　PL/SQL 还支持带参数的游标。例如，可以将例 21 修改成统计任意一门课的成绩分布程序，程序的主要部分如下：

```
DECLARE  CURSOR    dist(pname) AS
      SELECT grade FROM SC
WHERE cno = (SELECT Cno FROM Course WHERE Cname = pname;
...
p_coursename VARCHAR@(30);
BEGIN
    /*由用户输入课程名称*/
    ...
    OPEN dist(p_coursename);
    LOOP
        FETCH dist INTO p_grade;
        EXIT WHEN (dist%NOTFOUND);
        ...
    END LOOP;
    CLOSE dist;
    dbms_output.put_line('100 = ' || p_100);
    ...
END;
```

7.2.3　Transact–SQL

Transact-SQL 是 Microsoft 的一种编程语言，具有所有语言所具有的要素，如数据类型、常量和变量、函数、表达式和流程控制语句。它不仅提供对 SQL 标准的支持，而且包含了 Microsoft 对 SQL 的一系列扩展。

1. 常量

常量是在程序运行中值不发生变化的量，常量的格式取决于它所表示的数据类型。根据常见的数据类型，常量分为字符串常量、整型常量、实型常量、货币常量和日期时间常量。下面举例说明各类常量的使用方法。

（1）字符串常量

字符串常量分为 ASCII 字符串常量和 Unicode 字符串常量。ASCII 字符串常量是用单引号括起来的由 ASCII 字符构成的字符串；Unicode 字符串常量前面有一个 N，代表国际语言。每个 ASCII 字符由一个字节存储，每个 Unicode 字符需要两个字节的存储空间。

ASCII 字符串常量示例：

```
'Have a nice day!'    '马翔'        '2563'
```

如果单引号是字符串的一部分，则需要用两个单引号表示，例如：

```
'Jone''s home'
```

Unicode 字符串常量示例：

```
N'Have a nice day!'  N'马翔'
```

（2）整型常量

整型常量由数字 0～9 以及正负号组成的有意义的串。例如：

```
123 -9811 +89
```

（3）实型常量

实型常量有定点和浮点两种表示形式。

● 定点实型常量是由数字 0～9、小数点和正负号组成有意义的串。例如：

```
1.0 3467.584
```

● 浮点实型常量是由数字 0～9、小数点、正负号和字母 E 组成有意义的串。例如：

```
0.68E+3 1E10 -23E2
```

（4）货币常量

货币常量是以 $ 符号为前缀的整型或实型常量，用来表示货币值，精度为 4 位小数。例如：

```
$100 -$52 $16.37
```

（5）日期时间常量

日期常量是用单引号括起来的由有效的日期和时间组成的字符串。

常见的日期格式：

```
'September 1,2007' '2007 年 9 月 1 号' '2007-09-01' '09/01/2007' '20070901'
```

常见的时间格式：

```
'14:12:00' '02:12PM'
```

2. 变量

变量就是在程序运行中值会发生变化的量。变量可用于存放输入的值以及保存计算结果等。

SQL Server 有两类变量：全局变量和局部变量。

（1）全局变量

全局变量是 SQL Server 管理的变量，用户不能建立全局变量，可以查看全局变量的值，但不能改变全局变量的值。

全局变量分为两类，一类反映 SQL Server 系统的全局变量，另一类反映与一个连接有关的全局变量。

全局变量的特征是变量名前两个符号必须是"@@"。SQL Server 提供了大约 30 多个全局变量。例如：

● @@ROWCOUNT 变量：返回受上一语句影响的行数。

● @@FETCH_STATUS 变量：返回被 FETCH 语句执行的最后游标的状态，0 表示执行成功，−1 表示在执行过程中出现了错误，−2 表示被读取的元组不存在。

● @@ERROR 变量：返回最后执行的 Transact-SQL 语句的错误代码，代码 0 表示语句执行成功。由于 @@ERROR 在每一条语句执行后被清除并且重置，应在语句执行后立即检查它，或将其保存到一个局部变量中以备事后查看。

（2）局部变量

局部变量是在一定范围内有意义的变量，由用户建立和使用。局部变量的作用范围一般为批处理、存储过程、触发器。

● 局部变量的命名要求第一个字符必须是"@"，由字母、数字、下划线等字符组成，不能与 SQL Server 的保留字、全局变量、存储过程、表等其他数据库对象重名。

● 局部变量要用 DECLARE 语句声明：

```
DECLARE  @variable    dataType
```

例如，声明一个字符型变量，名字为 studentName。

```
DECLARE  @studentName    varchar(12)
```

● 可以用 SET 或 SELECT 语句给局部变量赋值。例如：

```
SET @studentName = '马翔'
SELECT @studentName = '马翔'
```

● 局部变量可以出现在 SQL 语句中。例如：

```
SELECT *
FROM Student
WHERE Sname = @studentName
```

3. 运算符

运算符用于完成运算功能。SQL Server 提供了丰富的运算符，绝大部分的含义与一般的编程语言相同，这里只是将它们罗列出来，以便于对照学习。

（1）算术运算符

算术运算符用于对两个数字型的量进行数学运算。算术运算符有：+（加）、−（减）、*（乘）、/（除）、%（取余）。其中，"+"和"−"还可以作为一元运算符，也可以对 datatime 和 smalldatatime 类型的数据进行运算。

（2）比较运算符

比较运算符用于比较两个表达式的值之间的关系，结果为布尔值，分为 TRUE（真）、FALSE

（假）、UNKNOWN（未知）。

比较运算符有：=（等于）、<（小于）、<=（小于等于）、>（大于）、>=（大于等于）、<>（不等于，另外一个写法是!=）、!>（不大于）、!<（不小于）。

（3）逻辑运算符

逻辑运算符用于对表达式进行测试，返回布尔值。

逻辑运算符运算符有：AND、OR、NOT，这些运算符的含义与前面介绍的 SQL 逻辑运算符相同。

（4）连接运算符

字符串连接运算符用于将几个字符串串联起来。字符串连接运算符为"+"。例如：

```
SET @studentName = '马' + '翔'
```

（5）位运算符

位运算符可以对两个表达式进行位操作，这两个表达式可以是十进制、二进制整型数据，如果是十进制整型数，则自动转换成二进制数后再进行按位运算。位运算符包括：&（与运算）、|（或运算）、^（异或运算）、～（按位求反）。

（6）运算符优先级

* 括号：（)；
* +（正）、－（负）和～（位反）；
* 乘、除、求模运算符：*、/、%；
* 加减运算符：+、－；
* 比较运算符：=、>、<、>=、<=、 <>、!=、!>、!<；
* 位运算符：^、&、|；
* 逻辑运算符：NOT、AND、OR。

4．函数

在 Transact-SQL 语言中，函数被用来执行一些特殊的运算以支持 SQL Server 的标准命令。SQL Server 支持两种函数类型：内置函数和用户定义函数。其内置函数十分丰富，具体请参考其他书籍。

5．流程控制语句

Transact-SQL 提供的流程控制语句如表 7-2 所示。

表 7-2　　　　　　　　　　　　　流程控制语句及功能

语　　句	功　　能
BEGIN…END	定义语句块
IF	条件选择语句，条件成立执行 IF 后面的语句（第一个分支），否则执行 ELSE 后面的语句
CASE	分支处理语句，表达式可根据条件返回不同的值
WHILE	循环语句，重复执行命令行或程序块
WAITFOR	设置语句执行的延迟时间
BREAK	循环跳出语句
CONTINUE	重新启动循环语句。跳过 CONTINUE 后的语句，返回到 WHILE 循环的第一行命令
GOTO	无条件转移语句
RETURN	无条件返回语句

（1）语句块

BEGIN…END 语句能够将多个 Transact-SQL 语句组合成一个语句块，将其视为一个单元处理。在条件语句和循环等控制流程语句中，当符合特定条件便要执行两个或者多个语句时，就需要使用 BEGIN…END 语句。

格式：BEGIN

  语句 1
  语句 2
  …
  语句 n
  END

功能：将多条语句封装成一个语句。

过程：逐个执行 BEGIN…END 中的各个语句。

（2）IF 语句

IF 语句是条件判断语句，用来判断当某一条件成立时执行某段程序，条件不成立时执行另一段程序（允许嵌套）。

格式： IF <条件表达式>

    <命令行或语句块>
   [ELSE [条件表达式]
    <命令行或语句块>]

其中：<条件表达式>可以是各种表达式的组合，但表达式的值必须是逻辑值"真"或"假"。ELSE 子句是可选的，最简单的 IF 语句没有 ELSE 子句部分。

功能：实现分支程序设计。

过程：如果条件表达式的值为真，则执行 IF 子句后面的命令行或语句块，否则，执行 ELSE 子句。

例 22　从 SC 数据表中求出学号为 2000012 的学生的平均成绩，如果此平均成绩大于或等于 60 分，则输出 pass 信息。

```
if ((SELECT AVG(Grade) FROM SC WHERE Sno='2000012')>=60)
begin
    print 'pass'
end
```

条件表达式用 SELECT 语句求出学号为 2000012 的学生的平均分，然后与 60 进行比较。条件为真（即平均成绩大于 60 分），则用 print 语句输出 pass 标志。

例 23　判断数值大小，打印运算结果。

```
declare @q int,@r int,@s int
select @q = 4,@r = 5,@s = 6  --为 3 个变量赋值
if @q > @r
    print 'q>r'
else if @r > @s
    print 'r>s'
else
    print 's>r'
```

运算结果为 s＞r。

（3）CASE 语句

CASE 语句可以计算多个条件式，并返回其中一个符合条件的表达式的结果。按照使用形式的不同，可以分为简单 CASE 语句和搜索 CASE 语句。

① 简单 CASE 语句

格式：

```
CASE <表达式>
    WHEN <表达式> THEN <表达式>
    …
    WHEN <表达式> THEN <表达式>
    ELSE <表达式>]
END
```

功能：实现多重分支程序设计。

过程：将 CASE 后面表达式的值与各 WHEN 子句中的表达式的值进行比较，如果二者相等，则返回 THEN 后面的表达式的值，然后跳出 CASE 语句。如果和所有的 WHEN 子句中的表达式的值都不匹配，则返回 ELSE 子句中表达式的值。

- ELSE 子句是可选项。当 CASE 语句中不包含 ELSE 子句时，如果所有比较都失败，CASE 语句将返回 NULL。
- 执行 CASE 子句时只运行第一个匹配的子句，CASE 语句可以嵌套到 SQL 命令中。

② 搜索 CASE 语句

格式：

```
CASE
    WHEN <条件表达式> THEN <运算式>
    …
    WHEN <条件表达式> THEN <运算式>
    [ELSE <运算式>]
END
```

功能：实现多重分支程序设计。

过程：首先测试 WHEN 后面的表达式的值，如果其值为真，则返回 THEN 后面的表达式的值，否则测试下一个 WHEN 子句中的表达式的值；如果所有 WHEN 子句后的表达式的值都为假，则返回 ELSE 后面的表达式的值。

- 如果在 CASE 语句中没有 ELSE 子句，则 CASE 表达式返回 NULL。
- CASE 命令可以嵌套到 SQL 命令中。

例 24　输出选修 1156 号课程的学生的成绩（分为优、良、中、及格、不及格 5 个等级）。

```
SELECT Sno, 成绩=
CASE
    WHEN Grade<60  then '不及格'
    WHEN Grade>=60  and Grade<70  then '及格'
    WHEN Grade>=70  and Grade<80  then '中'
    WHEN Grade>=80  and Grade<90  then '良'
    WHEN Grade>=90  then '优'
    END
FROM SC
WHERE Cno='1156'
```

题目实际上是要求实现把百分制转换成等级制，搜索 CASE 语句适合完成该任务。SELECT 子句中的成绩列是一个计算列，它的值是 CASE 语句的返回值。SELECT 语句的执行过程是：首先筛选出课程编号为 1156 的选课记录，然后对每一条记录，取出 Sno 列，根据 Grade 列的值形成成绩列。

（4）WHILE 语句

WHILE 语句通过布尔表达式设置重复执行 SQL 语句或语句块的循环条件。WHILE 命令在设定的条件成立时会重复执行 SQL 语句或程序块。可以使用 BREAK 和 CONTINUE 语句在循环内部控制 WHILE 循环中语句的执行。

格式：　　WHILE <布尔表达式>

```
        BEGIN
            <SQL 语句或程序块>
            [BREAK]
            [CONTINUE]
        END
```

功能：实现循环程序设计。

过程：首先判断条件表达式，如果条件成功，则执行语句块中的语句，期间如果遇到了 BREAK 语句，则 WHILE 语句执行完毕，如果遇到 CONTINUE 语句或者执行完了语句块中的所有语句，则继续重复上述过程。

例25　计算从 1 加到 100 的值。

```
declare @s int,@i int
set @i=0
set @s=0
while @i<=100
begin
    set @s=@s+@i
    set @i=@i+1
end
print ' 1+2+…+100= ' + cast(@s as char(25))
```

（5）RETURN 语句

RETURN 语句用于在任何时候从过程、批处理或语句块中结束当前程序、无条件退出，而不执行位于 RETURN 之后的语句，返回到上一个调用它的程序。

格式：　　RETURN[整数值]

功能：RETURN 命令用于结束当前程序的执行，返回到上一个调用它的程序或其他程序。

如果没有指定返回值，SQL Server 系统会根据程序执行的结果返回一个内定值；如果运行过程产生了多个错误，SQL Server 系统将返回绝对值最大的数值；如果此时用户定义了返回值，则返回用户定义的值。RETURN 语句不能返回 NULL 值。

（6）WAITFOR 语句

WAITFOR 语句用于暂时停止执行 SQL 语句、语句块或者存储过程等，直到所设定的时间已过或者所设定的时间已到才继续执行。

格式：　　WAITFOR {DELAY <'时间'> | TIME <'时间'>

| ERROREXIT | PROCESSEXIT | MIRROREXIT}

其中：'时间'必须为 DATETIME 类型的数据，格式为'hh:mm:ss'，但不能包括日期。各关键字

的含义如下：

① DELAY：用来设定等待的时间，最多可达 24h；

② TIME：用来设定等待结束的时间点；

③ ERROREXIT：直到处理非正常中断；

④ PROCESSEXIT：直到处理正常或非正常中断；

⑤ MIRROREXI： 直到镜像设备失败。

功能：实现任务的调度。

例 26 等待 1 小时 2 分零 3 秒后才执行 SELECT 语句。

```
waitfor delay '01:02:03'
SELECT * FROM SC
```

等到 11 点 12 分才执行 SELECT 语句。

```
waitfor time '11:12:00'
SELECT * FROM  SC
```

（7）批处理

一个批处理是一组语句，以 GO 作为结束标志。SQL Server 将批处理作为一个工作单位，批处理中的所有语句作为一个整体进行词法分析、语法分析，进行编译和执行。在分析阶段，若某一条语句有错误，则不会执行批处理中的任何语句。在执行批处理时，某条语句在执行中出错，不会影响到其他语句的执行。SQL Server 规定有些语句必须是批处理中的唯一一条语句或者是第一条语句，例如，一条 DDL 语句必须作为一个批处理。

例 27 下面的批处理由两条语句组成。

```
SELECT *
FROM Student

INSERT student(Sno,Sname)
VALUES('2000002','王亮')
go
```

例 28 局部变量的作用范围是批处理。为变量@studentName 赋值，然后在 SELECT 语句中引用，要求赋值和引用在一个批处理中。

```
DECLARE  @studentName    varchar(12) --声明变量
SET @studentName = '马' + '翔'  --为变量赋值
SELECT *
FROM Student
WHERE Sname = @studentName  --引用变量
GO
```

以下的写法是错误的：

```
DECLARE  @studentName    varchar(12) --声明变量
SET @studentName = '马' + '翔'  --为变量赋值
GO  --第1个批处理
SELECT *
FROM Student
WHERE Sname = @studentName  --引用变量，但是在第 2 个批处理中没有声明它
GO --第 2 个批处理
```

6. 存储过程

创建存储过程前的注意事项：

- 不能将 CREATE PROCEDURE 语句与其他 SQL 语句组合到单个批处理中。
- 创建存储过程的权限默认属于数据库所有者，该所有者可将此权限授予其他用户。
- 存储过程是数据库对象，其名称必须遵守标识符规则。
- 只能在当前数据库中创建存储过程。
- 一个存储过程的最大尺寸为 128MB。

在 SQL Server 中，可以使用 3 种方法创建存储过程：

- 利用 SQL Server 企业管理器创建存储过程。
- 使用创建存储过程向导创建存储过程。
- 使用 CREATE PROCEDURE 命令创建存储过程。

格式：CREATE PROCEDURE   procedure_name

```
[ { @parameter data_type } [ = default ] OUTPUT ] ] [ ,...n ]
[ WITH    { RECOMPILE | ENCRYPTION |
        RECOMPILE , ENCRYPTION } ]
AS
sql_statement [ ...n ]
```

- procedure_name：存储过程的名字。

- @parameter data_type [= default] [OUTPUT]：参数的名字、数据类型、默认值。如果是输出参数（将值从存储过程反馈到调用者），需要紧跟 OUTPUT 关键字。

- WITH {RECOMPILE | ENCRYPTION | RECOMPILE , ENCRYPTION }：WITH RECOMPILE 代表在执行存储过程时要重新编译；WITH ENCRYPTION 表示把创建存储过程的语句以加密的形式存放在数据库中；WITH RECOMPILE , ENCRYPTION 的含义是以加密的形式存放语句，在执行时重新编译。

- sql_statement [...n]：一组 Transact-SQL 语句。

功能：建立一个存储过程，供以后调用。

过程：首先对 CREATE PROCEDURE 语句进行语法分析，分析通过后，则将 CREATE PROCEDURE 语句的源代码存放到系统表 syscomments 中，将过程名作为一个数据库对象保存在系统表 sysobjects 中；然后对源代码进行优化和编译，将可执行代码放置在过程高速缓存中，在需要的时候可以立刻使用它，如图 7-5 所示。

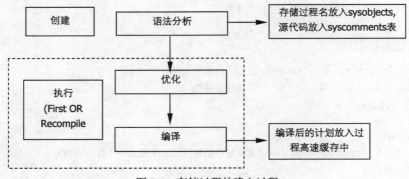

图 7-5 存储过程的建立过程

例 29　建立一个可以给 Student 表中所有学生年龄增加 1 岁的过程 addAllSage。

```
USE S_C_SC
GO
--通过查看系统表，决定是否已经有该过程，如果有则先删除它
IF EXISTS(SELECT* FROM sysobjects WHERE name = 'addAllSage' AND type = 'P')
   DROP PROCEDURE addAllSage  --存在该过程，先删除
GO
CREATE PROCEDURE addAllSage
AS
BEGIN
   DECLARE @errortext nvarchar(255)  --调试信息
   UPDATE Student
   SET Sage = Sage + 1
   IF @@ERROR ! = 0 --有错误发生
   SELECT @errortext=description FROM sysmessages WHERE error = @@ERROR
   PRINT @errortext --打印错误说明
END
GO
```

例 30　建立一个可以给某个学院全体学生年龄增加 1 岁的过程 addDeptSage。

```
USE S_C_SC
GO
--通过查看系统表，决定是否已经有该过程，如果有则先删除它
IF EXISTS(SELECT* FROM sysobjects WHERE name = 'addDeptSage' AND type = 'P')
   DROP PROCEDURE addDeptSage
GO
CREATE PROCEDURE addDeptSage
@Sdept   varchar(30)  --输入参数，用于选择学院
AS
BEGIN
   UPDATE Student
   SET Sage = Sage + 1
   WHERE Sdept = @Sdept
END
GO
```

例 31　建立一个可以给某个学院全体学生年龄增加 1 岁并且报告更改人数的过程 addDeptSageCount。

```
USE S_C_SC
GO
--通过查看系统表，决定是否已经有该过程，如果有则先删除它
IF EXISTS(SELECT* FROM sysobjects WHERE name = 'addDeptSageCount' AND type = 'P')
   DROP PROCEDURE addDeptSageCount
GO
CREATE PROCEDURE addDeptSageCount
@Sdept varchar(30),
@rows int OUTPUT --输出参数（年龄被修改的学生人数）
AS
BEGIN
   UPDATE Student
   SET Sage = Sage + 1
   WHERE Sdept = @Sdept
```

```
       SET @rows = @@ROWCOUNT --全局变量的值记录了被修改的元组的个数
    END
    GO
```

例 32　建立一个可以给某个学院全体学生年龄增加 1 岁并且报告更改人数的过程 addDept SageCount，同时返回存储过程的执行状态。

```
    USE S_C_SC
    GO
    --通过查看系统表，决定是否已经有该过程，如果有则先删除它
    IF EXISTS(SELECT* FROM sysobjects WHERE name = 'addDeptSageCount' AND type = 'P')
       DROP PROCEDURE addDeptSageCount
    GO
    CREATE PROCEDURE addDeptSageCount
    @Sdept varchar(30),
    @rows int OUTPUT  --输出参数（年龄被修改的学生人数）
    AS
    BEGIN
       UPDATE Student
       SET Sage = Sage + 1
       WHERE Sdept = @Sdept
       SET @rows = @@ROWCOUNT
       RETURN @@ERROR --返回语句的执行状态
    END
    GO
```

在 SQL Server 中，使用 EXECUTE 语句执行存储过程。

格式：

```
        [[EXEC[UTE]]{[@返回状态变量=]{过程名[：分组号]|@过程名变量}
        [[@参数名=]{参数值|@参数变量[OUTPUT]|[DEFAULT]}
        [,...n]
        [ WITH RECOMPILE ]
```

● @返回状态变量=：如果定义存储过程时有 RETURN 语句，需要用一个状态返回变量获取返回码。

● @参数名={参数值|@参数变量[OUTPUT]|[DEFAULT]}：给输入变量赋值，定义输出变量，接收返回值。

从上面的格式中，可以发现有两种常用的调用方法。

方法 1：

```
    procedure_name  --必须是批处理中的第 1 条语句
    GO
```

方法 2：

```
    …
    EXECUTE procedure_name  --不是批处理中的第 1 条语句，必须加 EXECUTE
    GO
```

例 33　执行过程 addAllSage。

```
    SET IMPLICIT_TRANSACTIONS ON  --采用隐式事务方式
    addAllSage  --采用方法 1
    GO
    COMMIT
```

例 34　执行过程 addDeptSage。

```
USE S_C_SC
GO
SELECT * FROM Student
DECLARE @Sdept varchar(30)  --声明变量
SET @Sdept = '计算机'  --给变量赋值
EXECUTE addDeptSage @Sdept  --将@Sdept 作为输入参数
SELECT * FROM Student --查看修改后的结果
GO
```

例 35　执行过程 addDeptSageCount。

```
USE S_C_SC
GO
DECLARE @Sdept varchar(30), --声明变量
        @rows int
SET @Sdept = '计算机'  --给变量赋值
EXECUTE addDeptSageCount @Sdept, @rows OUTPUT  --@rows 作为输出变量
PRINT @rows  --输出返回的值, 即年龄被修改的学生的人数
GO
```

例 36　执行上例中过程的 addDeptSageCount，并获取存储过程的执行状态。

```
USE S_C_SC
GO
DECLARE @Sdept varchar(30), --声明变量
@rows int,
@code int
SET @Sdept = '计算机'  --给变量赋值
EXECUTE @code = addDeptSageCount @Sdept, @rows OUTPUT
--@rows 作为输出变量
PRINT @rows  --输出返回的值
PRINT @code --存储过程的执行状态
GO
```

7.3　ODBC 简介

开放数据库互连(ODBC)接口是微软公司开发的服务结构(WOSA)中有关数据库的一个组成部分，用于访问数据库的标准调用接口。使用 ODBC 接口的应用程序可以访问多种不同的数据库管理系统，同时应用程序对数据库的操作不依赖于任何数据库管理系统，实现应用程序对不同 DBMS 资源的共享。

7.3.1　ODBC 原理概述

ODBC 提供了一套数据库应用程序接口规范。这套规范包括为应用程序提供的一套调用层接口函数（call-level interface，CLI）和基于动态连接库的运行支持环境。使用 ODBC 开发数据库应用程序时，应用程序调用的是 ODBC 函数和 SQL 标准语句。由于微软公司的地位，ODBC 已经成为数据库之间互连的事实标准。

ODBC 由 ODBC API 标准接口和一组驱动程序组成，如图 7-6 所示。ODBC 通过使用驱动程

序(driver)来提供数据库独立性，进行数据库操作的数据源对应用程序是透明的，所有的数据库操作由对应的 DBMS 的 ODBC Driver 完成。一种 RDBMS 平台提供一种 RDBMS 驱动程序。不同的驱动程序一般由不同的 RDBMS 厂商开发和提供。例如 Oracle 公司提供 Oracle 驱动程序。Sybase 公司提供 Sybase 驱动程序。

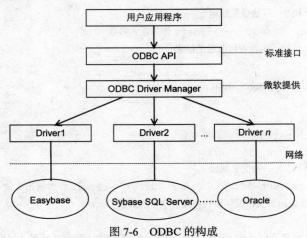

图 7-6   ODBC 的构成

驱动程序是一个用以支持 ODBC 函数调用的模块(通常是一个 DLL)。应用程序通过调用驱动程序所支持的函数来操作数据库。若想使应用程序操作不同类型的数据库，就要动态地链接到不同的驱动程序上。

ODBC 的另一个组件是驱动程序管理器(driver manager)。驱动程序管理器由微软公司提供。驱动程序管理器包含在 ODBC.DLL(或在 32 位版本的 ODBC 的 ODBC32.DLL 中)，可链接到所有的 ODBC 应用程序中。它负责管理应用程序中 ODBC 函数与 DLL 中函数的绑定。

作为一个应用程序开发人员，要了解如何使用 ODBC 提供的调用接口和运行支持环境来编写、调试和运行应用程序；作为一个系统管理人员，要了解如何安装 ODBC 驱动程序管理器和不同 RDBMS 的驱动程序；作为 RDBMS 厂商，则要了解如何开发自己的 ODBC 驱动程序，使自己的产品更加开放。

所有这些都需要了解 ODBC 的基本原理、结构、各个部分的关键技术和使用方法。下面分别介绍 ODBC 的各个组成部分。

1. 应用程序

应用层的应用程序提供用户界面、应用逻辑和事务逻辑。使用 ODBC 开发数据库应用程序时，应用程序调用的是标准的 ODBC 函数和 SQL 语句。应用层使用 ODBC 调用接口与数据库进行交互。使用 ODBC 的接口规范来编写应用程序时，应用程序应该包括的内容有：

- 请求连接数据库；
- 向数据源发送 SQL 语句；
- 为 SQL 语句执行结果分配存储空间，定义所读取的数据格式；
- 获取数据库操作结果或处理错误；
- 进行数据处理并向用户提交处理结果；
- 请求事务的提交和回滚操作；
- 断开与数据源的连接。

下面将使用 ODBC 来开发应用系统的应用程序简称为 ODBC 应用程序。

2. 驱动程序管理器

驱动程序管理器是微软公司 ODBC 的一部分。顾名思义，驱动程序管理器是用来管理系统中存在的各种驱动程序的。驱动程序管理器的主要功能包括装载 ODBC 驱动程序、选择和连接正确的驱动程序、管理数据源、检查 ODBC 调用参数的合法性和记录 ODBC 函数的调用等，以及当应用层需要时提供驱动程序信息。

一个应用程序可以连接到多个数据库，驱动程序管理器要确保应用程序正确地调用某个 RDBMS，并保证把取自不同数据库的数据正确地传送到应用程序的正确位置。

ODBC 驱动程序管理器可以建立、配置或删除数据源，并查看系统当前所安装的数据库 ODBC 驱动程序。

3. 数据库驱动程序

ODBC 通过驱动程序提供应用系统与数据库平台的独立性。驱动程序与具体的 DBMS 有关。例如，若要对 Oracle 数据库进行操作就要用 Oracle 的驱动程序，若要对 Sybase 数据库进行操作就要用 Sybase 的驱动程序。

驱动程序是一个支持 ODBC 函数调用的模块，通常是一个动态连接库 DLL。

ODBC 应用程序不能直接存取数据库，其各种操作请求由驱动程序管理器提交给某个 RDBMS 的 ODBC 驱动程序，通过调用驱动程序所支持的函数来存取数据库，数据库的操作结果也通过驱动程序返回给应用程序。如果应用程序要操纵不同的数据库，就要动态地链接到不同的驱动程序上。

驱动程序的功能包括以下几个方面：
- 建立与相应 RDBMS 的连接；
- 向连接的 RDBMS 提交用户的 SQL 语句；
- 根据应用程序的要求，将发送给该 RDBMS 的请求以及从 RDBMS 返回的数据进行数据格式和类型转换；
- 向应用程序返回处理结果；
- 将执行过程中 RDBMS 返回的错误代码转换为 ODBC 定义的标准错误代码，并返回给应用程序；
- 根据需要说明和使用游标。

我们要指出的是，ODBC 的主要部分是驱动程序。某一个 RDBMS 的驱动程序了解它所对应的 RDBMS 并与该数据库进行通信。并不要求驱动程序支持 ODBC 规范中的所有功能。ODBC 为驱动程序定义了 API 和 SQL 语法的不同级别。ODBC 对驱动程序的唯一要求是，当驱动程序符合某一级别时，它应该支持在该级别上 ODBC 所定义的所有功能，而不管底层数据库是否支持这些功能。也就是要求驱动程序模拟底层 RDBMS 不支持的那些 ODBC 功能。这是为了使 ODBC 接口与 RDBMS 的实现相隔离，也正是驱动程序的任务。

4. ODBC 数据源管理

数据源名（Data Source Name，DSN）是应用程序与数据库管理系统连接的桥梁，它为 ODBC 驱动程序管理器指出数据库服务器名称，以及用户的默认连接参数等。注意，这里的数据源并不是简单地指某一个数据库，而是用于表达 ODBC 驱动程序和一个 RDBMS 特殊连接的命名。

在连接中，用数据源名来代表用户名、服务器名、所连接的数据库名等。可以将数据源名看成是与一个具体数据库建立的连接。例如，假设某个学校在 MS SQL Server 数据库管理系统上建立了两个数据库：学校人事数据库和教学科研数据库。学校的信息系统要从这两个数据库中存取数据。我们就可以利用 ODBC 驱动程序管理器调用 MS SQL Server 驱动程序存取这两个数据库中的数据。为了方便地与两个数据库连接，我们为学校人事数据库创建一个数据源名 PERSON，PERSON 就称为一个 DSN。同样，为教学科研数据库创建一个名为 EDU 的数据源。此后，当要访问每一个数据库时，只要与 PERSON 和 EDU 连接即可，不需要记住使用的驱动程序、服务器名称、数据库名等。可见，PERSON 和 EDU 便成为连接数据库的别名。所以在开发 ODBC 数据库应用程序时首先要建立数据源并给它命名。

7.3.2　ODBC 驱动程序的分类

由于不同的 RDBMS 提供的功能是不同的，有的功能很强，有的功能较弱。运行模式也不相同，有的是客户机/服务器运行方式，有的是本地型的运行方式。因此根据功能和运行模式，驱动程序可以分为多种级别，具体可以从 API 一致性级别、SQL 语法一致性级别和驱动程序类型 3 个方面来分类。

1. API 一致性级别

驱动程序的开发者一般不能实现所有的 ODBC 函数。API 一致性级别决定了应用程序所能调用的函数的种类。API 一致性分为 3 个级别：

- 核心级；
- 扩展 1 级；
- 扩展 2 级。

这三个级别只是驱动程序开发者的一种指导性原则。

（1）核心级 API

核心级 API 包括了最基本的功能，它们构成了驱动程序的核心。核心级 API 包括分配和释放环境句柄、连接句柄、执行 SQL 语句等。核心级的驱动程序还能完成其他一些基本的功能，如向语句中传入参数、存取执行结果、目录操作、错误跟踪等。

（2）扩展 1 级 API

扩展 1 级在核心级的基础上增加了部分函数，通过这些函数就可以在应用程序中动态地了解表的模式和可用的数据类型等。

大多数的驱动程序支持扩展 1 级。在编写应用程序时即使不清楚数据库中表的模式，依然能够在运行时动态地对表进行操作，这是扩展 1 级最大的优点。

（3）扩展 2 级 API

扩展 2 级 API 在扩展 1 级的基础上又增加了部分函数，通过它们可以了解关于主关键字和外关键字的信息、表和列的权限信息，以及数据库存储过程的信息等。扩展 2 级还提供了强有力的游标和并发控制功能，这是扩展 2 级受欢迎的最主要的原因。

2. SQL 语法一致性级别

驱动程序的 SQL 语法一致性（conformance）级别决定了应用程序所能使用的 SQL 语句的类

型以及能使用的数据类型。ODBC 的 SQL 语句一致性分为 3 个级别：

- 最低权限的 SQL 语法；
- 核心 SQL 语法；
- 扩展 SQL 语法。

（1）最低权限的 SQL 语法

最低权限的 SQL 语法可以满足大多数应用程序对数据库的操作要求，包括 CREATE、DROP 表，SELECT、INSERTE、UPDATE、DELETE 记录，支持常用的数据类型和若干字符类型及其变形，如 CHAR、VARCHAR、LONGVARCHAR 等。

（2）核心 SQL 语法

核心 SQL 语法在最低权限的 SQL 的基础上增加了很多必要的功能，包括 ALTER 表，CREATE 和 DROP 索引，GRANT 和 REVOKE 各种权限给不同的用户。此外，还可以在 SQL 语句中嵌套子查询，还增加了一些数据类型，如短整数和长整数、单精度浮点数和双精度浮点数等。

对于许多数据库应用系统来说，在创建基本表的时候就需要同时创建索引，应该说是最基本的功能，但 ODBC 把它归到了核心级和扩展级中。

（3）扩展 SQL 语法

扩展 SQL 引进了更复杂的语法，例如游标控制语句，增加了日期、时间、二进制数据类型和时间戳（TIMESTAMP）等其他复杂数据类型。让人们感到奇怪的是，日期这种基本数据类型在 ODBC 中居然被放到扩展级中。因此，实际的较低级别 ODBC 驱动程序都会支持日期类型。一个实用的 ODBC 驱动程序必须能达到核心 SQL 级别。

3. 驱动程序类型

ODBC 驱动程序可以分为单层驱动程序和多层驱动程序。

单层驱动程序既具有 ODBC 功能，也处理 SQL 语句，它实际上就是一个 DBMS。

单层驱动程序的系统结构如图 7-7 所示。单层驱动程序不仅要处理 ODBC 函数调用，还要解释执行 SQL 语句，即执行 RDBMS 的功能。所以，单层驱动程序实际上具备一个 RDBMS 的功能。例如，dBASE 系列的数据库管理系统本身不支持 SQL 标准，其驱动程序必须能够解释执行 SQL 语句才能使应用程序与 dBASE 数据库互操作。所以 dBASE 的驱动程序就属于单层驱动程序。

多层驱动程序中 ODBC 功能与 DBMS 功能相

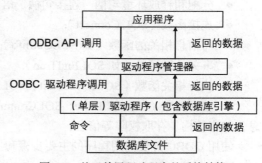

图 7-7　基于单层驱动程序的系统结构

分离，驱动程序负责处理 ODBC 应用程序中的函数调用，而处理 SQL 语句的任务由 DBMS 完成。

多层驱动程序只处理应用程序的 ODBC 函数调用和数据转换。SQL 语句则由驱动程序传递给相应的数据库引擎，由数据库引擎解释执行 SQL 语句，实现用户的各种操作请求。

多层驱动程序与数据库管理系统的功能是分离的，基于多层 ODBC 驱动程序的数据库应用程序适合于客户机/服务器结构，如图 7-8 所示。客户端软件有应用程序、驱动程序管理器、数据库驱动程序和网络支撑软件组成，服务器端由数据库引擎、数据库文件和网络软件组成。

多层驱动程序与单层驱动程序的差别不仅仅是驱动程序是否具有数据库引擎功能，二者的效率也有很大的差异。由于基于单层驱动程序的应用程序把存放数据库的服务器作为文件服务器使用，在网络中传输的是整个数据库文件，所以网络的数据通信量很大；而采用多层驱动程序的应用程序使用客户机/服务器结构，在数据库服务器上实现对数据库的各种操作，在网络中传输的只是用户请求和数据库处理的结果，从而使网络的通信量大大减少，从而提高了应用程序的运行效率。

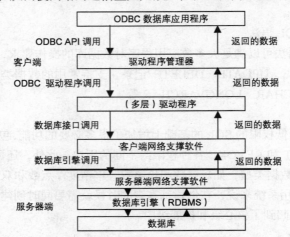

图 7-8 基于多层驱动程序的系统结构

MS SQL Server 的数据库驱动程序属于多层驱动程序。

7.3.3 ODBC 的工作流程及相关函数

ODBC 提供了一组函数，按照一定的工作流程调用这些函数就可以轻松地完成数据库应用系统的开发。

ODBC 有 3 个主要的版本：ODBC 1.0、ODBC 2.x 和 ODBC 3.x，不同版本的函数在使用上存在一些差异。ODBC 3.0 提供了 76 个函数，大致可以划分为以下几类：

● 分配和释放环境句柄、连接句柄、语句句柄；

● 连接函数（SQL Connect）；

● 与信息相关的函数（如 SQLGetInfo）；

● 事务处理函数（如 SQLEndTran）；

● 执行相关函数（SQLExecdirect、SQLExecute 等）；

● 编目函数（如 SQLTable、SQLColumn 等），使用这些函数可以获取数据字典中保存的信息，如表结构、存取权限等信息。

使用 ODBC 开发应用程序的主要步骤和主要函数如下。

1. 建立 ODBC 环境

应用系统在调用任何 ODBC 函数之前，首先初始化 ODBC，建立一个 ODBC 环境，分配一个环境句柄（Environment Handle）。每个应用只建立一个环境，在这个环境中可以建立多个连接。相关的函数有以下 3 个。

（1）分配环境句柄

```
SQLRETURN SQL_API SQLAllocHandle(
    SQLSMALLINT      HandleType
    SQLHANDLE         InputHandle,
    SQLHANDLE        *OutputHandlePtr);
```

其中，参数 OutputHandlePtr 将返回环境句柄的内存地址指针。函数的返回值是 SQL_SUCCESS

时，表示环境句柄分配成功，应用系统可以使用已分配的句柄分配连接数据库，完成各种事务。成功地分配环境句柄是使用 ODBC 函数的第一步。如果返回值是 SQL_ERROR，则表示分配不成功。应用系统应当把 SQL_ERROR 作为内存错误处理。当内存不足时常发生这种情况。

ODBC 环境一经创建就具有与应用程序相同的生存周期。

例如，建立 ODBC 环境 henv：

```
SQLHENV henv;
SQLAllocHandle(SQL_HANDLE_ENV, SQL_NULL_HANDLE, &henv);
```

其中，SQL_HANDLE_ENV 和 SQL_NULL_HANDLE 是在 sql.h 头文件中定义的符号常量，henv 是程序中用于存放 ODBC 分配的句柄的变量。SQLHENV 是在 sqltypes.h 中定义的 ODBC 数据类型，叫做环境句柄，是一个 SQL 句柄（SQLHANDLE），SQL 句柄实际上是一个 void 型指针。

（2）设置环境属性

ODBC 有一组属性，影响环境的行为，设置属性的函数是：

```
SQLRETURN SQL_API SQLSetEnvAttr(
     SQLHENV EnvironmentHandle,
     SQLINTEGER Attribute,
     SQLPOINTER Value,
     SQLINTEGER StringLength);
```

例如，将 ODBC 版本属性设置为版本 3：

```
SQLSetEnvAttr(henv,SQL_ATTR_ODBC_VERSION,
                 (SQLPOINTER)SQL_OV_ODBC3,
                 SQL_IS_INTEGER);
```

（3）释放环境句柄

在结束应用系统之前，必须释放为该应用系统所保留的所有资源。完成这一过程的 ODBC 函数是：

```
SQLRETURN SQL_API SQLFreeHandle(
        SQLSMALLINT  HandleType,
        SQLHANDLE   Handle);
```

当返回值是 SQL_SUCCESS 时，表示环境句柄已经被释放，不能再使用这个句柄。所以，应用系统通常在终止之前才使用这个函数。在使用这个函数之前切断与所有数据源的连接，否则 SQLFreeHandle 将返回 SQL_ERROR，表示不能释放环境句柄。

例如，释放环境 henv1：

```
SQLAllocHandle(SQL_HANDLE_ENV, henv);
```

2. 建立 ODBC 连接

应用系统对每一个要连接的数据源都必须建立一个 ODBC 连接，分配一个连接句柄（Connection Handle）。当然，在建立连接之前必须已经有一个有效的环境句柄。连接句柄表示应用系统与数据源之间的连接。这一工作使用前面介绍的 SQLAllocHandle 函数完成。

例如，建立一个连接句柄，保存在变量 hdbc 中。环境句柄作为输入参数，连接句柄作为输出参数。

```
SQLHDBC hdbc;
SQLAllocHandle(SQL_HANDLE_DBC,henv1,&hdbc);
```

建立连接句柄后，可以使用 SQLConnect 或 SQLDriverConnect 或 SQLBrowseConnect 函数建

立和数据源的连接。使用 SQLConnect 函数之前需要使用 Windows 系统的 ODBC 数据源管理器建立一个数据源，其他两个函数的灵活性更强一些。

例如，连接到数据源 mydb，数据源名字存放在数组 szDSN 中，函数中的第 1 个参数是前面建立的连接句柄，第 2 个参数是数据源，其他的参数使用默认值，SQL_NTS 是一个符号常数，表示以 NULL 结尾的字符串的长度。

```
UCHAR szDSN[SQL_MAX_DSN_LENGTH]="mydb";
retcode=SQLConnect(hdbc,szDSN,SQL_NTS,NULL,0,NULL,0);
```

使用完数据库后，要用 SQLDisconnect 函数断开和数据库的连接，该函数的唯一参数就是连接句柄。例如，断开和数据源 mydb 的连接：

```
SQLDisconnect(hdbc);
```

3. 建立语句句柄

连接成功后应用程序需要建立一个语句句柄，以便能够执行 ODBC 函数调用。建立了语句句柄后应用程序就可以执行 SQL 语句。使用 SQLAllocHandle 建立语句句柄，函数的第 1 个参数是 SQL_HANDLE_STMT，表示创建语句句柄，第 2 个参数是连接句柄，表示通过这个语句句柄向连接句柄代表的数据源发送 SQL 语句。

例如，建立语句句柄 hstmt：

```
SQLHSTMT hstmt
retcode=SQLAllocHandle(SQL_HANDLE_STMT,hdbc,&hstmt);
```

4. 执行 SQL 语句

应用程序对数据库的操作必须按照 ODBC SQL 语法来编写 SQL 语句。应用程序将这些请求发给相应的驱动程序。

对于单层驱动程序，将由该单层驱动程序完成对数据库的存取操作并把结果返回给应用程序。对于多层驱动程序，则由该驱动程序把应用程序的这些请求转换为数据库引擎 RDBMS 所接受的格式，然后传送给 RDBMS 处理。数据库操作结果将由 RDBMS 首先发回给驱动程序，驱动程序再将这些数据按照标准的格式传送给应用程序。前端应用程序处理结果。

当然，数据库操作成功或出错的信息和代码也一起逐级返回。

当应用系统通过 ODBC 执行 SQL 语句时，ODBC 提供了两种不同的执行方法：直接执行和有准备的执行。直接执行是以快捷的方式执行 SQL 语句，而有准备的执行则提供更大的灵活性。

（1）直接执行

SQLExecDirect 函数能够直接执行 SQL 语句，如果语句有参数，则由函数带参调用，将参数传递给语句。SQLExecDirect 是将 SQL 语句最快执行的方法。函数的格式是：

```
SQLRETURN SQL_API SQLExecDirect(
        SQLHSTMT StatementHandle,
        SQLCHAR *StatementText,
        SQLINTEGER TextLength);
```

其中，StatementHandle 是语句句柄，StatementText 是要执行的 SQL 语句，以字符串的形式存放，TextLength 是 SQL 语句字符串的长度。

例如，使用直接执行方式执行 INSERT 语句。

```
char szSQL3[]="insert into student(sno,sname,sgender,sage,sdept)
                        values(\'2000004\',\'王芳\',\'女\',18,\'计算机\')";
retcode=SQLExecDirect(hstmt,(SQLCHAR *)szSQL3,SQL_NTS);
```
（2）有准备的执行

如果 SQL 语句需要执行几次或者在执行之前需要有关的结果集合准备信息，最好采用有准备的执行函数。有准备的执行 SQL 语句需要两个函数：SQLPrepare 和 SQLExecute。应用系统首先执行 SQLPrepare，为重复执行 SQL 语句做好准备。然后调用 SQLExecute 函数来执行 SQL 语句。

SQLPrepare 函数的格式是：

```
SQLRETURN  SQL_API SQLPrepare(
          SQLHSTMT StatementHandle,
          SQLCHAR *StatementText,
          SQLINTEGER TextLength);
```

SQLExecute 函数的格式是：

```
SQLRETURN  SQL_API SQLExecute(SQLHSTMT StatementHandle);
```

例如，使用准备的执行方式执行 INSERT 语句。

```
SQLPrepare(hstmt,(SQLCHAR *)szSQL3,SQL_NTS);
SQLExecute(hstmt);
```

SQL 语句的有准备执行方式通常用于复杂的带有参数的 SQL 语句。这时，在执行该语句之前，需要使用 SQLBindParameter 函数把参数值绑定到 SQL 语句上。

SQLBindParameter 函数的格式是：

```
SQLRETURN  SQL_API SQLBindParameter(
          SQLHSTMT          StatementHandle,  /*一个有效的语句句柄*/
          SQLUSMALLINT      ParameterNumber,  /*要绑定的参数号*/
          SQLSMALLINT       InputOutputType,  /*参数类型*/
          SQLSMALLINT       ValueType,        /*参数变量的C语言类型*/
          SQLSMALLINT       ParameterType,    /*参数的SQL类型*/
          SQLUINTEGER       ColumnSize,       /*参数对应的列的宽度*/
          SQLSMALLINT       DecimalDigits,    /*参数对应的列的标度*/
          SQLPOINTER        ParameterValuePtr, /*指向参数变量的指针*/
          SQLINTEGER        BufferLength,      /*参数变量缓冲区的长度*/
          SQLINTEGER        *StrLen_or_IndPtr); /*参数指示变量的指针*/
```

例如，根据输入的系名，显示该系的所有学生的信息。

```
char szSQL1[]="select sno,sname,ssex,sage,sdept from student where sdept = ?";
char sdept[21];
scanf("%s",sdept);
retcode=SQLPrepare(hstmt,(SQLCHAR *)szSQL1,SQL_NTS);
retcode=SQLBindParameter(hstmt,1,SQL_PARAM_INPUT,SQL_C_CHAR,SQL_CHAR,21,0,sdept,0,
NULL);
retcode=SQLExecute(hstmt);
/*使用游标显示学生的信息*/
```

（3）使用游标处理结果集

ODBC 中使用游标来处理结果集数据。ODBC 中的游标与嵌入式 SQL 中的游标模型相同，它们的不同之处在于游标的打开方式。在嵌入 SQL 中，游标在使用之前是显式声明并打开的，而

ODBC 对于每一个存储在一个临时存储区的集合，系统都自动产生一个游标（Cursor），当结果集合刚刚产生时，游标指向第一行数据。

ODBC 中有多种类型的游标，不同类型的游标有不同的特点。最常用的游标类型是 forward-only 游标，它只能在结果集中向前滚动。它是 ODBC 的默认游标类型。

返回给应用程序的结果集数据是存放在应用程序的变量中，因此，在从数据库中取回数据之前，必须绑定存放结果集数据的变量缓冲区。这通过 SQLBindCol 函数实现。

```
SQLRETURN  SQL_API SQLBindCol(
          SQLHSTMT StatementHandle,
          SQLUSMALLINT ColumnNumber,
          SQLSMALLINT TargetType,
          SQLPOINTER TargetValue,
          SQLINTEGER BufferLength,
          SQLINTEGER *StrLen_or_Ind);
```

其中，StatementHandle 是一个有效的语句句柄，ColumnNumber 是要绑定的结果数据的列号，TargetType 是存放结果数据的变量类型，TargetValuePtr 是指向存放结果数据的变量指针，BufferLength 是存放结果数据的变量的缓冲区大小，StrLen_or_Ind 是输出真正返回的数据的长度。

应用程序使用 SQLFetch 函数移动游标，并返回所有由 SQLBindCol 函数绑定的列的结果数据。SQLFetch 函数的格式是：

```
SQLRETURN  SQL_API SQLFetch(SQLHSTMT StatementHandle);
```

SQLFetch 函数每次返回一行数据，并把游标向前滚动一行。当游标位于结果集的末尾时，SQLFetch 函数返回 SQL_NO_DATA_FOUND。

例如，显示学生的所有信息：

```
SQLCHAR szNo[NO_LEN];
SQLCHAR szName[NAME_LEN];
SQLCHAR szGender[SEX_LEN];
SQLSMALLINT szAge;
SQLCHAR szDept[DEPT_LEN];
SQLINTEGER cbName,cbGender,cbAge,cbDept,cbNO; /*存放空值指示*/
SQLBindCol(hstmt,1,SQL_C_CHAR,szNo,NO_LEN,&cbNO);
SQLBindCol(hstmt,2,SQL_C_CHAR,szName,NAME_LEN,&cbName);
SQLBindCol(hstmt,3,SQL_C_CHAR,szGender,SEX_LEN,&cbGender);
SQLBindCol(hstmt,4,SQL_C_SSHORT,&szAge,0,&cbAge);
SQLBindCol(hstmt,5,SQL_C_CHAR,szDept,DEPT_LEN,&cbDept);
/*执行select sno,sname,ssex,sage,sdept from student*/
while (1)
{
    retcode=SQLFetch(hstmt);
    nRecNo++;
    if (retcode==SQL_NO_DATA_FOUND) break;
        printf("记录NO.%02d:\n 学号：%-8s 姓名：%-4s 性别：%-2s 年龄：%hd
            院系：%10s\n",nRecNo,szNo,szName,szGender,szAge,szDept);
}
```

到目前为止，只介绍了 ODBC 的最主要函数，实际上，ODBC 的函数的功能很强。由于篇幅所限，关于其他更复杂的函数和应用技巧，可以参考其他关于 ODBC 的应用手册。

5. 终止

应用程序终止前首先要释放语句句柄，断开与数据库的连接，释放连接句柄，最后释放 ODBC

环境。

```
SQLFreeHandle(SQL_HANDLE_STMT,hstmt);//释放语句句柄
SQLDisconnect(hdbc);//断开连接
SQLFreeHandle(SQL_HANDLE_DBC,hdbc);//释放连接句柄
SQLFreeHandle(SQL_HANDLE_ENV,henv);//释放环境句柄
```

7.3.4　实例

使用 ODBC 时，首先要建立一个数据源。在本例中我们使用 Windows 操作系统的数据源管理器建立一个连接到 S_C_SC 数据库的数据源，命名为 mydb。然后将下面的代码增加到 Visual C++ 6.0 的一个 Win32 Console Application 的 empty project 中，编译连接后就可以执行，完成的功能同上节中的实例。

```
#include<windows.h>
#include <stdio.h>
//ODBC 的版本
#include <odbcver.h>
//核心级 ODBC
#include <sql.h>
//扩展级 ODBC
#include <sqlext.h>

#define NO_LEN 8
#define NAME_LEN 9
#define SEX_LEN 3
#define DEPT_LEN 21

void main()
{
    RETCODE retcode;
    int nRecNo=0;
    SQLCHAR szNo[NO_LEN];
    SQLCHAR szName[NAME_LEN];
    SQLCHAR szGender[SEX_LEN];
    SQLSMALLINT szAge;
    SQLCHAR szDept[DEPT_LEN];
    SQLINTEGER  cbName,cbGender,cbAge,cbDept,cbNO; //返回地址

    //设置句柄
    SQLHENV henv=SQL_NULL_HENV;
    SQLHDBC hdbc=SQL_NULL_HDBC;
    SQLHSTMT hstmt=SQL_NULL_HSTMT;
    SQLHSTMT hstmtU=SQL_NULL_HSTMT;
    SQLCHAR szDSN[SQL_MAX_DSN_LENGTH]="mydb";

    //分配 ODBC 环境句柄
    retcode=SQLAllocHandle(SQL_HANDLE_ENV,SQL_NULL_HANDLE,&henv);
    retcode=SQLSetEnvAttr(henv,SQL_ATTR_ODBC_VERSION,
        (SQLPOINTER)SQL_OV_ODBC3,SQL_IS_INTEGER);
    //分配 ODBC 连接句柄
    retcode=SQLAllocHandle(SQL_HANDLE_DBC,henv,&hdbc);
    retcode=SQLConnect(hdbc,szDSN,SQL_NTS,NULL,0,NULL,0);
    if ((retcode!=SQL_SUCCESS)&&(retcode!=SQL_SUCCESS_WITH_INFO))
    {
        printf("没有成功连接到数据源! \n");
```

```
        }
    else
    {
        printf("已经成功连接到数据源！\n");
        //分配语句句柄
        retcode=SQLAllocHandle(SQL_HANDLE_STMT,hdbc,&hstmt);

        if (retcode==SQL_SUCCESS)
        {   //SQL 语句——查询
            char szSQL[]="select sno,sname,ssex,sage,sdept from student";

            //执行SQL 语句
            retcode=SQLExecDirect(hstmt,szSQL,SQL_NTS);
            if (retcode = = SQL_SUCCESS)
            {
                SQLBindCol(hstmt,1,SQL_C_CHAR,szNo,NO_LEN,&cbNO);
                SQLBindCol(hstmt,2,SQL_C_CHAR,szName,NAME_LEN,&cbName);
                SQLBindCol(hstmt,3,SQL_C_CHAR,szGender,SEX_LEN,&cbGender);
                SQLBindCol(hstmt,4,SQL_C_SSHORT,&szAge,0,&cbAge);
                SQLBindCol(hstmt,5,SQL_C_CHAR,szDept,DEPT_LEN,&cbDept);
                while (1)
                {
                    retcode=SQLFetch(hstmt);
                    nRecNo++;

                    if (retcode==SQL_NO_DATA_FOUND) break;
                    printf("记录 NO.%02d:\n 学号：%-8s  姓名：%-4s 性别：%-2s
            年龄：%hd 院系：%10s\n",nRecNo,szNo,szName,szGender,szAge,szDept);
                }
            }
        }

        //SQL 语句——插入
        retcode=SQLAllocHandle(SQL_HANDLE_STMT,hdbc,&hstmt);
        if (retcode==SQL_SUCCESS)
        {
            char  szSQL3[]="insert  into  student(sno,sname,ssex,sage,sdept)  values(\
'2000004\',\'王芳\',\'女\',18,\'计算机\')";
            printf("\n%s",szSQL3);

            retcode=SQLExecDirect(hstmt,(SQLCHAR *)szSQL3,SQL_NTS);
            if (retcode==SQL_SUCCESS)
            {
                printf("\n 数据插入成功！");
            }
            else
            {
                printf("\n 数据插入失败！");
            }
        }

        //SQL 语句——删除
        retcode=SQLAllocHandle(SQL_HANDLE_STMT,hdbc,&hstmt);
        if (retcode==SQL_SUCCESS)
```

```
        {
            char szSQL3[]="delete from student where sno=\'2000004\'";
            printf("\n%s",szSQL3);

            retcode=SQLExecDirect(hstmt,(SQLCHAR *)szSQL3,SQL_NTS);
            if (retcode==SQL_SUCCESS)
            {
                printf("\n 数据删除成功!");
            }
            else
            {
                printf("\n 数据删除失败!");
            }
        }
    }
    SQLDisconnect(hdbc);//断开连接
    SQLFreeHandle(SQL_HANDLE_DBC,hdbc);//释放连接句柄
    SQLFreeHandle(SQL_HANDLE_ENV,henv);//释放环境句柄

}
```

7.4　JDBC 简介

Sun 公司为了解决程序的跨平台性，推出了 Java 语言独有的 JDBC（Java DataBase Connectivity）解决方案。JDBC 向应用程序开发者提供了独立于数据库的统一的 API，用于连接 Java 应用程序和数据库。这样，在构建客户机/服务器应用程序时，通常把 Java 作为编程语言，把浏览器作为用户界面，通过网络访问数据库。

借助于 JDBC，开发者使用 Java 语言可以访问不同位置的各种数据库。JDBC 和 ODBC 的原理是相同的，但是 JDBC 可以运行在任何平台上。

JDBC 是一套类集，支持 SQL 工业标准，被用于编写与平台和数据库管理系统软件无关的代码，非常适合开发使用 Java 的客户机/服务器数据库应用程序。

通过 JBDBC-ODBC 桥，把 JDBC 的方法调用转换成 ODBC 的函数调用，使得程序员通过 JDBC 技术可以访问 ODBC 数据源。

7.4.1　JDBC 原理概述

JDBC 借鉴了 ODBC 和 X/OPEN SQL 调用级别接口规范（CLI）的经验，提供了一个简单的接口，使程序员可以使用熟悉的 SQL 语言访问数据库。JDBC 的原理与 ODBC 相同，其组成结构类似于图 7-6，由应用程序、应用程序接口、驱动程序管理器、驱动程序和数据库组成。

JDBC 由一些 Java 语言编写的类和接口组成，包含在下面的两个类包中。

- Java.sql 包：提供在 Java 中访问和处理存储于客户端数据源中数据的 API。
- Javax.sql 包：提供在 Java 中对服务器端数据源进行访问和处理的 API。

JDBC 提供的主要的类和接口有以下几个：

- DriverManager 类：用于处理驱动程序的加载。
- Connection 接口：与特定数据库建立连接。
- Statement 接口：用于 SQL 语句的执行，包括查询语句、更新语句、创建数据库语句等。

● ResultSet 接口：用于保存查询所得到的结果。

1. 应用程序

应用层的应用程序可以是 Java 应用程序或者 Java 小程序，用户界面可以由程序实现或者直接使用浏览器。应用层使用 JDBC 提供的 API 访问数据库，一般的步骤为：

● 请求连接数据库；
● 建立数据库连接；
● 建立语句对象；
● 执行 SQL 语句；
● 处理结果集；
● 关闭连接。

2. 驱动程序管理器

驱动程序管理器由 java.sql.DriverManager 类实现，负责管理 JDBC 驱动程序。

DriverManager 类主要跟踪已经加载的 JDBC 驱动程序，在数据库和驱动程序之间建立连接，也处理如登录时间限制、跟踪信息等工作。

DriverManager 类的初始化操作会调用其成员方法 registerDiver(Driver driver)加载驱动程序，参数 Driver 是一个 Java 接口，每个驱动程序类都必须实现这个接口，要加载的驱动程序由系统属性 jdbc.drivers 所指定。

如果要装入驱动程序，需要首先设置 jdbc.drivers 的值，然后调用 DriverManager 类的 registerDiver 方法。另外，也可以使用 Class.forName 直接加载驱动程序。

DriverManager 类的成员方法 getConnection(String url)试图建立与指定数据库的连接，其中，url 是数据库统一资源定位符号，是一个完整的数据库连接名称。当 DriverManager 激活 getConnection 方法时，DriverManager 首先从它已经加载的驱动程序池中找到一个可以接收该数据库 url 的驱动程序，然后建立与数据库的连接。

3. 数据库驱动程序

JDBC 是通过驱动程序来提供应用系统与数据库平台的独立性的。驱动程序与具体的 RDBMS 有关。例如，若要对 Oracle 数据库操作就要用 Oracle 的驱动程序；若要对 Sybase 数据库操作就要用 Sybase 的驱动程序。

4. 访问 ODBC 数据源

JDBC 提供了 ODBC 桥，通过 ODBC 桥可以访问 ODBC 数据源。ODBC 桥由 Intersolv 和 JavaSoft 开发，作为 sun.jdbc.odbc 包与 JDK 一起被自动安装，无须特殊配置，可以访问本地的 ODBC 数据源。

7.4.2 JDBC 的工作流程

1. 一般的查询流程

（1）加载要使用的数据库驱动程序类，使用 Class 类的静态方法 forName 完成，例如，加载 JDBC-ODBC 桥驱动程序：

```
Class.forName(" sun:jdbc:odbc:JdbcOdbcDriver");
```

（2）声明一个 Connection 接口的对象：

```
Connection conn;
```

（3）使用 driverManager 类的静态方法 getConnection 建立与数据库的连接，getConnection 方法有两种重载形式：

```
Connection getConnection(String url);
Connection getConnection(String url, String user, String password);
```

url 是数据库统一资源定位器，user 和 password 是登录数据库所需要的用户名和密码。url 的格式如下：

```
jdbc:<subprotocol>:<subname>
```

其中，jdbc 是连接数据库的协议，<subprotocol> 指驱动程序或数据库连接机制，<subname> 是 <subprotocol> 的参数。下面是使用 JDBC-ODBC 桥连接事例数据库的语句。

```
Jdbc:odbc:SExample
```

例 37 使用 ODBC 连接本机 SQL Server 的 S_C_SC 数据库。

```
Class.forName("sun:jdbc:odbc:JdbcOdbcDriver");
Connection conn;
conn = driverManager.getConnection("jdbc:odbc:SExample", "Manager", "");
```

2. 建立语句对象，执行查询操作

首先声明语句对象 st 和结果集对象 rs，调用 Connection 的成员方法 createStaement 创建语句对象 st，调用 Statement 的成员方法 executeQuery 创建结果集对象 rs，执行查询语句，获取结果，存放在 rs 中。

```
Statement st;
ResultSet rs;
st = conn.createStatement();
rs = st.executeQuery("SELECT * FROM Student");
```

3. 处理查询结果集

executeQuery() 方法建立了一个结果集。结果集有若干种类型，结果集的类型决定了游标的移动方式和操作种类。结果集的类型由 createStatement 方法确定，createStatement 方法的另外一种形式是：

```
createStatement(int resultSetType, int resultSetConcurrency)
```

参数 resultSetType 指明结果集的类型。

- TYPE_FORWRD_ONLY：结果集的游标只能向前移动。
- TYPE_SCROLL_INSENSITIVE：游标向前或向后双向移动，结果集不反映表中数据的最新变化。
- TYPE_SCROLL_SENSITIVE：游标向前或向后双向移动，结果集立刻反映表中数据的最新变化。

参数 resultSetConcurrency 决定结果集的更新方式。

- CONCUR_READ_ONLY：不可以修改结果集中的数据。

- CONCUR_UPDATABLE：可以修改结果集中的数据。

结果集对记录进行了编号，并且有一个游标（记录指针），初始时指向第一条记录之前。ResultSet 接口提供了若干方法以供移动游标（见图 7-9）。

- beforeFirst()：移动到结果集的开始位置（第一条记录之前）。
- afterLast：移动到结果集的结束位置（最后一条记录之后）。
- first()：移动到第一条记录。
- last()：移动到最后一条记录。
- next()：移动到下一条记录。
- previous()：移动到上一条记录。
- absolute(int row)：移动到 row 指定的记录，绝对位置。
- relative(int row)：从当前记录开始，上移或下移 row 条记录。

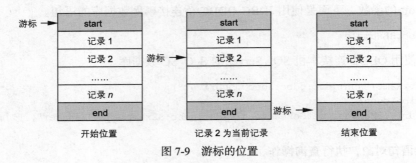

图 7-9　游标的位置

ResultSet 接口提供了一组 get 方法用于获取当前记录的字段值。使用 get 方法可以按照字段名或者字段号来获取字段的值，字段的列号从 1 开始，自左至右增加。使用字段名可读性强，使用字段号的效率比较高。方法 getString()用于读取字符型的字段，getInt()用于读取整型字段。ResultSet 接口还提供了一些其他的 get 方法，其命名格式一般是：

```
get+数据类型
```

例 38　打印表 Student 中每个学生的信息。

```
//加载 JDBC-ODBC 桥驱动程序
Class.forName("sun:jdbc:odbc:JdbcOdbcDriver");
//连接到 ODBC 数据源 SExample（即 S_C_SC 事例数据库）
Connection conn;
conn = driverManager.getConnection("Jdbc:odbc:SExample","Manager","");
//建立语句对象和结果集对象
Statement st;
ResultSet rs;
//发送 SQL 语句
st = conn.createStatement();
rs = st.executeQuery("SELECT * FROM Student");
//处理结果集
while(rs.next())
{
  String sno = rs.getString("Sno");
  String sname = rs.getString("Sname");
  String sgender = rs.getString("Ssex");
  int sage = rs.getInt("Sage");
```

```
String sdept = rs.getString("Sdept");
System.out.print(Sno + "|" + Sname + "|" + Ssex + "|" +Sage + "|" +Sdept);
}
```

上述代码中使用 next()方法移动游标，getInt 和 getString()方法用于获取当前记录各个字段的值。

4. 一般的更新流程

JDBC 中有两种方法可以实现对表的 Insert、Update 和 Delete 操作。

（1）executeUpdate 方法

Statement 接口提供了 executeUpdate(String sql)方法实现对表的更新操作，参数 sql 指 Insert、Update 和 Delete 语句，该方法的返回值是 int 类型，表示表中受影响的记录个数。

例如，删除学号为 2000999 的学生信息的过程如下：

```
String sql ="DELETE FROM Student WHERE Sno = "2000999"";
st.executeUpdate(sql);
```

如果多条更新语句构成了一个事务，则要使用 Connection 接口的 commit 方法和 rollback 方法提交事务。

一般情况下，Connection 对象的事务提交方式是自动，如果由用户控制事务，则首先要用 setAutoCommit(Bollean)方法设置提交方式为手动。

例如，如果要手动提交上条修改语句的结果，执行序列如下：

```
Conne.setAutoCommit(false);
String sql ="DELETE FROM Student WHERE Sno = "2000999"";
st.executeUpdate(sql);
//如果要将修改结果永远反映到数据库
  conn.commit();
//如果要撤销修改
  conn.rollback();
```

（2）使用结果集

对数据库的表进行插入、删除和更新操作，除了使用 Statement 对象直接发送 SQL 语句外，还可以使用结果集对象的方法来完成（见图 7-10）。

① 更新操作

● update 方法组：类似于 get 方法一样，update 方法组有很多的 update 方法，如 updateInt、updateString 等，这些方法用于更新结果集的当前记录中指定字段的值。

● updateRow()方法：用于向数据库提交更新操作，包含了 commit 的功能。

● cancelUpdateRow()方法：用于撤销向数据库所做的所有更新操作。

② 插入操作

● moveToInsertRow()方法：将游标移动到插入行，插入行是结果集中的一个特殊记录，所有记录的插入操作都是在该记录上完成的。游标位于插入行之上时，只能使用 update 方法组、get 方法组和 insertRow()方法。

● update 方法组：对插入行的字段赋值。

● insertRow()方法：将插入行记录提交到数据库中。

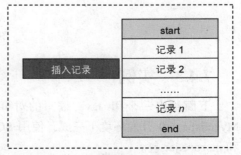

图 7-10　结果集由记录集合和插入记录组成

③ 删除操作

● 移动光标到要删除的记录。

● 使用 deleteRow()方法将当前记录从数据库中删除。

例 39 向表 Student 中增加一个同学的信息。

```
//建立语句对象
st = conn.createStatement(ResultSet.TYPE_SCROLL_SENSITIVE,
                          ResultSet.CONCUR_READ_ONLY);
//发送 SQL 语句
rs = st.executeQuery("SELECT * FROM Student");
//移动游标到插入行
rs.moveToInsertRow();
//给各字段赋值
rs.updateString("Sno", "2000999");
rs.updateString("Sname", "马翔");
rs.updateString("Ssex", "男");
rs.updateInt("Sage", 20);
rs.updateString("Sdept", "计算机");
//将新插入的记录插入到数据库中
rs.insertRow();
```

在创建语句对象时使用了 createStatement 方法的另一种形式，参数 1 允许结果集的游标双向移动，并且数据库中的数据发生变化会立刻反映到结果集（满足查询语句条件的学生记录）；参数 2 说明不允许修改结果集中记录的字段。

移动游标到插入行，使用 update 方法集形成一个新的记录。

用 insertRow 方法把新形成的记录插入到数据库中。本例中，由于参数 1 的作用，新插入的记录会从数据库推送到结果集的记录中，如图 7-11 所示。如果参数 1 为 TYPE_SCROLL_INSENSITIVE，则数据库中新插入的学生记录不会回填到结果集中。

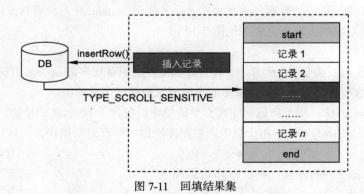

图 7-11　回填结果集

7.4.3　实例

下面给出一个用 Java 编写的对事例数据库进行查询、增加和删除的例子。该例子在 Myeclispe 6.0 开发环境下完成，使用 SQL Server 数据库，需要加载 mssqlserver.jar、msutil.jar 和 msbase.jar 包。

首先，装入前面介绍的各种必需的类和接口。然后定义 DBManager 类，类中封装了连接数据库的方法 openCon()，该方法在初始化类时被调用，完成数据库的连接工作。默认情况下，connection 对象自动提交事务，为了更好地控制事务的执行，我们定义了方法 begin()、commit()和 rollback()。代码如下：

```java
package com;
//装入要使用的类
import java.sql.Connection;
import java.sql.DriverManager;
import java.sql.ResultSet;
import java.sql.SQLException;
import java.sql.Statement;

public class DBManager {

    private Connection conn = null;//连接数据库
    private Statement stement = null; //查询语句
    private Statement update = null;//更新语句
    private ResultSet rst = null;//使用游标处理查询结果
    public  DBManager()
    {
        openCon();
    }
    /**
     * 打开数据库连接
     */
    private void openCon() {
        String driverName = "com.microsoft.jdbc.sqlserver.SQLServerDriver";
        String dbURL = "jdbc:microsoft:sqlserver://localhost:1433;DatabaseName=pubs";
        String userName = "sa";
        String userPwd = "";
        try {
            Class.forName(driverName);
            conn = DriverManager.getConnection(dbURL, userName, userPwd);
        } catch (Exception e) {
            e.printStackTrace();
        }
    }
    /**
     * 返回数据库连接对象
     */
    public Connection getConnection() {
        return conn;
    }
    /**
     * 在单数据库连接事务状态下，开始一个事务的执行
     */
    public void begin() throws SQLException {
        try {
            conn.setAutoCommit(false);
        } catch (SQLException ex) {
            throw ex;
        }
    }

    /**
```

```
 * 在单数据库连接事务状态下，提交数据库语句
 */
public void commit() throws SQLException {
    try {
        conn.commit();
    } catch (SQLException ex) {
        throw ex;
    }
}


/**
 * 在单数据库连接事务状态下，回滚数据库语句
 */
public void rollback() throws SQLException {
    try {
        conn.rollback();
    } catch (SQLException ex) {
        throw ex;
    }
}
/**
 * 关闭数据库连接，释放资源
 */
public void close() {
    try {
        if (stement != null) {
            stement.close();
        }
        if (update != null) {
            update.close();
        }
        if (conn != null) {
            conn.close();
        }
    } catch (SQLException e) {
    } finally {
        stement = null;
        update = null;
        conn = null;
    }
}
/**
 * 执行数据库查询功能，返回查询结果
 */
public ResultSet select(String sql) throws SQLException {
    stement = conn.createStatement(
            ResultSet.TYPE_SCROLL_INSENSITIVE,
            ResultSet.CONCUR_READ_ONLY);
        return stement.executeQuery(sql);
}
/**
 * 得到学生信息集合
 */
public void getStudentInfo()
{
```

```
        try {
            rst = this.select("SELECT * FROM Student");
            while(rst.next())
            {
                String sno = rst.getString("Sno");
                String sname = rst.getString("Sname");
                String sgender = rst.getString("Ssex");
                int sage = rst.getInt("Sage");
                String sdept = rst.getString("Sdept");
                System.out.println(sno + "|" + sname + "|" + sgender + "|" +sage +
"|" +sdept);
            }
        } catch (SQLException e) {
            e.printStackTrace();
        }
    }
    /**
     * 插入学生信息
     */
    public void insertStudentInfo()
    {
        String sql = "INSERT INTO Student VALUES('2000020','王五','男',19,'计算机')";
        try {
            update = conn.createStatement();
            begin();
            ret = update.executeUpdate(sql);
            commit();
            System.out.println("插入学生信息成功!");
            }
        } catch (SQLException e) {
            rollback();
            System.out.println("插入学生信息失败!");
            e.printStackTrace();
        }
    }
    public void deleteStudentInfo(String sno)
    {
        String sql = "delete from Student where sno='"+ sno + "'";
        try {
            update = conn.createStatement();
            begin();
            update.executeUpdate(sql);
            commit();
            System.out.println("删除学生信息成功!");
        } catch (SQLException e) {
            rollback();
            System.out.println("删除学生信息失败!");
            e.printStackTrace();
        }
    }
}

package com;

public class DbTestMain {
```

```
        public DbTestMain() {
        }
        public static void main(String[] args) {
            DBManager dbc = new DBManager();
            dbc.getStudentInfo();
            dbc.deleteStudentInfo("2000020");
            dbc.insertStudentInfo();
            dbc.close();
        }

    }
```

7.5 触 发 器

触发器（Trigger）是用户定义在表或视图上的一类由事件驱动的特殊存储过程。创建了触发器后，就能够控制与触发器相关联的表。表中的数据发生插入、删除或修改时，触发器自动运行。触发器机制是一种维护数据引用完整性的好方法。

- 触发器可以维护行级数据完整性。
- 触发器可以通过数据库中的相关表实现级联更改。
- 触发器可以实施比用 CHECK 定义的约束更为复杂的约束。
- 触发器可以评估数据修改前后的表状态，并根据其差异采取对策。

触发器不同于前面介绍过的存储过程。触发器采用事件驱动机制，是通过事件进行触发而被执行的，存储过程则通过存储过程名称而被直接调用。

1. 基本概念

用户向数据库管理系统提交 INSERT、UPDATE 和 DELETE 语句后，数据库管理系统会产生 INSERT、UPDATE 和 DELETE 事件，并把这些事件发送给操作所影响的表或视图上的触发器。如果触发器的前提条件被满足，触发器开始工作，执行预先定义好的代码。触发器的一般形式为：

```
ON 事件
IF 前提条件  THEN 动作
```

触发器的功能十分强大，但在使用时要仔细斟酌、合理安排，否则可能引起一些问题。

（1）触发器的判断因素

触发事件产生后，触发器被激活。触发器的判断因素是指在触发器激活之后何时检查触发器的前提条件。至少有两种策略可供选择：立即检查或者在事务结束时进行检查，即延迟检查。选择不同的策略可能产生不同的结果。例如，假设当触发事件产生时，立即检查触发器的前提条件，其结果为真，则触发器的动作被执行。然而，片刻之后，由于其他并发执行的事务进行了某些更新操作，前提条件可能变为假，触发器就不会被触发。

考虑下面的触发器，它的目的是确保选修某门课程的学生人数不超过规定的人数。

```
ON INSERT INTO SC
IF Course.Limit = 0 THEN ROLLBACK
```

运行选课事务时将向 SC 表插入一行选课记录，产生 SC 表上的 INSERT 事件，上述的触发器被激活。

假设某个学生运行一个选课事务，当时，欲选修的课程已经满员，但几乎在同时，管理部门运行了一个增加这个学生所选课程的名额，具体过程如图 7-12 所示。

图 7-12　选课事务和增加名额事务的执行过程

在 t_2 时刻，触发器被激活，如果立即检查，前提条件为真，执行触发器的动作，结果是这个学生不能选修课程。如果把检查的时机放到事务结束之前，即 t_3 时刻之后，则选课操作将获得成功。

不同的应用场合需要不同的策略，对于上述例子，选择在事务结束时再检查前提条件比较合理，但对于某些实时系统，例如，监控飞船发射，则需要立即检查前提条件。

（2）触发器的执行

如果触发器的判断因素是推迟检查，则触发器的执行也必然被推迟，直到事务结束才执行；如果触发器的判断因素是立即检查，则触发器动作的执行也有两种选择：立即执行或者推迟到触发事务结束时再执行。对于前者，还有 3 种可能的选择：在产生触发事件的语句之前执行，称为 **BEFORE** 触发器；在产生触发事件的语句之后执行，称为 **AFTER** 触发器；不执行产生触发事件的语句，称为 **INSTEAD OF** 触发器，此类触发器多用于对视图的维护。例如，当把一个元组插入视图时，触发器被激活，把向视图插入的元组转换成向基表插入的元组。

（3）触发器的粒度

INSERT、DELETE、UPDATE 语句产生相应的触发事件，由于这些语句可能操作多个元组，因此，需要定义触发器的粒度。一种是语句级粒度，一个语句产生一个触发事件，即使这个语句没有操作任何一个元组（例如没有满足条件的元组）；另一种是行级粒度，增加、删除、修改一个元组就产生一个触发事件，并且对不同元组的改变被看作不同的事件，可能使触发器被多次执行。

在行级粒度上，触发器的前提条件和动作代码中可能需要知道受影响的元组的旧值和新值。在语句级粒度上，DBMS 会提供修改发生前和修改后整个表的内容。

（4）触发器的冲突

在一个表或视图上，针对一类事件，可以定义多个触发器。当事件发生时，DBMS 需要合理地调度这些触发器。存在两个可供选择的方案：

● 有序冲突解决方案：按照一定的次序依次计算触发器的前提条件，当一个触发器的前提条件为真时，执行触发器，然后再对下一个触发器的前提条件进行判断。

● 分组冲突解决方案：同时计算所有触发器的前提条件，然后调度执行所有前提条件为真的触发器。

对于第一种选择方案，系统可以决定触发器的顺序或者可以随机选择触发器。触发器的顺序不是必然的，因为所有触发器可以并发执行，尽管大多数 DBMS 顺序执行触发器。

2. SQL-1999 的触发器

SQL-1999 对触发器进行了标准化，采用下面的语法：

```
CREATE TIGGER trigger-name
    {BEFORE | AFTER} {INSERT | DELETE | UPDATE[OF column-name-list]}
```

```
ON {Table-name | View-name}
REFERENCING [OLD AS tuple-name][NEW AS tuple-name]
           [OLD TABLE AS old-table-name][NEW TABLE AS new-table-name]
[FOR EACH {ROW | STATEMENT}]
[WHEN(precondition)]
Statement-list
```

● 触发器有一个名字 trigger-name，通过 Table-name 或 View-name 与一个表或视图相关联，监视这个表上发生的触发事件。

● 触发事件有 INSERT、DELETE 和 UPDATE 3 种，分别由 INSERT、DELETE 和 UPDATE 语句所产生，触发事件产生后将激活表上定义的触发器。

● 触发器被激活后，立即检查触发条件 precondition，触发条件是一个表达式，其具体构成与 SELECT 语句中的 WHERE 子句相同。

● 若触发条件被满足，则执行 Staement-list 所规定的动作，Staement-list 可以是一个过程。可以在触发语句之前（BEFORE）或之后（AFTER）执行触发器的动作。注意：BEFORE 触发器中的动作不允许修改数据库中的任何数据。SQL-1999 不支持 INSTERD OF 触发器。

● 触发器的粒度有行级（FOR EACH ROW）和语句级（FOR EACH STATEMENT），默认状态下是语句级粒度。

● 在触发条件 precondition 和动作 Staement-list 中可以引用修改前后的元组和表。修改前后的元组用 OLD AS 和 NEW AS 指定，修改前后的表由 OLD TABLE AS 和 NEW TABLE AS 指定。

3. SQL Server 2000 中的触发器

很多 DBMS 在 SQL-1999 标准出现之前就支持触发器功能，但具体细节和标准略有差异。SQL Server 2000 支持 AFTER 触发器和 INSTEAD OF 触发器，AFTER 触发器只能定义在表上，INSTEAD OF 触发器可以定义在表或者视图上，同一个表上可以有多个 AFTER 触发器，但只能有一个 INSTEAD OF 触发器。创建触发器的基本语法为：

```
CREATE TRIGGER trigger_name
ON { table-name | view-name }
{ AFTER | INSTEAD OF } { INSERT | UPDATE| DELETE }
AS
sql_statement-list
```

例 40　在表 SC 上建立一个 AFTER INSERT 触发器，显示由哪个用户插入了一行数据。

```
CREATE TRIGGER scInsert
ON SC
AFTER INSERT
AS
   PRINT 'One Row Inserted By ' + USER_NAME()
```

USER_NAME()函数返回执行这条触发器的用户（该用户执行的 INSERT 语句触发了该触发器）。

有了触发器以后，用户程序的执行次序会发生改变。如图 7-13（a）所示，程序先执行语句 1，接着执行语句 2。而图 7-13（b）中，由于语句 1 触发了一个触发器的执行，程序的执行过程就改变了，即先执行语句 1，接着触发器，然后执行语句 2。

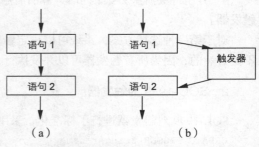

图 7-13　触发器改变了程序的执行过程

例 41　不允许 Course 表中大于 6 学分的课程数超过 30，使用触发器实现这条规则。

```
CREATE TRIGGER courseInsert
ON Course
AFTER INSERT
AS
--声明变量
  DECLARE @myCount smallint
--计算学分超过 6 分的课程数（如果新插入的元组的学分大于 6，统计结果中也包含它）
  SELECT @myCount = count(*)
  FROM Course
  WHERE Ccredit>= 6
  IF @myCount > 30   --判断是否超过 30 门课程
  BEGIN
    ROLLBACK       --如果超过，则回滚事务，新插入的记录被撤销
    PRINT 'Transaction Is Rollbacked'
  END
```

由于触发器的代码是用户程序的一部分，所以，ROLLBACK 撤销的是整个**事务**（事务的概念请参见第 5 章），触发触发器的 INSERT 语句以及与 INSERT 语句同属一个事务的其他更新操作的结果都被撤销。

对于本例而言，在设计程序时，也可以不用触发器实现。例如，在维护 Course 表的代码中加入判断语句行。这就需要在每个可能向 Course 表插入记录的地方都加入这段代码，不如使用触发器来得方便。

所以，在编写涉及事务的代码时一定要小心，养成测试每一条 SQL 语句返回码的良好习惯，发现问题及时处理。

触发器执行时产生两种临时的特殊表：DELETED 表和 INSERTED 表。

- DELETED 表：存放被 DELETE 和 UPDATE 的旧数据。在执行 DELETE 语句时，行从触发器所在的表中删除，但保存到 DELETED 表中。UPDATE 语句将修改前的数据转移到 DELETED 表中。
- INSERTED 表：存放被 INSERT 和 UPDATE 的新数据。当向表中插入数据时，INSERT 触发器被触发，新的记录增加到触发器所在的表和 INSERTED 表中。UPDATE 语句将修改后的数据也复制到 INSERTED 表中。

INSERTED 和 DELETED 表主要用于触发器中：

- 扩展表间引用完整性。
- 在视图的基本表中插入或更新数据。
- 检查错误并基于错误采取行动。
- 找到数据修改前后表状态的差异，并基于此差异采取行动。

例 42　编写一个触发器，记录向 Student 表插入记录的用户、时间和插入的学号（关键字）。

```
CREATE TRIGGER logStudent
ON Student
AFTER INSERT
AS
  DECLARE @recordKey char(7)
  SELECT @recordKey = Sno
  FROM INSERTED
  INSERT INTO EXAMPLELOG(operatingTime,TableName,userName,recordKey)
  VALUES(getdate(),'Student',user_name(),@recordKey)
```

logStudent 触发器从 INSERTED 表中取出刚插入的学生的学号，存放到变量 recordKey 中，然后用 getdate()函数得到当前的日期和时间，用 user_name()函数获取执行 INSERT 语句的用户名，分别将这些数据插入到表 EXAMPLELOG 中。EXAMPLELOG 的结构如下：

```
CREATE TABLE EXAMPLELOG(
    --序列号，由数据库管理系统从 1 开始，步长为 1，自动生成
    SerialNO  int IDENTITY(1,1),
    operatingTime  date,
    TableName varchar(30),
    userName  varchar(20),
    recordKey varchar(100),
    PRIMARY KEY(SerialNO)
)
```

例 43 编写一个触发器，记录修改 Student 表的用户和时间，以及所修改的学生的学号。

```
USE S_C_SC
GO
IF EXISTS (SELECT name FROM sysobjects WHERE name = 'logStudent' AND type = 'TR')
    DROP TRIGGER logStudent
GO
CREATE TRIGGER logStudent
ON Student
AFTER UPDATE
AS
    DECLARE @Sno
    --声明游标，读取 INSERTED 表中所有的记录（由 UPDATE 语句产生）
    DECLARE updatedStudent CURSOR
    FOR
        SELECT * FROM INSERTED
    OPEN updatedStudent
    FETCH  FROM updatedStudent
    INTO @Sno
    WHILE @@FETCH_STATUS=0
    BEGIN
        INSERT INTO EXAMPLELOG(operatingTime,TableName,userName,recordKey)
        VALUES(getdate(),'Student',user_name(),@Sno)
        FETCH  FROM updatedStudent
        INTO @Sno
    END
    CLOSE updatedStudent
    DEALLOCATE updatedStudent
```

与上例不同，由于 UPDATE 语句可能会修改多条记录，因此，要用游标对 INSERTED 表中的记录进行处理。事务由触发触发器的程序进行提交。

从前面的例子中可以发现，触发器的功能十分强大，但是要慎重使用，使用不当会影响服务器的性能。在使用触发器时要注意以下事项：

- **CREATE TRIGGER** 语句必须是批处理中的第一个语句。
- 创建触发器的权限默认分配给表的所有者，并且不能将该权限转给其他用户。
- 触发器为数据库对象，其名称必须遵循标识符的命名规则。
- 虽然触发器可以引用当前数据库以外的对象，但只能在当前数据库中创建触发器。
- 虽然不能在临时表或系统表上创建触发器，但是触发器可以引用临时表。

- 触发器在操作发生之后执行，约束（例如 CHECK 约束）操作发生之前起作用。如果在触发器表上有约束，则这些约束在触发器执行之前进行检查。如果操作与约束有冲突，则触发器不执行。

- 触发器和激活它的语句作为单个事务处理，如果检查到严重错误，整个事务自动撤销。

- 一个数据表上可定义多个触发器，同一个表上多个触发器激活时遵循顺序：执行该表上的 INSTEAD OF 触发器，执行激活触发器的 SQL 语句，执行该表上的 AFTER 触发器。如果有 INSTEAD OF 触发器，激活触发器的 SQL 语句以及 AFTER 类型触发器就不会执行。

- 在含有用 DELETE 或 UPDATE 操作定义的外键的表中，不能定义 INSTEAD OF 和 INSTEAD OF UPDATE 触发器。

- 虽然 TRUNCATE TABLE 语句类似于没有 WHERE 子句（用于删除行）的 DELETE 语句，但它并不会触发 DELETE 触发器，因为 TRUNCATE TABLE 语句没有记录。

- WRITETEXT 语句不会触发 INSERT 或 UPDATE 触发器。

小　结

本章简单介绍了嵌入式 SQL、存储过程以及两个数据库互连标准——OBDC 和 JDBC。

针对结构化查询语言 SQL 计算能力不足的问题，有两种解决办法。一是将 SQL 嵌入某种语言，如 C、Delphi、JSP 等，利用宿主语言的计算能力克服 SQL 的不足；二是数据库管理系统提供自己的编程语言，把 SQL 作为语言的一部分，如 SQL Server 的 Transact-SQL，Oracle 的 PL/SQL。如果读者精通一门编程语言，可以很快掌握它们。

SQL 语句处理的是集合，是非过程化的语言，而过程化的语言一次只能处理一条记录，游标在二者之间起了一个很好的桥梁作用。游标是一个内存区域，存放 SELECT 语句的结果；游标也是一个指针，可以指向结果集中任何一个记录，把该记录的值复制到宿主语言的变量中；游标还是一个定位器，利用 CURRENT OF 子句修改或删除数据库中对应的元组。

用户向数据库管理系统提交的 SQL 语句一般要先经过网络传送到服务器，然后服务器对语句进行词法、语法分析，生成执行计划后，再调度执行。这种方式很灵活，但加重了网络的负担，增加了延迟时间。存储过程是一段程序，与 C 语言中的函数相似，它经过词法、语法分析，生成执行计划后，存放在服务器中，当用户调用存储过程时，可以立刻执行，加快了命令的响应时间。由于存储过程的代码存放在服务器中，不用在网络中反复传送，节省了网络带宽，也起到了一定的保密作用。

触发器是另外一类存储过程。触发器依附在表或者视图上，当对表或者视图进行操作（INSERT、UPDATE、DELETE）时，数据库管理系统会产生相应的事件，并把事件发送到表上的触发器，如果满足一定的条件，就触发触发器，自动执行触发器中的代码。SQL Server 有 INSTEAD OF 和 AFTER 两类触发器，INSTEAD Of 触发器替代触发触发器的 SQL 语句，AFTER 触发器在操作完成后开始执行。

存储过程和触发器的代码是用户程序事务的组成部分，这些代码中如果有 COMMIT 或者 ROLLBACK 命令就会影响事务的结果，需要特别留意。

由于触发器和存储过程存放在服务器中，在用户程序中看不到其代码，在调试存储过程和触发器时，最好增加一些调试信息，例如，在特定的环节输出一些提示信息，调试完毕再删除这些信息。本章的例子都是在调试后去掉了提示信息。

ODBC 是 Microsoft 公司提出的一个 Windows 环境下的数据库互连标准。ODBC 由 ODBC API、驱动程序管理器和驱动程序组成。驱动管理器由微软提供，针对每种具体的 DBMS 需要一个驱动程序，由数据库厂商或者第三方提供。ODBC 驱动程序有 3 种 API 一致级别、3 种 SQL 一致级别和两种类型的驱动程序。ODBC 工作流程比较繁杂，一般的开发工具，如 Delphi 对其进行了封装，可以只做简单了解。

JDBC 是 Sun 公司建立的另一个数据库互连标准，用于 Java 语言访问数据库，其最大的特点是平台无关性。JDBC 包含在 java.sql 程序包中，主要由 DriverManager 类、Connection、Statement 和 ResultSet 接口组成。使用 JDBC 访问数据库要经过加载驱动程序、建立数据库连接、发送 SQL 语句和处理结果集等几个步骤，简单明了，易于掌握。

习　题

一、填空题

1. Transact-SQL 使用_____把日期时间常量括起来。

2. Transact-SQL 中为局部变量赋值的语句是 SET 和_____。

3. 使用_____系统存储过程可以查看定义触发器和存储过程的 SQL 语句。

4. 游标由两部分组成，这两部分包括_____和游标位置。

二、选择题

1. 一个触发器可以定义在_____表上。
A. 只有一个　　　　B. 一个或多个　　　　C. 1~3 个　　　　D. 任意多个

2. 下列条件中不能激活触发器的是_____。
A. 更新数据　　　B. 查询数据　　　　C. 删除数据　　　D. 插入数据

3. 要使游标具有滚动性，应在游标声明语句中使用_____关键字。
A. INSENSITIVE　B. SCROLL　　　　C. WITH HOLD　　D. WITH RETURN

4. 下列选项中，_____语句用于调用 SQL 存储过程。
A. RETURN　　　B. SET　　　　　C. EXECUTE　　　D. DECLARE

5. 求子串函数 SUBSTRING('THE REASON IS',12 ,2)的返回值是_____。
A. THE　　　　　B. REASON　　　　C. IS　　　　　D. SON

三、简答题

1. 简述 SQL Server 中给自变量赋值的两种方法。

2. 说明全局变量@@ERROR、@@ROWCOUNT、@@FETCH_STATUS 的含义及用途。

3. 游标由哪两部分组成？叙述各自的含义。

4. 在 FETCH 语句中可以添加 NEXT、FIRST、LAST、PRIOR、ABSOLUTE 和 RELATIVE 关键字，说明这些关键字的含义。

5. 简述存储过程的优点。

6. 给定学号，建立一个存储过程，计算出该学生选修课程的门数和平均成绩。

7. 简述触发器的执行过程，比较触发器与存储过程的差异。

8. 了解 Oracle 对触发器的定义和管理方法。

9. 在表 Student 上建立触发器，用于检测新加入的学生的学号的最前面的 4 个字符必须是当前的年份。

10. 在嵌入式 SQL 中是如何区分 SQL 语句和主语言语句的？

11. 在嵌入式 SQL 中是如何解决数据库工作单元与源程序工作单元之间的通信的？

12. 在嵌入式 SQL 中是如何协调 SQL 语言的集合处理方式和主语言的单记录处理方式的？

第8章
实体联系模型

在前面几章中，我们介绍了数据库系统的基本构成、关系数据模型以及使用关系数据库的各个方面。但是还有一个问题尚未解决，即如何根据实际应用的需要构造关系模式。例如，事例数据库中的 3 个关系模式是怎样得到的。这就是数据库设计问题，数据库设计一般要经过以下几个步骤：

（1）需求分析阶段：需求分析是整个设计过程的基础，是最困难、最耗费时间的一步。作为地基的需求分析是否做得充分与准确，决定了在其上构建数据库大厦的速度与质量。需求分析做得不好，会导致整个数据库设计返工重做。

（2）概念结构设计阶段：概念结构设计是整个数据库设计的关键，它通过对用户需求进行综合、归纳与抽象，形成一个独立于具体 DBMS 的概念模型。

（3）逻辑结构设计阶段：逻辑结构设计是将概念结构转换为某个 DBMS 所支持的数据模型，并以数据库设计理论为依据，对其进行优化，形成数据库的全局逻辑结构和每个用户的局部逻辑结构。例如，针对一个具体问题，应该如何构造一个适合于它的数据库模式，包括应该构造几个关系，每个关系由哪些属性组成，有哪些约束条件，对不同的用户应设计几个视图，等等。

（4）数据库物理设计阶段：数据库物理设计是为逻辑数据模型设计一个适合应用环境的物理结构，包括应该为关系选择哪种存取方法，建立哪些存取路径；确定数据库存储结构，即确定关系、索引、聚簇、日志、备份等数据的存储安排和存储结构，确定系统配置等。

（5）数据库实施阶段：在数据库实施阶段，设计人员运用 DBMS 提供的数据语言及宿主语言，根据逻辑设计和物理设计的结果建立数据库，编制与调试应用程序，组织数据入库，并进行试运行。

（6）数据库运行和维护阶段：数据库应用系统经过试运行后即可投入正式运行。在数据库系统运行过程中必须不断地对其进行评价、调整与修改。

设计一个完善的数据库应用系统是不可能一蹴而就的，它往往是上述 6 个阶段的不断反复的过程。

本章的前 2 节介绍概念设计阶段的主要工具——E-R 模型，第 3 节介绍如何将概念结构转换为逻辑结构，它是逻辑设计阶段的主要任务之一。下一章将介绍关系规范化理论，该理论用于指导逻辑设计阶段的优化工作。限于篇幅，我们不再介绍其他设计阶段的内容。

8.1　基本的实体联系模型

概念模型用于信息世界的建模，是现实世界到信息世界的第一层抽象，是数据库设计人员进行数据库设计的有力工具，也是数据库设计人员和用户之间进行交流的语言。因此概念模型一方面应该具有较强的语义表达能力，能够方便、直接地表达应用中的各种业务规则，另一方面它还应该简单、清晰、易于用户理解。

概念模型的表示方法很多，例如，P.P.S.Chen 于 1976 年提出的实体-联系方法（Entity-Relationship Approach）以及对象管理组织（OMG）提出的 UML。

本节介绍实体联系模型的基本概念和图示方法。

我们知道，世界是由万物构成的，万物之间有着千丝万缕的关系，世界处于运动中。要描述现实世界，就要正确地表达世间的物体，以及物体之间的关系和它们的变化情况。

实体联系模型用实体表示物体，用联系表示物体之间的关系。

8.1.1　基本概念

1. 实体和实体型

在实体联系模型中，用实体表示现实世界中某一个具体的物体，具有相同性质的实体组成了一个实体型，每个实体型要有一个名字，一般用名词表示。例如，汽车、学生是实体型，一辆具体的汽车、一个名叫张大民的学生分别是汽车和学生的实体。实体型和实体的关系如同面向对象概念中的类和对象的关系。实体联系模型中的"实体"二字实际上是指实体型。

每个实体型有一组属性，表示实体型的特点或性质。每个属性有一个名字，常用名词作为名字。每个属性有一个取值范围，叫做域，域的概念类似于程序设计语言中的数据类型，如果一个属性的域是整型，则 1、123 是合法的取值，而 1.0、123.12 是不合法的取值。在实体型的每个属性上取一个合法的值，就得到了一个实体。

住址是一个经常用到的属性，它可以划分为更小的细节，如国家、省、市、区、街道等，而年龄却不能进一步细分。像住址一类的属性被叫做复合属性，年龄被叫做简单属性。

属性还可以被划分为单值属性和多值属性。实体型中所有实体在某个属性上只取一个值，则这个属性叫做单值属性，如果某个实体在属性上取多个值，则该属性是多值属性。例如，姓名属性是单值属性，而奖励属性是多值属性。

派生属性（导出属性）是这样的属性，它们是从其他属性经过计算得到的。例如，年龄这一属性的值等于当前日期减去出生日期。

如果实体型中的所有实体在一组（或一个）属性上的取值各不相同，则这组属性叫做关键字（Key），这是关键字的主要特点，即唯一性。例如，学生中的学号属性是关键字，因为学校保证给每个学生一个唯一的编号，而姓名就不能作为关键字，因为通常会有重名的学生，即使现在学校中没有重名的学生，姓名也不宜作为关键字，谁能保证将来没有重名的学生呢？

关键字的第二个特点是最小性。如果属性 A 是一个实体型的关键字，由于唯一性的特点，则实体在属性组 AB、ABC、ABCD 等所有包含 A 的属性组上的取值也具有唯一性，但是它们不是关键字，因为它不具有最小性。最小性是指从关键字中去掉任何一个属性后就不再具有唯一性。在有的书中把包含关键字的属性组叫做超级关键字（Super Key），它具有唯一性，但不具有最小性。

如果一个实体型有多个关键字，则要从中选取一个作为实体型的关键字，换句话说，一个实体型只需要一个关键字，被选中的关键字叫做主关键字（Primary Key），其他的关键字叫做候选关键字（Candidate Key）。例如，学生实体中的学号和身份证号都可以作为关键字，因为它们具有唯一性和最小性，学号和身份证号都是候选关键字。在实际应用中，例如，在学生管理系统中，会选用学号作为关键字，用学号区分不同的学生。

为了便于交流，一般用图示的方法表示实体联系模型，叫做 E-R 图，E-R 图还没有正式的标准。一般用矩形表示实体型，矩形框内写明实体型的名称，用单椭圆形表示单值属性，双椭圆形表示多值属性，属性名写在椭圆形内部，关键字加下划线，用无向边将属性与其所属的实体连接起来。

例如，学生实体型具有学号、姓名、性别、院系、出生日期、入学日期和奖励属性，其 E-R 图如图 8-1 所示。

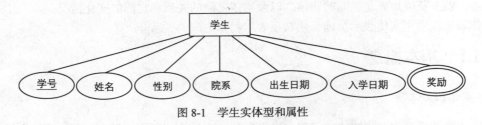

图 8-1   学生实体型和属性

从图 8-1 中可以看出，实体型的名字是学生，学号是关键字，奖励属性是一个多值属性（因为一个学生可以没有获得任何奖励，或者获得一到多个奖励）。

2. 联系和联系型

物体之间的联系用实体型之间的联系型表示。联系型要有名字，一般用动词或动词短语作为联系型的名字。在 E-R 图中用菱形表示联系型，菱形框内写明联系型的名字，并用无向边分别与相关联的实体型连接起来。

例如，学生和班级实体型之间存在一个联系型，取名为"从属于"，描述了学生和班级之间的关系，如图 8-2 所示。

联系是联系型的一个实例。联系型"从属于"的实例（即联系）就是班级花名册。可以用图和表来表示联系。图 8-3 中表示学生 S1、S2 和 S3 属于班级 C1，学生

图 8-2   用菱形表示联系型

S4 和 S5 属于班级 C2，或者说班级 C1 中有 S1、S2 和 S3 3 个学生，班级 C2 中有 S4 和 S5 两个学生。

联系型也可以有属性。例如，在学校中，一个学生要选修一些课程，学习完一门课程后会有一个学习成绩，学生与课程之间的联系型"选修"有一个属性：成绩，如图 8-4 所示。

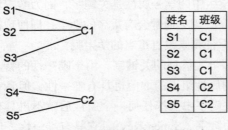

图 8-3   联系的两种表示方法：图和表

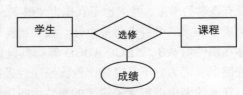

图 8-4   联系型的属性

联系型"选修"的实例是学生成绩表，如表 8-1 所示。

联系型也有关键字，以保证如表 8-1 中的每一行可以和其他行区分开来。一般情况下，联系型的关键字由参与实体型的关键字合并而成。图 8-4 中的选修联系型的关键字是学生实体型的关

键字学号和课程实体型的关键字课程号组成，可以保证表 8-1 中的每一行在这两个属性上的值是唯一的。

表 8-1　　　　　　　　　　　　　　　学生成绩表

学　　号	课 程 号	成　　绩
2000012	1156	80
2000113	1156	89
2000256	1156	93
2000014	1156	88
2000012	1024	80
……	……	……

　　一个联系型所关联的实体型的个数叫做联系型的度。只关联到一个实体型的联系型叫做一元联系型，有两个实体型参与的联系型叫做二元联系型，依此类推。在实践中经常遇到的是二元联系型，偶尔会遇到三元或多元联系型。图 8-2 和图 8-4 所示为二元联系型，图 8-5（a）所示为三元联系型，图 8-5（b）所示为一元联系型。

　　图 8-5（b）表达了学生之间的领导和被领导关系。为了便于生活和学习，每个班中要选出一个班长，由班长负责一些管理事务，由于班长是学生实体型中的实体，其他的同学也是学生实体型中的实体，从图中很难看出谁领导谁。为了解决这个问题，引入了角色的概念，角色画在联系型和实体型之间的连线上，如图 8-5（c）所示。

　　实际上，在二元联系和三元联系中也存在角色的概念，图 8-2 中，在实体型学生和联系型"从属于"之间有一个角色，名字为学生，同样，班级和联系型之间的角色叫做班级，由于角色和实体型同名，为了清晰起见，在图中省略了角色名。

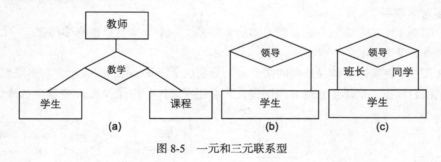

图 8-5　一元和三元联系型

3. 联系的分类

在现实中，两个实体型之间的联系可以分为 3 种：一对一、一对多、多对多。

（1）一对一联系（1∶1）

如果对于实体型 A 中的每一个实体，实体型 B 中至多有一个（也可以没有）实体与之联系，反之亦然，则称实体型 A 与实体型 B 具有一对一联系。

　　例如，学生实体型和学生证实体型之间的联系型"拥有"描述了学生和学生证之间的对应关系。一个学生可以没有学生证（刚入学），但最多只有一个学生证。一个学生证可以不分配给任何一个学生（空白学生证），但最多只能指定给一个学生。因此，学生和学生证之间的联系是一对一联系。

　　表 8-2 用表的形式给出了联系型"拥有"的一个联系，即学生证发放表。一对一联系要求任何一个学号、任何一个学生证号在联系中最多只能出现一次。

表 8-2   学生证发放表

学　　号	学 生 证 号
2000012	XZ2000012
2000113	
2000256	XZ2000256
2000014	XZ2000014
……	……

在 E-R 图中，在关联实体型和联系型的两个边上加上字符 1 表示一对一联系，如图 8-6 所示。

（2）一对多联系

如果对于实体型 A 中的每一个实体，实体型 B 中有 n 个实体（$n \geq 0$）与之联系，反之，对于实体型 B 中的每一个实体，实体型 A 中至多只有一个实体与之联系，则称实体型 A 与实体型 B 有一对多联系。实体型 A 叫做一端，实体型 B 被称为多端。

图 8-6   学生与学生证之间的一对一联系

例如，班级实体型和学生实体型之间的联系"隶属于"就是一个一对多联系，因为每个学生只在一个班级中学习，而一个班级可以有多个学生，如图 8-2 所示。

在 E-R 图中，在一端实体型和联系型的边上加上字符 1，在多端实体型和联系型的边上加上字符 n，表示一对多联系，如图 8-7 所示。从左往右读作一个班级对应 n 个学生，从右往左读作一个学生对应一个班级。

（3）多对多联系

如果对于实体型 A 中的每一个实体，实体型 B 中有 n 个实体（$n \geq 0$）与之联系，反之，对于实体型 B 中的每一个实体，实体型 A 中也有 m 个实体（$m \geq 0$）与之联系，则称实体型 A 与实体型 B 具有多对多联系。

例如，图 8-4 中的"选修"联系就是多对多联系，一个学生可以选修多门课，一门课可以被多个学生选修，见表 8-1。

在 E-R 图中，在实体型和联系型的两个边上分别加上字符 m 和 n，表示多对多联系，如图 8-8 所示。从左往右读作一个学生选修 n 门课程，从右往左读作一门课程被 m 个学生选修。

图 8-7   班级与学生之间的一对多联系

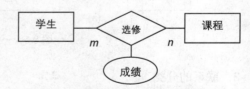

图 8-8   学生和课程之间的多对多联系

4. 基数约束

为了更精确地描述实体型的一个实体可以在一个联系中出现的次数，引入基数约束的概念，基数约束用一个数对 min..max 表示，$0 \leq min \leq max$。

例如，0..1，1..3，1..*，其中，*代表无穷大。另外，0..*可以简写为*，n..n（n 是数字）可以简写为 n，如，1..1 可以表示为 1。

min=1 的约束叫做强制参与约束，即被施加基数约束的实体型中的每个实体都要参与联系；min=0 的约束叫做非强制参与约束，被施加基数约束的实体型中的实体可以出现在联系中，也可以不出现在联系中。

基数约束是上面叙述的一对一、一对多、多对多联系的细化。参与联系的每个实体型要用基数约束说明实体型中的任何一个实体可以在联系中出现的最少次数和最多次数。图 8-6、图 8-7、图 8-8 的一对一、一对多、多对多联系用基数约束表示为图 8-9。

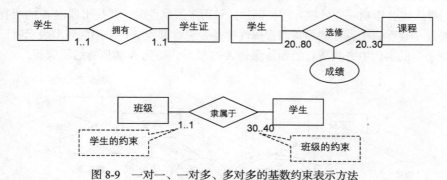

图 8-9　一对一、一对多、多对多的基数约束表示方法

注意，由于 E-R 图的图形元素并没有被标准化，在不同的教科书中会有一些差异。在本书中，在二元联系中，基数约束要标注在远离施加约束的实体型，靠近参与联系的另外一个实体型的位置。采用这种方式，一是可以方便地读出约束的类型（一对一、一对多、多对多），二是一些 E-R 辅助绘图工具也是采用这样的表现形式。但在三元联系或多元联系中，基数约束要靠近需要施加约束的实体型，如图 8-10 所示。

图 8-10 中的约束说明教师实体型的每个实体在联系型"教学"的实例中要出现 1～3 次，即每位教师必须给学生上课，但不会超过 3 门课；学生在学期间要选修 20～30 门课程；课程在联系中可以出现任意多次。

由于多数 E-R 图辅助制图工具不支持二元以上的联系，因此首先需要将三元联系转换为 3 个二元联系和一个关联实体型，即首先将原来的联系型及其属性转换为一个关联实体型，关联实体型可以理解为一个实体型，但也有联系型的含义，其次将原来施加到实体型的各个基数约束移动到靠近关联实体型，最后给原来的各个实体型施加 1..1 基数约束，如图 8-11 所示。

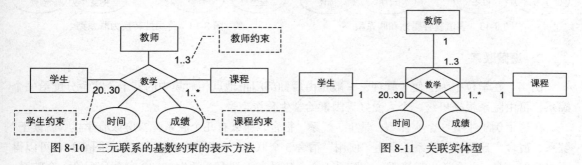

图 8-10　三元联系的基数约束的表示方法　　　　图 8-11　关联实体型

8.1.2　常见问题及解决方法

上一小节介绍了 E-R 模型的基本概念，在这一小节中使用几个实例解决初学者可能会遇到的问题以及解决方法。

1. 属性和联系

多值属性和复合多值属性经常被表示成一个联系型。

例 1　实体型课程具有课程编号、名称和预备课程 3 个属性，如图 8-12（a）所示。一门课程可能有或者没有预备课程，可能有一门或者多门预备课程，所以预备课程是一个多值属性。由于预备课程也是实体型课程的实体。因此，可以把预备课程更改为一个联系型，如图 8-12（b）所示。

将多值属性转换为一个联系型是因为有一些数据模型，如后面要介绍的关系模型，不支持多值属性。另外，也会影响一些处理方式，例如，采用多值属性时，要找出课程 A 的所有的后续课程，则需要逐个察看每个课程的预备课程属性中是否包含课程 A；采用联系型表示时，可以在联系型"先修于"的实例中查找所有的预备课是 A 的联系，得到 A 的所有后续课程。

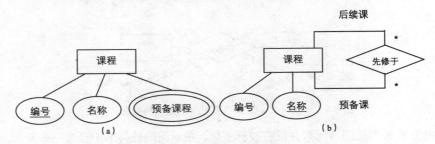

图 8-12　多值属性和联系型

例 2　图 8-1 所示的学生实体型有一个多值属性：奖励，一个学生可以获得零到多个奖励，每项奖励由奖励日期和奖励名称组成，因此，奖励属性还是一个复合属性。可以仿照例 1，把该属性处理成一个联系型，名称为拥有，如图 8-13 所示。为清楚起见，没有画出学生实体型的所有的属性。

例 3　如图 8-1 所示，学生实体型有属性院系，表示一个学生在哪个院系学习。院系是另外一个实体型，因此，比较清楚的表示方法是去掉学生实体型中的属性院系，建立与实体型院系之间的联系，如图 8-14 所示。

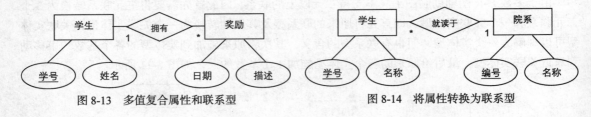

图 8-13　多值复合属性和联系型　　　　　　图 8-14　将属性转换为联系型

2. 遗漏联系

例 4　在学校中为了便于管理，一般是由后勤部门把地点相对集中的若干个宿舍分配给一个院系，再由院系根据班级、个人爱好等因素给学生分派宿舍。

在这个例子中有 3 个实体型：学生、院系、宿舍，那么有几个联系呢？应该有学生"就读于"院系、宿舍"分配给"院系、学生"使用"宿舍 3 个联系，如图 8-15 所示。观察图 8-15，可以得到这样的信息：一个学生就读于一个院系；一个院系有零到多个学生；一个宿舍分配给一个院系，一个院系被分配给了多间宿舍；一个学生使用一个宿舍，一个宿舍被多个学生使用。

初学者容易忽略图 8-15 中的虚线部分，注意，从学生就读于院系和宿舍分配给院系两个联系中是推导不出某个学生在哪个宿舍中的。

3. 时间戳

E-R 模型没有明确地表达世界的变化，可以把它理解为现实世界的快照，即某个时刻的一张照片。但实际使用中有时需要清晰地表达时间的概念，可以采用一些方法加以补救。

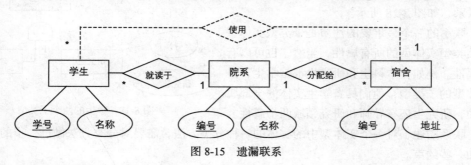

图 8-15　遗漏联系

例 5　考虑产品的价格，大家知道，由于市场的变化，产品的价格处于不断波动中，如果要记录下产品价格变化的历史情况，E-R 图应该怎样画？

使用图 8-16（a）所示的方法表现不出价格的变化情况，因为图中明确表达了产品只有一个价格。因此需要使用多值属性，如图 8-16（b）所示，有效时间的值是一个区间，即［开始日期，结束日期］。

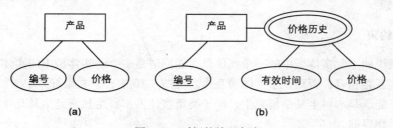

图 8-16　时间的处理方法

4. 实体型之间的多种联系

在某些特殊情况下，需要在相同的实体型之间建立多个联系。例如，教师和课程之间有两个联系：教师有资格讲授课程，说明教师获得了讲授某门课的资格；教师讲授课程，描述教师在某学期讲授一门课程。如图 8-17 所示，一位教师有资格讲授至少一门课程，一门课程可以有多位有资格讲授的教师。在某个学期，一位教师可以不讲课或者讲授一门课程，一门课程有一到三位教师授课。

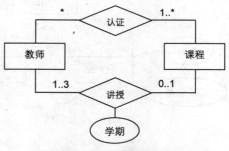

图 8-17　实体型之间的多个联系

8.2　扩充的实体联系模型

实体-联系方法是抽象和描述现实世界的有力工具。用 E-R 图表示的概念模型独立于具体的 DBMS 所支持的数据模型，它是各种数据模型的共同基础。E-R 模型得到了广泛的应用，并且在最初的基础上进行了扩展，使得表达能力更自然更强大。

8.2.1　IsA 联系

使用 E-R 方法构建一个项目的模型时，经常会遇到某些实体型是其他实体型的子类型。例如，研究生和本科生是学生的子类型，子类型联系又叫做 IsA 联系，如图 8-18 所示。

IsA 联系的一个最重要的性质是子类型实体型继承了父类型实体型的所有属性，当然，也可以有自己的属性。例如，本科生和研究生都是学生，是学生实体型的子类型，他们具有学生实体的全部属性，其中，研究生还有导师和研究领域两个属性。

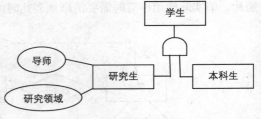

图 8-18　学生的两个子类型

IsA 联系描述了对一个实体型中的实体的一种分类方法，需要对分类方法做进一步的说明或者说施加一些约束。

1. 分类属性

分类属性是父实体型的一个属性，可以根据这个属性的值把父实体型中的实体分派到子实体型中。在图 8-19 中，子类型符号的右边加了一个分类属性：类别，一个学生是研究生还是本科生由该属性的值决定。

2. 不相交约束

不相交约束说明了父实体型中的一个实体是否能同时是多个子实体型中的实体，如果可以的话，则子实体型互相相容，否则，子实体型互斥。在图 8-20 中，子类型符号中增加了一个叉号，表明一个学生不能既是本科生又是研究生，即子类型实体型本科生和研究生是互斥的。如果没有叉号，则表示是相容的。

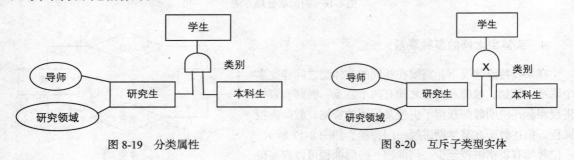

图 8-19　分类属性　　　　　　　　　　　　　　图 8-20　互斥子类型实体

3. 完备性约束

完备性约束约定是否是父实体型中的一个实体必须是某一个子类型实体型中的实体，如果是，则叫做完全特化，否则，叫做部分特化。完备性约束可以用文字加以说明。

8.2.2　part-of 联系

part-of 联系即部分联系，它表明某个实体型是另外一个实体型的一部分。有两种类型的 part-of 联系。一种类型是即使整体被破坏，整体的部分仍然可以独立存在，这种类型的 part-of 联系是非**独占**的。一个非独占 part-of 联系的例子是汽车实体型和轮子实体型之间的联系，一辆汽车被销毁了，但是轮子还可以存在，甚至被安装到其他的汽车上。非独占联系在 E-R 图中没有特殊的表示，可以通过基数约束表达非独占联系。在图 8-21 中，汽车的基数约束是 4，即一辆汽车要有 4 个轮子。轮子的基数约束是 0..1，请回忆一下，这样的约束表示非强制参与联系，即一个轮子可以参与一个拥有联系，也可以不参与。换句话说，一个轮子可以安装到一辆汽车或者没有被安装到任何车辆。因此，在 E-R 图中用非强制参与联系表示非独占 part-of 联系。

与非独占联系相反，在 E-R 图中用弱实体类型和识别联系的特殊方法表示独占联系。如果一个实体型的存在依赖于其他实体型的存在，则这个实体型叫做弱实体型，否则叫做强实体型。前面介绍的绝大多数实体型都是强实体型，但图 8-13 中的奖励实体型是弱实体型，因为奖励是某个学生的奖励，它不能脱离学生实体型而存在。一般地讲，如果不能从一个实体型的属性中找出可以作为码的属性，则这个实体型是弱实体型。例如，奖励就没有可以作为码的属性。

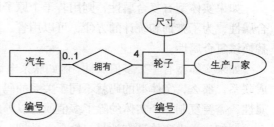

图 8-21　用参与联系表示非独占联系

在 E-R 图中用双矩形表示弱实体型，用双菱型表示识别联系。

假设从银行贷了一笔款项用于购房，这笔款项一次贷出，分期归还。还款就是一个弱实体，它只有还款序号、日期和金额 3 个属性，第 1 笔还款的序号为 1，第 2 笔还款的序号为 2，依此类推，这些属性的任何组合都不能作为还款的关键字，如图 8-22 所示。还款的存在必须依赖于贷款实体，没有贷款自然就没有还款。

再看房间和楼房的联系。每座楼都有唯一的编号或者名称，每个房间都有编号，房间的编号一般包含所在的楼房编号，例如 XX220，表示信息楼 220 房间，如图 8-23 所示。尽管在图中房间有自己的码（楼号+房间号），但是，如果去掉楼号，房间号不能作为码，因为不同的楼房中可能有编号相同的房间，所以，房间是一个弱实体。没有楼房，哪里来的房间？在有的教科书上，把房间这样的实体叫做 ID 依赖实体。

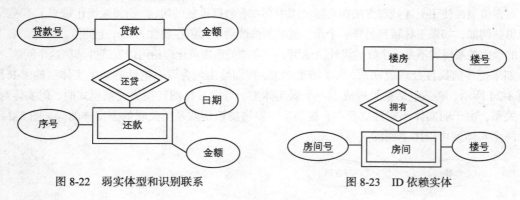

图 8-22　弱实体型和识别联系　　　　　图 8-23　ID 依赖实体

8.3　从 E-R 图到关系数据库模式

概念结构是独立于任何 DBMS 数据模型的信息结构。逻辑结构设计的任务就是把概念结构设计阶段设计好的基本 E-R 图转换为与选用的 DBMS 产品所支持的数据模型相符合的逻辑结构。

8.3.1　实体型的表示方法

E-R 模型的实体型对应于关系模型中的关系，实体型的名字即关系的名字，实体型的属性构成了关系模式，实体型的实体集合是相应关系模式的一个关系实例。一般情况下，实体型的码就是关系的码。

如果实体型有复合属性，则用若干个原子属性替代复合属性。例如，家庭住址属性是一个复合属性，为了查询和统计的方便，可以用省、市、县、乡、村、街道等表示行政区划的原子属性替换该复合属性。

如果实体型有一个多值属性，例如联系电话，如果不使用 8.1.2 小节中的方法把多值属性转换成联系，那么，实体型的码就不同于关系的码。因为关系模型不允许多值属性，而为了表示多值属性，需要复制一个实体的除了多值属性以外的所有属性。

例如，学生实体型有学号、姓名、性别、年龄、所在系、联系电话等属性，学生关系的一个关系实例如表 8-3 所示。其中，王林和姜凡有两部联系电话，这两个同学的信息就被复制了两次。因此，实体型的码是 Sno，而关系的码应该是 Sno+Scontact。

表 8-3　　　　　　　　　　　　含多值属性的 Student 关系

Sno	Sname	Ssex	Sage	Sdept	Scontact	Suage
2000012	王林	男	19	计算机	xxxxxxxx	家庭电话
2000012	王林	男	19	计算机	139xxxxxxxx	个人电话
2000113	张大民	男	18	管理	133xxxxxxxx	个人电话
2000256	顾芳	女	19	管理	Xxxxxxxx	家庭电话
2000278	姜凡	男	19	管理	133xxxxxxxx	个人电话
2000278	姜凡	男	19	管理	139xxxxxxxx	个人电话
2000014	葛波	女	18	计算机		

对多值属性使用上述处理方法在实际应用中存在着数据重复的问题，给修改操作带来了不一致性的隐患。例如，如果王林转到另外一个系，就必须修改两个元组在属性 Sdept 上的值。因此，表 8-3 所示的学生关系模式不是一个好的设计。使用下一章的关系规范化理论可以发现并解决这个问题。

如果把多值属性处理成联系，为了清楚起见，我们给出包含联系电话的学生实体型的 E-R 图，如图 8-24 所示，联系电话被处理成了一个弱实体型。当把 E-R 图转换为关系模式时，弱实体对应一个关系，由于弱实体不能独立存在，在关系中要增加识别联系所关联的强实体的码。图 8-24 所示的两个实体型可以用下面的关系模式表示。

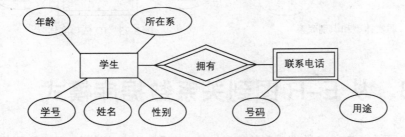

图 8-24　多值属性的处理方法

```
Student(Sno, Sname, Ssex, Sage, Sdept)
Contact(Sno, telnum, usage)
```

在下一章可以发现，这样处理的结果和关系规范化理论得到的结果完全相同。

8.3.2　联系型的表示方法

E-R 模型的联系型一般也要转换成关系模型中的关系。联系型的名称做为关系名，联系型的属性作为关系的属性。联系型的码要视联系的类型而定。

1.　1∶1 联系

有两种处理方法。方法 1：把联系型转换为关系，关系模式包括联系型自身的属性和两端实体的码，两个实体的码的组合作为关系的码，从联系型得到的关系和实体型构成的关系存在引用关系，因此要建立参照完整性约束。方法 2：可以把联系型和非强制参与一端的实体型合并，共同建立一个关系，关系属性包括实体型的属性和联系型的属性以及另一端实体的码，实体型的码作为关系的码。

例如，图 8-9 中学生和学生证存在 1∶1 联系，假设学生有学号、姓名、性别、年龄、所在系等属性，学生证有编号、签发日期和签发人属性。使用 SQL 语句创建 3 个关系以及它们之间的参照关系。

```
--联系作为单独的关系
CREATE TABLE Student
(Sno   CHAR(7)  PRIMARY KEY,
Sname  CHAR(8),
Ssex   CHAR(2) ,
Sage   SMALLINT,
Sdept  CHAR(20));

CREATE TABLE Certificate
(ID    CHAR(7) PRIMARY KEY,
visedate DATE,
manager char(8));

CREATE TABLE Stu_Certificate
(ID    CHAR(7),
Sno    CHAR(7),
PRIMARY KEY (ID, Sno),
FOREIGN KEY (Sno) REFERENCES Student(Sno),
FOREIGN KEY (ID) REFERENCES Certificate (ID));
--将联系合并到 Certificate
CREATE TABLE Certificate
(ID    CHAR(7) PRIMARY KEY,
visedate DATE,
manager CHAR(8),
Sno    CHAR(7), --增加 Student 表的码
FOREIGN KEY (Sno) REFERENCES Student(Sno));
```

2.　1∶n 联系

有两种处理方法。一是把联系型转换为关系，关系模式包括联系型自身的属性和两端实体的码，关系的码为 n 端实体的码，从联系型得到的关系和实体构成的关系存在引用关系，因此要建立参照完整性约束；也可以与 n 端实体对应的关系模式合并。

图 8-9 所示为班级和学生的一对多联系，假设班级有名称和学生人数两个属性。

```
--联系作为单独的关系
CREATE TABLE Class
```

```
(ClassID   CHAR(7) PRIMARY KEY,
Num       int);

CREATE TABLE Class_Student
(ClassID   CHAR(7),
Sno     CHAR(7),
PRIMARY KEY (ID, Sno));

--将联系合并到 Student
CREATE TABLE Student
(Sno  CHAR(7)  PRIMARY KEY,
Sname CHAR(8),
Ssex  CHAR(2) ,
Sage  SMALLINT,
Sdept CHAR(20),
ClassID CHAR(7),
FOREIGN KEY (ClassID) REFERENCES Class (ClassID));
```

3. $m : n$ 联系

3 个或 3 个以上实体间的一个多元联系可以转换为一个关系模式。与该多元联系相连的各实体的码以及联系本身的属性均转换为关系的属性，各实体码组成关系的码或关系码的一部分。具有相同码的关系模式可合并。

一个典型的例子是学生和课程之间的选课关系，即事例数据库中的 SC 表。

8.3.3 IsA 联系的表示方法

IsA 联系描述了实体型之间的继承关系。在关系模型中仍然使用关系表示 IsA 联系。一般情况下，父实体和各子实体分别用独自的关系表示，表示父实体的关系属性包括所有父实体的属性，子实体对应的关系除了包含各自的属性外，还必须包含父实体的码。

例如，产品是父实体，有 3 个子实体：台式电脑、笔记本电脑和打印机，分别用 Product、PC、Laptop 和 Printer 表示之。

Product 关系有 3 个属性：型号（model）、制造商（maker）和类型（type）。Product 的码是型号，类型的域是{台式电脑，笔记本电脑，打印机}。PC 关系有 6 个属性：型号、CPU 的速度（speed）、内存容量（ram）、硬盘容量（hd）、光盘驱动器的速度（cd）和价格（price）。Laptop 关系和 PC 关系类似，差别只是用屏幕尺寸（screen）代替了光驱速度。Printer 关系给出了不同型号的打印机是否产生彩色输出（color，真或假）、工艺类型（type，激光或喷墨）和价格。

```
Product(model, maker, type)
PC(model, speed, ram, hd, cd, price)
Laptop(model, speed, ram, hd, screen, price)
Printer(model, color, type, price)
```

由于 PC、Laptop 和 Printer 是 Product 的子实体，在创建它们的关系模式时要定义对 Product 的引用关系（参照完整性）。

如果 IsA 联系满足不相交约束，也可以用一个关系表示父实体和所有的子实体。例如，上面的 4 个关系可以用下面的关系模式表示：

```
Product(model, maker, type, speed, ram, hd, cd, screen, price, color, printertype)
```

使用这样的表示方法会出现很多元组在一些属性上取空值的情况，例如，台式电脑和笔记本电脑在 printertype 属性上的值全部为空值。

如果 IsA 联系满足完备性约束，也可以去除表示父实体的关系，但是父实体的所有属性在每个子实体的关系中都必须出现。上面的 IsA 关系满足完备性约束，所以可以不要 Product 关系，但它的 type 属性必须附加到每个子实体中，特别地，要注意同名现象。例如，Printer 本身就有 type 属性。

```
PC(model, speed, ram, hd, cd, price, type)
Laptop(model, speed, ram, hd, screen, price, type)
Printer(model, color, printertype, price, type)
```

小　结

本章着重介绍了实体联系模型的基本概念和图示方法。读者应重点掌握实体型、联系型、属性的概念，理解两个实体型之间的一对一、一对多和多对多联系，理解基数约束的含义，掌握基数约束的图示方法，了解在 E-R 模型中 IsA 和 part-of 关系的表达方法。

E-R 模型用实体表示现实世界中的物体，具有相同性质的实体构成了实体型。实体型有一个名字和一组属性，属性用于描述实体的性质和特征。

属性有名字和域，域规定了属性能取什么样的值。只能取一个值的属性叫做单值属性，可以取多个值的属性叫做多值属性。如果一个属性可以细分成其他多个属性，则叫做复合属性。

联系型用于描述实体型之间的关系，每个联系型有一个名字，一般用动词或动词短语作为联系型的名字。联系是联系型的实例，具体描述了参与联系的实体型中实体之间的关系。根据参与联系型的实体型的个数，联系可以分为一元联系、二元联系、三元联系和多元联系。为了更精确地描述实体之间的联系，人们提出了基数约束的概念，一个基数约束是一个区间，表示实体型中的一个实体能在联系中出现的最少、最多次数。

扩充的 E-R 模型可以表示 IsA 联系，它是对实体的一种分类方法。

E-R 模型用弱实体表达独占 part-of 联系，所谓弱实体就是需要依赖其他实体才能存在的实体，弱实体没有可以作为码的属性。

E-R 模型的图示方法没有具体的标准。有许多辅助制图软件，如 ERWIN，可以帮助绘制 E-R 图。

E-R 模型也存在不足，例如，不能很好地表示与时间有关的概念，不能精确地表示一些业务规则等。

习　题

一、简答题

1. 什么是概念模型？概念模型的作用是什么？
2. 什么是 E-R 图？构成 E-R 图的基本要素是什么？
3. 定义并解释概念模型中的以下术语：
   实体、实体型、属性、联系、联系型
4. 关键字的两个特性是什么？

5. 解释以下术语：

超级关键字、主关键字、候选关键字

6. 试给出 3 个实际情况的 E-R 图，要求实体型之间具有一对一、一对多、多对多各种不同的联系。

7. 试给出一个实际情况的 E-R 图，要求有 3 个实体型，而且 3 个实体型之间有多对多联系。

8. 3 个实体型之间的多对多联系和 3 个实体型两两之间的 3 个多对多联系等价吗？为什么？

9. 现有两个实体型："出版社"和"作者"，这两个实体型是多对多的联系，请读者自己设计适当的属性，并画出 E-R 图。

二、设计题

1. 学校中有若干系，每个系有若干班级和教研室，每个教研室有若干教师，其中有的教授和副教授每人各带若干研究生，每个班有若干学生，每个学生选修若干课程，每门课可由若干学生选修。请用 E-R 图画出此学校的概念模型。

2. 某工厂生产若干产品，每种产品由不同的零件组成，有的零件可用在不同的产品上。这些零件由不同的原材料制成，不同零件所用的材料可以相同。这些零件按所属的不同产品分别放在仓库中，原材料按照类别放在若干仓库中。请用 E-R 图画出此工厂产品、零件、材料、仓库的概念模型。

第9章
关系规范化理论

本章讨论关系数据库设计理论，即关系数据库规范化理论或更一般地称为关系数据理论。为什么要学习关系数据库规范化理论呢？因为关系规范化理论是数据库逻辑设计的一个有力工具。它可以帮助我们设计一个好的关系数据库模式。当然，关系数据库规范化理论也是关系数据库的理论基础。

9.1 数据依赖对关系模式的影响

关系数据库规范化理论中的重要概念是数据依赖。首先，我们非形式化地讨论一下数据依赖的概念。

数据依赖是一个关系内部属性与属性之间的一种约束关系。这种约束关系是通过属性值之间的依赖关系来体现的。

数据依赖中最重要的是函数依赖（Functional Dependency，简记为 FD）和多值依赖（Multivalued Dependency，简记为 MVD）。

函数依赖普遍地存在于现实生活中。比如描述一个学生的关系，可以有学号（Sno）、姓名（Sname）、所在系（Sdept）等几个属性。由于一个学号只对应一个学生，一个学生只属于一个系。因而当"学号"值确定之后，姓名及其所在系的值也就被唯一地确定了。属性间的这种依赖关系类似于数学中的函数 $y = f(x)$，自变量 x 确定之后，相应的函数值 y 也就唯一地确定了。

类似地，我们有 Sname $= f$(Sno)，Sdept $= f$(Sno)，即 Sno 函数决定 Sname，Sno 函数决定 Sdept，或者说 Sname 和 Sdept 函数依赖于 Sno，记做 Sno→Sname，Sno→Sdept。

现在我们来建立一个描述学校教务的数据库，该数据库涉及的对象包括学生的学号（Sno）、所在系（Sdept）、系主任姓名（Mname）、课程名（Cname）和成绩（Grade）。假设我们用一个单一的关系模式 Student 来表示，则该关系模式的属性集合为：

```
U = { Sno, Sdept, Mname, Cname, Grade }
```

现实世界的已知事实（语义）告诉我们：

- 一个系有若干学生，但一个学生只属于一个系；
- 一个系只有一名系主任；
- 一个学生可以选修多门课程，每门课程有若干学生选修；
- 每个学生所学的每门课程都有一个成绩。

从上述事实我们可以得到属性组 U 上的一组函数依赖 F（如图 9-1 所示）。

```
F = { Sno→Sdept, Sdept→Mname, (Sno, Cname)→Grade }
```

如果只考虑函数依赖这一种数据依赖，我们就得到了一个描述学生的关系模式：

Student <U, F>

但是，这个关系模式存在以下问题：

（1）数据冗余太大：比如，每一个系主任的姓名重复出现，重复次数与该系所有学生的所有课程成绩出现次数相同。这将浪费大量的存储空间。

（2）更新异常：由于数据冗余，当更新数据库中的数据时，系统要付出很大的代价来维护数据库的完整性。否则会面临数据不一致的危险。比如，某系更换系主任后，系统必须修改与该系学生有关的每一个元组。

（3）插入异常：如果一个系刚成立，尚无学生，我们就无法把这个系及其系主任的信息存入数据库。

（4）删除异常：如果某个系的学生全部毕业了，我们在删除该系学生信息的同时，这个系及其系主任的信息也丢掉了。

鉴于存在以上种种问题，我们可以得出结论：Student 关系模式不是一个好的模式。一个"好"的模式应当不会发生插入异常、删除异常、更新异常，数据冗余应尽可能少。

为什么会发生这些问题呢？这是因为这个模式中的函数依赖存在某些不好的性质。这正是本章所要讨论的问题。

假如把这个单一的模式改造一下，分成 3 个关系模式：

S（SNO, SDEPT, SNO→SDEPT）;
SG（SNO, CNAME, GRADE, (SNO, CNAME)→GRADE）;
DEPT（SDEPT, MNAME, SDEPT→MNAME）

这 3 个模式都不会发生插入异常、删除异常的毛病，数据的冗余也得到了控制。

一个关系模式之所以会产生上述问题，是由存在于模式中的某些数据依赖引起的。规范化理论正是用来改造关系模式，通过分解关系模式来消除其中不合适的数据依赖，以解决插入异常、删除异常、更新异常和数据冗余问题。

9.2 函 数 依 赖

规范化理论研究关系模式中的数据依赖问题。而函数依赖和多值依赖是最重要的两种数据依赖。本节介绍函数依赖的概念，9.4 节将介绍多值依赖。

9.2.1 函数依赖的基本概念

定义 9.1 设 $R(U)$ 是属性集 U 上的关系模式。X，Y 是 U 的子集。若对于 $R(U)$ 的任意一个可能的关系实例 r，r 中不可能存在两个元组在 X 上的属性值相等，而在 Y 上的属性值不等，则称 X 函数确定 Y 或 Y 函数依赖于 X，记作 $X \rightarrow Y$。

对于函数依赖，需要说明以下几点：

（1）函数依赖不是指关系模式 R 的某个或某些关系实例满足的约束条件，而是指 R 的所有关系实例均要满足的约束条件。

（2）函数依赖和其他数据之间的依赖关系一样，是语义范畴的概念。我们只能根据数据的语义来确定函数依赖。例如"姓名→年龄"这个函数依赖只有在没有人同名的条件下成立。如果有相同名字的人，则"年龄"就不再函数依赖于"姓名"了。

（3）$X \rightarrow Y$，但 $Y \not\subseteq X$，则称 $X \rightarrow Y$ 是非平凡的函数依赖。

（4）$X \rightarrow Y$，但 $Y \subseteq X$，则称 $X \rightarrow Y$ 是平凡的函数依赖。对于任一关系模式，平凡函数依赖都是必然成立的，它不反映新的语义。若不特别声明，总是讨论非平凡的函数依赖。

（5）若 $X \rightarrow Y$，则 X 称为这个函数依赖的决定属性组，也称为决定因素（Determinant）。

（6）若 $X \rightarrow Y$，并且 $Y \rightarrow X$，则记为 $X \leftarrow \rightarrow Y$。

（7）若 Y 不函数依赖于 X，则记为 $X \not\rightarrow Y$。

（8）若 $X \rightarrow Y$，并且对于 X 的任何一个真子集 X'，都有 $X' \not\rightarrow Y$，则称 Y 完全函数依赖于 X，记作 $X \xrightarrow{f} Y$，否则称 Y 部分函数依赖于 X，记作 $X \xrightarrow{p} Y$。

（9）若 $X \rightarrow Y$，$Y \rightarrow Z$，且 $Y \not\subseteq X$，$Y \not\rightarrow X$，则称 Z 传递函数依赖于 X。

加上条件 $Y \not\rightarrow X$，是因为如果 $Y \rightarrow X$，则 $X \leftarrow \rightarrow Y$，实际上是 $X \rightarrow Z$，即是直接函数依赖，而不是传递函数依赖。

属性集 U 上的关系模式 $R(U)$ 常常表示为 $R<U, F>$，F 是属性组 U 上的一组函数依赖。

9.2.2　码

码是关系模式中一个重要概念。下面我们用函数依赖的概念来定义码。

定义 9.2　设 K 为关系模式 $R<U, F>$ 中的属性或属性组合，若 $K \xrightarrow{f} U$，则 K 称为 R 的一个候选码（Candidate Key）。若关系模式 R 有多个候选码，则选定其中的一个作为主码（Primary Key）。主码用下划线显示出来。

包含在任何一个候选码中的属性叫做主属性（Prime Attribute）。不包含在任何码中的属性称为非主属性（Nonprime Attribute）或非码属性（Non-key Attribute）。

最简单的情况，单个属性是码。最极端的情况，全部属性是码，称为全码（All-Key）。

例如，在关系模式 S（SNO，SDEPT，SAGE）中，SNO 是码。

在关系模式 R（P，W，A）中，属性 P 表示演奏者，W 表示作品，A 表示听众。假设一个演奏者可以演奏多个作品，某一作品可被多个演奏者演奏。听众也可以欣赏不同演奏者的不同作品，这个关系模式的码为（P，W，A），即全码。

定义 9.3　关系模式 R 中属性或属性组 X 并非 R 的码，但 X 是另一个关系模式 S 的码，则称 X 是 R 的外部码（Foreign Key）也称外码。

例如，在 SC（SNO，CNO，Grade）中，SNO 不是码，但 SNO 是关系模式 Student（SNO，SDEPT，SAGE）的码，则 SNO 是关系模式 SC 的外部码。

主码与外部码表示了关系之间的联系。如关系模式 Student 与 SC 的联系就是通过 SNO 来体现的。

9.3　范　式

范式是符合某一种级别的关系模式的集合。我们介绍 5 种范式：第 1 范式、第 2 范式、第 3 范式、BC 范式和第 4 范式。更高的范式这里就不介绍了。

满足最低要求的叫做第 1 范式，简称为 1NF。在第 1 范式基础上进一步满足一些要求的为第 2 范式，简称为 2NF。其余以此类推。显然，各种范式之间存在以下关系：

$4NF \subset BCNF \subset 3NF \subset 2NF \subset 1NF$ ，如图 9-2 所示。

我们通常把某一关系模式 R 为第 n 范式简记为 $R \in nNF$。

9.3.1　第 1 范式（1NF）

定义 9.4　如果一个关系模式 $R<U, F>$ 的所有属性都是不可分的基本数据项，则 $R \in 1NF$。

在任何一个关系数据库管理系统中，第 1 范式是对关系模式的一个最起码的要求。不满足第 1 范式的数据库模式不能称为关系数据库。

但是满足第 1 范式的关系模式并不一定是一个好的关系模式。例如：

SLC(Sno, Cno, Sdept, Sloc, Grade)

其中 Sloc 为学生住处，假设每个系的学生住在同一个地方。SLC 的码为（Sno, Cno）。 SLC 中的函数依赖包括：

(Sno, Cno) $\xrightarrow{f}$ Grade
Sno → Sdept
(Sno, Cno) $\xrightarrow{p}$ Sdept
Sno→Sloc
(Sno, Cno) $\xrightarrow{p}$ Sloc
Sdept → Sloc（因为每个系只住一个地方）

我们用图 9-3 直观地表示这些函数依赖。

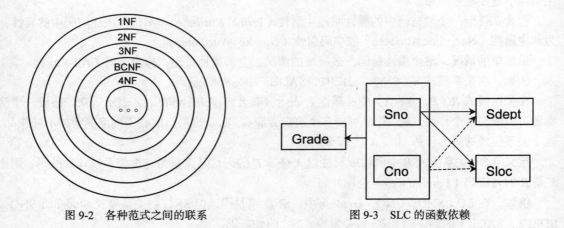

图 9-2　各种范式之间的联系　　　　　图 9-3　SLC 的函数依赖

这里（Sno，Cno）两个属性一起函数决定 Grade。（Sno，Cno）也函数决定 Sdept 和 Sloc。因此（Sno，Cno）是关系模式 SLC 的码，Sno 和 Cno 为主属性。因为 Sno → Sdept，Sno → Sloc，因此非主属性 Sdept 和 Sloc 部分函数依赖于码（Sno，Cno）。图 9-3 中实线表示完全函数依赖，虚线表示部分函数依赖。

SLC 关系存在以下问题：

（1）插入异常：假若我们要插入一个 Sno = 2000301，Sdept = 计算机，Sloc = 梅园，但还未选课的学生，即这个学生无 Cno。这样的元组不能插入 SLC 中，因为插入时必须给定码值，而此时码值的一部分为空，因而学生的信息无法插入。

（2）删除异常：假定某个学生只选修了 1136 号课程。现在他不想选修 1136 号课程。由于课程号是主属性，如果删除了 1136 号课程，那么整个元组就会被删除，于是该学生的其他信息也跟着被删除了，产生了删除异常，即不应删除的信息也被删除了。

（3）数据冗余度大：如果一个学生选修了 10 门课程，那么他的 Sdept 和 Sloc 值就要重复存储 10 次。

（4）修改复杂：某个学生从数学系（MA）转到信息系（IS），本来只需修改此学生元组中的 Sdept 值。但因为关系模式 SLC 中还含有系的住处属性 Sloc，学生转系将同时改变住处，因而还必须修改元组中 Sloc 的值。如果这个学生选修了 K 门课，由于 Sdept、 Sloc 重复存储了 K 次，当数据更新时必须无遗漏地修改 K 个元组中的全部 Sdept、Sloc 信息，这就造成了修改的复杂化。

因此 SLC 不是一个好的关系模式。

9.3.2　第 2 范式（2NF）

关系模式 SLC 出现上述问题的原因是 Sdept、Sloc 对码的部分函数依赖。为了消除这些部分函数依赖，我们可以采用投影分解法，把 SLC 分解为两个关系模式：

SC（Sno, Cno, Grade）
SL（Sno, Sdept, Sloc）

这两个关系模式的函数依赖如图 9-4 所示。

显然，在分解后的关系模式中，非主属性都完全函数依赖于码，从而使前面的问题在一定程度上得到了解决：

（1）在 SL 关系中可以插入尚未选课的学生。

（2）如果将一个学生所有的选课记录全部删除

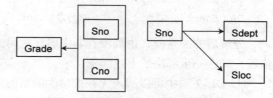

图 9-4　SC 与 SL 的函数依赖

了，只是 SC 关系中没有关于该学生的选课记录，不会把 SL 关系中该学生的其他信息也删除掉。

（3）由于学生选修课程的情况与学生的基本情况是分别存储在两个关系中的，因此不论该学生选修多少门课程，他的 Sdept 和 Sloc 值都只存储 1 次，降低了数据冗余。

（4）某个学生从数学系（MA）转到信息系（IS），只需修改 SL 关系中该学生元组的 Sdept 值和 Sloc 值，由于 Sdept、Sloc 并未重复存储，因此修改简单。

定义 9.5　若关系模式 $R \in 1NF$，并且每一个非主属性都完全函数依赖于 R 的码，则 $R \in 2NF$。

2NF 不允许关系模式存在这样的函数依赖 $X \rightarrow Y$，其中 X 是码的真子集，Y 是非主属性。显然，如果关系模式 $R \in 1NF$，并且 R 的码是单个属性，那么 $R \in 2NF$，因为它不可能存在非主属性对码的部分函数依赖。

上例中的 SC 关系和 SL 关系都属于 2NF。可见，采用投影分解法将一个 1NF 的关系分解为多个 2NF 的关系，可以在一定程度上减轻原 1NF 关系中存在的插入异常、删除异常、数据冗余度大、修改复杂等问题。

但是属于 2NF 的关系模式仍然可能存在插入异常、删除异常、数据冗余度大和修改复杂的问题。例如，2NF 关系模式 SL(Sno, Sdept, Sloc)中有下列函数依赖：

Sno→Sdept
Sdept→Sloc
Sno→Sloc

我们看到，Sloc 传递函数依赖于 Sno，即 SL 中存在非主属性对码的传递函数依赖。SL 中仍然存在以下问题：

① 插入异常：如果某个系刚刚成立，目前还没有在校学生，我们就无法把这个系的信息存入数据库。

② 删除异常：如果某个系的学生全部毕业了，我们在删除学生信息的同时，把这个系的信息也丢掉了。

③ 数据冗余度大：每一个系的学生都住在同一个地方，关于系的住处的信息却重复出现，重复次数与该系学生人数相同。

④ 修改复杂：当学校调整学生宿舍时，比如信息系的学生全部迁到另一个楼，由于每个系的宿舍信息是重复存储的，修改时必须同时更新该系所有学生的 Sloc 值。

所以 SL 仍不是一个好的关系模式。

9.3.3　第3范式（3NF）

关系模式 SL 出现上述问题的原因是 Sloc 传递函数依赖于 Sno。为了消除该传递函数依赖，我们可以采用投影分解法，把 SL 分解为两个关系模式：

SD（Sno，Sdept）　　SD 的码为 Sno
DL（Sdept，Sloc）　　DL 的码为 Sdept

分解后的关系模式中既没有非主属性对码的部分函数依赖，也没有非主属性对码的传递函数依赖，又进一步解决了上述问题：

① DL 关系中可以插入无在校学生的系的信息。

② 某个系的学生全部毕业了，只是删除 SD 关系中的相应元组，DL 关系中关于该系的信息仍存在。

③ 关于系的住处的信息只在 DL 关系中存储一次。

④ 当学校调整某个系的学生住处时，只需修改 DL 关系中一个相应元组的 Sloc 属性值。

定义 9.6　如果关系模式 $R<U, F>$ 中不存在候选码 X、属性组 Y 及非主属性 Z（$Z \subseteq Y$），使得 $X \rightarrow Y(Y \not\rightarrow X)$ 和 $Y \rightarrow Z$ 成立，则 $R \in 3NF$。

由定义 9.6 可以证明，若 $R \in 3NF$，则 R 的每一个非主属性既不部分函数依赖于候选码，也不传递函数依赖于候选码。显然，如果 $R \in 3NF$，则 R 也是 2NF。

上例中的 SD 关系和 DL 关系都属于 3NF。可见，采用投影分解法将一个 2NF 的关系分解为多个 3NF 的关系，可以在一定程度上解决原 2NF 关系中存在的插入异常、删除异常、数据冗余度大、修改复杂等问题。

但是 3NF 的关系模式并不能完全消除关系模式中的各种异常情况和数据冗余，也就是说，3NF 的关系模式仍不一定是好的关系模式。

例如，在关系模式 STJ（S，T，J）中，S 表示学生，T 表示教师，J 表示课程。假设每一教师只教授一门课。每门课由若干教师教授，某一学生选定某门课，就确定了一个固定的教师。于是，我们有函数依赖(S，J)→T，T→J。同时我们可以发现，关系模式 STJ（S，

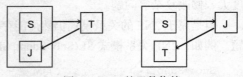

图 9-5　STJ 的函数依赖

T，J）中的（S，J）、(S，T) 都是候选码，因此(S，T) →J 成立。用图 9-5 表示如下：

因为（S，J）、(S，T) 都是候选码，S、J、T 都是主属性，虽然 J 对候选码（S，T）存在部分函数依赖，但这是主属性对候选码的部分函数依赖，所以 STJ∈3NF。

3NF 的 STJ 关系模式也存在一些问题。

① 插入异常：如果某个学生刚刚入校，尚未选修课程，则因为受主属性不能为空的限制，有关信息无法存入数据库中。同样原因，如果某个教师开设了某门课程，但尚未有学生选修，则有关信息也无法存入数据库中。

② 删除异常：如果选修过某门课程的学生全部毕业了，在删除这些学生元组的同时，相应教师开设该门课程的信息也丢掉了。

③ 数据冗余度大：虽然一个教师只教授一门课，但每个选修该教师该门课程的学生元组都要记录这一信息。

④ 修改复杂：某个教师开设的某门课程改名后，所有选修了该教师该门课程的学生元组都要进行相应的修改。

因此虽然 STJ∈3NF，但它仍不是一个理想的关系模式。

9.3.4 BC 范式（BCNF）

关系模式 STJ 出现上述问题的原因在于主属性 J 依赖于 T，即主属性 J 部分依赖于码（S，T）。解决这一问题仍然可以采用投影分解法，将 STJ 分解为两个关系模式：

    ST（S，T），   ST 的码为 S
    TJ（T，J），   TJ 的码为 T

显然，在分解后的关系模式中没有任何属性对码的部分函数依赖和传递函数依赖。它解决了上述 4 个问题。

定义 9.7   设关系模式 $R<U, F>∈1NF$，如果对于 R 的每个函数依赖 $X→Y$，若 $Y⊈X$，则 X 必含有候选码，那么 $R∈BCNF$。

换句话说，在关系模式 $R<U, F>$中，如果每一个决定因素都包含候选码，则 $R∈BCNF$。

BCNF（Boyce Codd Normal Form）是由 Boyce 和 Codd 提出的，比 3NF 更进了一步。通常认为 BCNF 是修正的第 3 范式。

显然，关系模式 ST 和 TJ 都属于 BCNF。可见，采用投影分解法将一个 3NF 的关系分解为多个 BCNF 的关系，可以进一步解决原 3NF 关系中存在的插入异常、删除异常、数据冗余度大、修改复杂等问题。

BCNF 的关系模式具有如下 3 个性质：

① 所有非主属性都完全函数依赖于每个候选码。

② 所有主属性都完全函数依赖于每个不包含它的候选码。

③ 没有任何属性完全函数依赖于非码的任何一组属性。

如果关系模式 $R∈BCNF$，由定义可知，R 中不存在任何属性传递依赖或部分依赖于任何候选码，所以必定有 $R∈3NF$。但是，如果 $R∈3NF$，R 未必属于 BCNF。例如前面的关系模式 STJ∈3NF，但不属于 BCNF。

如果一个关系数据库中的所有关系模式都属于 BCNF，那么在函数依赖范畴内，它已实现了模式的彻底分解，达到了最高的规范化程度，消除了插入异常和删除异常。

9.4 多值依赖与第4范式（4NF）

前面我们是在函数依赖的范畴内讨论关系模式的范式问题。下面我们讨论多值依赖。首先看一个例子。

例 1 设学校中某一门课程由多个教员讲授，他们使用相同的一套参考书。我们可以用一个关系模式 Teach(C, T, B)来表示。课程 C、教员 T 和参考书 B 之间的关系可以用一个非规范化的关系来表示（如表 9-1 所示）。

表 9-1　　　　　　　　　　　　　　课程信息表 1

课　程　C	教　员　T	参　考　书　B
物理	李勇 王军	普通物理学 光学原理 物理习题集
数学	王强 张平	数学分析 微分方程 高等代数
计算数学	刘明 周峰	数学分析
……	……	……

下面把这张表变成一张规范化的二维表，如表 9-2 所示。

关系模式 Teach(C, T, B)具有唯一的候选码（C，T，B），即全码，因而 Teach ∈ BCNF。但 Teach 模式中存在以下问题：

① 数据冗余度大：每一门课程的参考书是固定的，但在 Teach 关系中，一门课有多少名任课教师，参考书就要重复存储多少次，造成大量的数据冗余。

② 增加操作复杂：当某一课程增加一名任课教师时，该课程有多少本参照书，就必须插入多少个元组。例如，如果物理课增加一名教师刘关，则需要插入 3 个元组：

（物理，刘关，普通物理学），（物理，刘关，光学原理），（物理，刘关，物理习题集）

③ 删除操作复杂：如果某一门课要删除一本参考书，则该课程有多少名教师，就必须删除多少个元组。

④ 修改操作复杂：如果某一门课要修改一本参考书，则该课程有多少名教师，就必须修改多少个元组。

BCNF 的关系模式 Teach 之所以会产生上述问题，是因为关系模式 Teach 中存在一种新的数据依赖——多值依赖。

9.4.1 多值依赖

定义 9.8 设 $R(U)$ 是一个属性集 U 上的一个关系模式，X、Y 和 Z 是 U 的子集，并且 $Z = U - X - Y$。多值依赖 $X \rightarrow\rightarrow Y$ 成立，当且仅当对于 R 的任一关系 r，r 在（X, Z）上的每个值对应一组 Y 的值，这组值仅仅决定于 X 值，而与 Z 值无关。

在表 9-2 所示的关系模式中，（C，B）上的一个值对应一组 T 值，而且这种对应与 B 无关。例如，表 9-2 中（C，B）上的一个值（物理，光学原理）对应一组 T 值 { 李勇，王军 }，这组值仅仅决定于课程 C 的值，而与 B 值无关。也就是说，对于（C，B）上的另一个值（物理，普通物理学），它对应的一组 T 值仍是 { 李勇，王军 }。因此一个 C 对应（决定）多个 T，我们称为 T 多值依赖于 C，即 $C\rightarrow\rightarrow T$。

表 9-2　　　　　　　　　　　　　　　　　课程信息表 2

课程 C	教员 T	参考书 B
物理	李勇	普通物理学
物理	李勇	光学原理
物理	李勇	物理习题集
物理	王军	普通物理学
物理	王军	光学原理
物理	王军	物理习题集
数学	王强	数学分析
数学	王强	微分方程
数学	王强	高等代数
数学	张平	数学分析
数学	张平	微分方程
数学	张平	高等代数
计算数学	刘明	数学分析
计算数学	周峰	数学分析
……	……	……

若 $X\rightarrow\rightarrow Y$，而 $Z=\phi$，则称 $X\rightarrow\rightarrow Y$ 为平凡的多值依赖，否则称 $X\rightarrow\rightarrow Y$ 为非平凡的多值依赖。多值依赖具有下列性质：

① 多值依赖具有对称性，即若 $X\rightarrow\rightarrow Y$，则 $X\rightarrow\rightarrow Z$，其中 $Z=U-X-Y$。例如，在关系模式 Teach(C, T, B) 中，我们可以发现 $C\rightarrow\rightarrow T$，同时 $C\rightarrow\rightarrow B$。

多值依赖的对称性可以用图直观地表示出来。

例如，可以用图 9-6 来表示 Teach(C, T, B) 中的多值对应关系。C 的某一个值 C_i 对应的全部 T 值记作 $\{T\}C_i$（表示教授此课程的全体教师），全部 B 值记作 $\{B\}C_i$（表示此课程使用的所有参考书）。应当有 $\{T\}C_i$ 中的每一个 T 值与 $\{B\}C_i$ 中的每一个 B 值

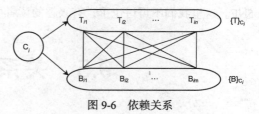

图 9-6　依赖关系

对应。于是 $\{T\}C_i$ 与 $\{B\}C_i$ 之间正好形成一个完全二分图。$C\rightarrow\rightarrow T$，而 B 与 T 是完全对称的，必然有 $C\rightarrow\rightarrow B$。

② 函数依赖可以看作是多值依赖的特殊情况，即若 $X\rightarrow Y$，则 $X\rightarrow\rightarrow Y$。因为当 $X\rightarrow Y$ 时，对于 X 的每一个值 x，Y 有一个确定的值 y 与之对应，所以 $X\rightarrow\rightarrow Y$。

多值依赖与函数依赖相比，具有下面两个基本的区别：

① 多值依赖的有效性与属性集的范围有关。若 $X\rightarrow\rightarrow Y$ 在 U 上成立，则在 $W（XY\subseteq W\subseteq U）$ 上一定成立；反之则不然，即 $X\rightarrow\rightarrow Y$ 在 $W（W\subset U）$ 上成立，在 U 上并不一定成立。这是因为多值依赖的定义中不仅涉及属性组 X 和 Y，而且涉及 U 中的其余属性 Z。

一般地，在 $R(U)$ 上若有 $X\rightarrow\rightarrow Y$ 在 $W(W\subset U)$ 上成立，则称 $X\rightarrow\rightarrow Y$ 为 $R(U)$ 的嵌入型多值依赖。

但是在关系模式 $R(U)$ 中，函数依赖 $X{\rightarrow}Y$ 的有效性仅决定于 X，Y 这两个属性集的值。只要在 $R(U)$ 的任何一个关系 r 中，元组在 X 和 Y 上的值满足定义 7.1，则函数依赖 $X{\rightarrow}Y$ 在任何属性集 $W(XY\subseteq W\subseteq U)$ 上成立。

② 若函数依赖 $X{\rightarrow}Y$ 在 $R(U)$ 上成立，则对于任何 $Y'\subset Y$ 均有 $X{\rightarrow}Y'$ 成立。而多值依赖 $X{\rightarrow}{\rightarrow}Y$ 若在 $R(U)$ 上成立，却不能断言对于任何 $Y'\subset Y$ 有 $X{\rightarrow}{\rightarrow}Y'$ 成立。

9.4.2 第 4 范式（4NF）

定义 9.9 关系模式 $R{<}U, F{>} \in$ 1NF，如果对于 R 的每个非平凡多值依赖 $X{\rightarrow}{\rightarrow}Y$（$Y\nsubseteq X$），$X$ 都含有候选码，则称 $R{<}U, F{>} \in$ 4NF。

根据定义，对于每一个非平凡的多值依赖 $X{\rightarrow}{\rightarrow}Y$，$X$ 都含有候选码，于是就有 $X{\rightarrow}Y$。所以 4NF 所允许的非平凡的多值依赖实际上是函数依赖。4NF 所不允许的是非平凡且非函数依赖的多值依赖。

显然，如果一个关系模式是 4NF，则必为 BCNF。

前面讨论过的关系模式 Teach 中存在非平凡的多值依赖 $C{\rightarrow}{\rightarrow}T$，并且 C 不是候选码，因此 Teach 不属于 4NF。这正是 Teach 存在数据冗余度大、插入和删除操作复杂等弊病的根源。我们可以用投影分解法把 Teach 分解为如下两个 4NF 关系模式以减少数据冗余：

```
CT( C, T )
CB( C, B )
```

CT 中虽然有 $C{\rightarrow}{\rightarrow}T$，但这是平凡多值依赖，即 CT 中已不存在既非平凡也非函数依赖的多值依赖。所以 CT 属于 4NF。同理，CB 也属于 4NF。Teach 关系模式中的问题在 CB、CT 中可以得到解决：

① 参考书只需要在 CB 关系中存储一次。

② 当某一课程增加一名任课教师时，只需要在 CT 关系中增加一个元组。

③ 如果某一门课要去掉一本参考书，只需要在 CB 关系中删除一个相应的元组。

函数依赖和多值依赖是两种最重要的数据依赖。人们还研究了其他数据依赖，如连接依赖和 5NF。这里我们不再讨论了，有兴趣的读者可以参阅有关书籍。

9.5 关系模式的规范化

一个关系只要其分量都是不可分的数据项，它就是规范化的关系，但这只是最基本的规范化。规范化程度有不同的级别，即不同的范式。

我们已经看到，规范化程度低的关系模式可能会存在插入异常、删除异常、修改复杂、数据冗余等问题，解决方法就是对其进行规范化。

一个低一级范式的关系模式，通过模式分解可以转换为若干个高一级范式的关系模式，这种过程就叫关系模式的规范化。

规范化的基本思想是逐步消除数据依赖中不合适的部分，使模式中的各关系模式达到某种程度的"分离"，即让一个关系描述一个概念、一个实体或者实体间的一种联系，若多于一个概念就把它"分离"出去。因此所谓规范化实质上是概念的单一化。

关系模式规范化的基本步骤如下：

① 对 1NF 关系进行投影，消除原关系中非主属性对码的函数依赖，将 1NF 关系转换为若干个 2NF 关系。

② 对 2NF 关系进行投影，消除原关系中非主属性对码的传递函数依赖，从而产生一组 3NF 关系。

③ 对 3NF 关系进行投影，消除原关系中主属性对码的部分函数依赖和传递函数依赖（也就是说，使决定属性都成为投影的候选码），得到一组 BCNF 关系。

以上三步也可以合并为一步：对原关系进行投影，消除决定属性不是候选码的任何函数依赖。

④ 对 BCNF 关系进行投影，消除原关系中非平凡且非函数依赖的多值依赖，从而产生一组 4NF 关系。

诚然，规范化程度低的关系可能会存在插入异常、删除异常、修改复杂、数据冗余等问题，需要对其进行规范化，转换成高级范式。但这并不意味着规范化程度越高的关系模式就越好。在设计数据库模式结构时，必须对现实世界的实际情况和用户应用需求作进一步分析，确定一个合适的能够反映现实世界的模式。也就是说，上面的规范化步骤可以在其中任何一步终止。

9.6　数据依赖的公理系统

数据依赖的公理系统是模式分解算法的理论基础，下面首先讨论函数依赖的一个有效而完备的公理系统——Armstrong 公理系统。

定义 9.10　对于满足一组函数依赖 F 的关系模式 $R<U, F>$，对于其任何一个关系 r，若函数依赖 $X{\rightarrow}Y$ 都成立（即 r 中任意两个元组 t, s，若 $t[X]=s[X]$，则 $t[Y]=s[Y]$），则称 F 逻辑蕴含 $X{\rightarrow}Y$。

为了求得给定关系模式的码，为了从一组函数依赖求得蕴含的函数依赖，例如，已知函数依赖集 F，要问 $X{\rightarrow}Y$ 是否为 F 所蕴含，就需要一套推理规则，这组推理规则是 1974 年首先由 Armstrong 提出来的。

Armstrong 公理系统　设 U 为属性集总体，F 是 U 上的一组函数依赖，于是有关系模式 $R<U, F>$。对于 $R<U, F>$ 来说，有以下的推理规则：

A1.自反律（Reflexivity）：若 $Y{\subseteq}X{\subseteq}U$，则 $X{\rightarrow}Y$ 为 F 所蕴含。

A2.增广律（Augmentation）：若 $X{\rightarrow}Y$ 为 F 所蕴含，且 $Z{\subseteq}U$，则 $XZ^{1}{\rightarrow}YZ$ 为 F 所蕴含。

A3.传递律（Transitivity）：若 $X{\rightarrow}Y$ 及 $Y{\rightarrow}Z$ 为 F 所蕴含，则 $X{\rightarrow}Z$ 为 F 所蕴含。

由自反律所得到的函数依赖均是平凡的函数依赖，自反律的使用并不依赖于 F。

定理 9.1　Armstrong 推理规则是正确的。

下面从定义出发证明该推理规则的正确性。

① 设 $Y{\subseteq}X{\subseteq}U$。

对于 $R<U, F>$ 的任一关系 r 中的任意两个元组 t, s：

若 $t[X]^{2}=s[X]$，由于 $Y{\subseteq}X$，有 $t[y]=s[y]$，所以 $X{\rightarrow}Y$ 成立，自反律得证。

---

1 为了简单起见，用 XZ 代表 $X{\cup}Z$。

2 $t[X]$ 表示元组 t 在属性（组）X 上的分量，等价于 $t.X$。

② 设 $X{\rightarrow}Y$ 为 F 所蕴含，且 $Z{\subseteq}U$。

对于 $\mathbf{R}{<}U$，$F{>}$ 的任一关系 r 中任意的两个元组 t，s：

若 $t[XZ]=s[XZ]$，则有 $t[X]=s[X]$ 和 $t[Z]=s[Z]$；

由 $X{\rightarrow}Y$，于是有 $t[Y]=s[Y]$，$t[YZ]=s[YZ]$，所以 $XZ{\rightarrow}YZ$ 为 F 所蕴含，增广律得证。

③ 设 $X{\rightarrow}Y$ 及 $Y{\rightarrow}Z$ 为 F 所蕴含。

对于 $\mathbf{R}{<}U$，$F{>}$ 的任一关系 r 中的任意两个元组 t，s：

若 $t[X]=s[X]$，由于 $X{\rightarrow}Y$，有 $t[Y]=s[Y]$；

再由 $Y{\rightarrow}Z$，有 $t[Z]=s[Z]$，所以 $X{\rightarrow}Z$ 为 F 所蕴含，传递律得证。

根据 A1、A2、A3 这三条推理规则可以得到下面三条很有用的推理规则：

- **合并规则**：由 $X{\rightarrow}Y$，$X{\rightarrow}Z$，有 $X{\rightarrow}YZ$。
- **伪传递规则**：由 $X{\rightarrow}Y$，$WY{\rightarrow}Z$，有 $XW{\rightarrow}Z$。
- **分解规则**：由 $X{\rightarrow}Y$ 及 $Z{\subseteq}Y$，有 $X{\rightarrow}Z$。

根据合并规则和分解规则，很容易得到这样一个重要事实：

引理 9.1 $X{\rightarrow}A_1A_2{\cdots}A_k$ 成立的充分必要条件是 $X{\rightarrow}A_i$ 成立（$i=1$，2，$\cdots$，k）。

定义 9.11 在关系模式 $\mathbf{R}{<}U,F{>}$ 中为 F 所逻辑蕴含的函数依赖的全体叫做 **F 的闭包**，记为 F^+。

人们把自反律、传递律和增广律称为 Armstrong 公理系统。Armstrong 公理系统是有效的、完备的。Armsttrong 公理的**有效性**指的是：由 F 出发根据 Armstrong 公理推导出来的每一个函数依赖一定在 F^+ 中；**完备性**指的是 F^+ 中的每一个函数依赖必定可以由 F 出发根据 Armstrong 公理推导出来。

要证明完备性，首先要解决如何判定一个函数依赖是否属于由 F 根据 Armstrong 公理推导出来的函数依赖的集合。当然，如果能求出这个集合，问题就解决了。但不幸的是，这是一个 NP 完全问题。比如从 $F=\{X{\rightarrow}A_1$，$\cdots$，$X{\rightarrow}A_n\}$ 出发，至少可以推导出 2^n 个不同的函数依赖，为此引入了下面的概念：

定义 9.12 设 F 为属性集 U 上的一组函数依赖，$X{\subseteq}U$，$X_F^+=\{A|X{\rightarrow}A$ 能由 F 根据 Armstrong 公理导出$\}$，X_F^+ 称为**属性集 X 关于函数依赖集 F 的闭包**。

由引理 9.1 容易得出：

引理 9.2 设 F 为属性集 U 上的一组函数依赖，X，$Y{\subseteq}U$，$X{\rightarrow}Y$ 能由 F 根据 Armstrong 公理导出的充分必要条件是 $Y{\subseteq}X_F^+$。

于是，判定 $X{\rightarrow}Y$ 是否能由 F 根据 Armstrong 公理导出的问题，就转化为求出 X_F^+ 并判定 Y 是否为 X_F^+ 的子集的问题。这个问题由算法 9.1 解决。

算法 9.1 求属性集 X（$X{\subseteq}U$）关于 U 上的函数依赖集 F 的闭包 X_F^+。

输入：X，F

输出：X_F^+

步骤：

（1）令 $X^{(0)}=X$，$i=0$。

（2）求 B，这里 $B=\{A|（\exists V）（\exists W）（V{\rightarrow}W{\in}F{\wedge}V{\subseteq}X^{(i)}{\wedge}A{\in}W）\}$。

（3）$X^{(i+1)}=B{\cup}X^{(i)}$。

（4）判断 $X^{(i+1)}=x^{(i)}$ 是否成立。

（5）若成立或 $X^{(i)}=U$，则 $X^{(i)}$ 就是 X_F^+，算法终止。

（6）否则 $i=i+1$，返回第 2 步。

例 2 已知关系模式 $\mathbf{R}{<}U$，$F{>}$，其中：

$$U=\{A，B，C，D，E\}，F=\{AB{\rightarrow}C，B{\rightarrow}D，C{\rightarrow}E，EC{\rightarrow}B，AC{\rightarrow}B\}$$

求 $(AB)_F^+$ 。

解 由算法 9.1，设 $X^{(0)}=AB$。

计算 $X^{(1)}$，逐一扫描 F 集合中各个函数依赖，找出左部为 A，B 或 AB 的函数依赖。得到两个：$AB \rightarrow C$，$B \rightarrow D$。于是 $X^{(1)}=AB \cup CD=ABCD$。

因为 $X^{(0)} \neq X^{(1)}$，所以再找出左部为 $ABCD$ 子集的那些函数依赖，又得到 $C \rightarrow E$，$AC \rightarrow B$，于是 $X^{(2)}=X^{(1)} \cup BE=ABCDE$。

因为 $X^{(2)}$ 已等于全部属性集合，所以 $(AB)_F^+=ABCDE$。

对于算法 9.1，令 $a_i=|X^{(i)}|$，$\{a_i\}$ 形成一个步长大于等于 1 的严格递增的序列，序列的上界是 $|U|$，因此该算法最多经过 $|U|-|X|$ 次循环就会终止。

定理 9.2 Armstrong 公理系统是有效的、完备的。

Armstrong 公理系统的有效性可由定理 9.1 得到证明。完备性的证明从略。

Armstrong 公理的完备性及有效性说明了"导出"与"蕴含"是两个完全等价的概念。于是 F^+ 也可以说成是由 F 出发借助 Armstrong 公理导出的函数依赖的集合。

从蕴含（或导出）的概念出发，又引出了两个函数依赖集等价和最小依赖集的概念。

定义 9.13 如果 $G^+=F^+$，就说函数依赖集 F 覆盖 G（F 是 G 的覆盖，或者 G 是 F 的覆盖），或者 F 与 G 等价。

引理 9.3 $F^+=G^+$ 的充分必要条件是 $F \subseteq G^+$ 和 $G \subseteq F^+$。

证 必要性显然，只证充分性。

① 若 $F \subseteq G^+$，则 $X_F^+ \subseteq X_{G^+}^+$。

② 任取 $X \rightarrow Y \in F^+$ 则有 $Y \subseteq X_F^+ \subseteq X_{G^+}^+$。

所以 $X \rightarrow Y \in (G^+)^+=G^+$。即 $F^+ \subseteq G^+$。

③ 同理可证 $G^+ \subseteq F^+$，所以 $F^+=G^+$。

要判定 $F \subseteq G^+$，只需逐一对 F 中的函数依赖 $X \rightarrow Y$ 考察 Y 是否属于 $X_{G^+}^+$。因此引理 9.3 给出了判断两个函数依赖集等价的可行算法。

定义 9.14 如果函数依赖集 F 满足下列条件，则称 F 为一个极小函数依赖集，亦称为最小依赖集或最小覆盖。

① F 中任一函数依赖的右部仅含有一个属性。

② F 中不存在这样的函数依赖 $X \rightarrow A$，使得 F 与 $F-\{X \rightarrow A\}$ 等价。

③ F 中不存在这样的函数依赖 $X \rightarrow A$，X 有真子集 Z 使得 $F-\{X \rightarrow A\} \cup \{Z \rightarrow A\}$ 与 F 等价。

例 3 考察关系模式 $S<U,F>$，其中：

$U=\{SNO，SDEPT，MName，CNAME，G\}$，

$F=\{SNO \rightarrow SDEPT，SDEPT \rightarrow MName，（SNO，CNAME）\rightarrow G\}$

设 $F'=\{SNO \rightarrow SDEPT，SNO \rightarrow MName，SDEPT \rightarrow MNAME，（SNO，CNAME）\rightarrow G，（SNO，SDEPT）\rightarrow SDEPT\}$

根据定义 9.14 可以验证 F 是最小覆盖，而 F' 不是。

因为 $F'-\{SNO \rightarrow MNAME\}$ 与 F' 等价，$F'-\{（SNO，SDEPT）\rightarrow SDEPT\}$ 与 F' 等价。

定理 9.3 每一个函数依赖集 F 均等价于一个极小函数依赖集 F_m。此 F_m 称为 F 的最小依赖集。

证 这是一个构造性的证明，分三步对 F 进行"极小化处理"，找出 F 的一个最小依赖集。

① 逐一检查 F 中各函数依赖 FD_i：$X \rightarrow Y$，若 $Y=A_1A_2 \cdots A_k$，$k>2$，则用 $\{X \rightarrow A_j | j=1, 2, \cdots, k\}$ 来取代 $X \rightarrow Y$。

② 逐一检查 F 中各函数依赖 FD_i：$X \rightarrow A$，令 $G=F-\{X \rightarrow A\}$，若 $A \in X_G^+$，则从 F 中去掉此函数依赖（因为 F 与 G 等价的充要条件是 $A \in X_G^+$）。

③ 逐一取出 F 中各函数依赖 FD_i：$X \rightarrow A$，设 $X=B_1B_2 \cdots B_m$，逐一考查 B_i（$i=1, 2, \cdots, m$），若 $A \in (X-B_i)_F^+$，则以 $X-B_i$ 取代 X（因为 F 与 $F-\{X \rightarrow A\} \cup \{Z \rightarrow A\}$ 等价的充要条件是 $A \in Z_F^+$，其中 $Z=X-B_i$）。

最后剩下的 F 就一定是极小依赖集，并且与原来的 F 等价。因为对 F 的每一次"改造"都保证了改造前后的两个函数依赖集等价。这些证明很显然，请读者自行补上。

应当指出，F 的最小依赖集 F_m 不一定是唯一的，它与对各函数依赖 FD_i 及 $X \rightarrow A$ 中 X 各属性的处置顺序有关。

例 4 $F=\{A \rightarrow B, B \rightarrow A, B \rightarrow C, A \rightarrow C, C \rightarrow A\}$，求 F 的两个最小依赖集 Fm_1，Fm_2。

$Fm_1 = \{A \rightarrow B, B \rightarrow C, C \rightarrow A\}$

$Fm_2 = \{A \rightarrow B, B \rightarrow A, A \rightarrow C, C \rightarrow A\}$

若改造后的 F 与原来的 F 相同，说明 F 本身就是一个最小依赖集，因此定理 9.3 的证明给出的极小化过程也可以看成是检验 F 是否为极小依赖集的一个算法。

两个关系模式 $R_1<U, F>$，$R_2<U, G>$，如果 F 与 G 等价，则 R_1 的关系一定是 R_2 的关系。反过来，R_2 的关系也一定是 R_1 的关系。所以在 $R<U, F>$ 中用与 F 等价的依赖集 G 来取代 F 是允许的。

9.7 模 式 分 解

从前面的介绍可知，通过模式分解，可以由低级范式得到高级范式。在这一节中，我们先介绍模式分解的特性，然后给出分解算法。

定义 9.15 关系模式 $R<U, F>$ 的一个分解是指 $\rho = \{R_1<U_1, F_1>, R_2<U_2, F_2>, \cdots, R_n<U_n, F_n>\}$。

某中 $U=\bigcup\limits_{i=1}^{n}U_t$，并且没有 $U_i \subseteq U_j$，$1 \leq i, j \leq n$，F_i 是 F 在 U_i 上的投影。

所谓 "F_i 是 F 在 U_i 上的投影" 的确切定义是：

定义 9.16 函数依赖集合 $\{X \rightarrow Y | X \rightarrow Y \in F^+ \wedge XY \subseteq U_i\}$ 的一个覆盖 F_i 叫做 F 在属性 U_i 上的投影。

9.7.1 模式分解的 3 个定义

对于一个模式的分解是多种多样的，但是分解后产生的模式应与原模式等价。根据观察问题的角度，对"等价"的概念有 3 种不同的定义：

① 分解具有无损连接性（Lossless Join）。

② 分解要保持函数依赖（Preserve Dependency）。

③ 分解既要保持函数依赖，又要具有无损连接性。

这 3 个定义是实行分解的 3 条不同的准则。按照不同的分解准则，模式所能达到的分离程度各不相同，各种范式就是对分离程度的测度。这一节要讨论的问题是：

① 无损连接性和保持函数依赖的含义是什么？如何判断？

② 对于不同的分解等价定义，究竟能达到何种程度的分离，即分离后的关系模式是第几范式。

③ 如何实现分离？即给出分解的算法。

一个关系分解为多个关系，相应地原来存储在一张二维表内的数据就要分散存储到多张二维表中，要使这个分解有意义，起码的要求是后者不能丢失前者的信息。

首先来看两个例子，说明按定义 9.16，若只要求 $R<U$, $F>$ 分解后的各关系模式所含属性的"并"等于 U，这个限定是很不够的。

例 5　已知关系模式 $R<U$, $F>$，其中 $U=\{SNO, SDEPT, MN\}$，$F=\{SNO\rightarrow SDEPT,\ SDEPT\rightarrow MN\}$。$R<U$, $F>$ 的元组语义是学生 SNO 正在 SDEPT 系学习，其系主任是 MN，并且一个学生（SNO）只在一个系学习，一个系只有一名系主任。R 的一个关系见表 9-3。

表 9-3　　　　　　　　　　　　　　　　关系 R 的关系实例

SNO	SDEPT	MN
S1	Dl	张　五
S2	Dl	张　五
S3	D2	李　四
S4	D3	王　一

由于 R 中存在传递函数依赖 SNO→MN，它会发生更新异常。例如，如果 S4 毕业，则 D3 系的系主任是王一的信息也就丢掉了。反过来，如果一个系 D5 尚无在校学生，则这个系的系主任是赵某的信息也无法存入。于是进行了如下分解：

$$\rho_1=\{R_1<SNO,\ \phi>,\ R_2<SDEPT,\ \phi>,\ R_3<MN,\ \phi>\}$$

分解后诸 R_i 的关系 r_i 是 R 在 U_i 上的投影，即 $r_i=R[U_i]$。

$$r_1=\{S1,\ S2,\ S3,\ S4\},\ r_2=\{D1,\ D2,\ D3\},\ r_3=\{张五,\ 李四,\ 王一\}。$$

分解后的数据库不能回答诸如"S1 在哪个系学习"的问题，出现了信息丢失现象，这样的分解没有任何实际意义。

如果分解后的数据库能够恢复到分解前的状态，即所有 R_i 的自然连接操作的结果和 R 相同，就做到了不丢失信息。显然，本例的分解 ρ_1 所产生的诸关系连接的结果实际上是它们的笛卡尔积，增加了元组数量，但丢失了信息。

于是对 R 又进行另一种分解：

$$\rho_2=\{R_1<\{SNO,\ SDEPT\},\ \{SNO\rightarrow SDEPT\}>,\ R_2<\{SNO,\ MN\},\ \{SNO\rightarrow MN\}>\}$$

以后可以证明 ρ_2 对 R 的分解是可恢复的，但是前面提到的插入和删除异常仍然没有解决，原因就在于原来在 R 中存在的函数依赖 SDEPT→MN 在 R_1 和 R_2 中都没有出现。因此人们又要求分解具有保持函数依赖的特性。

最后对 R 进行了以下一种分解：

$$\rho_3=\{R_1<\{SNO,\ SDEPT\},\ \{SNO\rightarrow SDEPT\}>,\ R_2<\{SDEPT,\ MN\},\ \{SDEPT\rightarrow MN\}>\}$$

可以证明分解 ρ_3 既具有无损连接性，又保持函数依赖。它解决了更新异常，又没有丢失原数据库的信息，这是所希望的分解。

由此，可以看出为什么要提出对数据库模式"等价"的 3 个不同定义的原因。下面严格地定义分解的无损连接性和保持函数依赖性并讨论它们的判别算法。

9.7.2　分解的无损连接性和保持函数依赖性

首先定义一个记号：设 $\rho=\{R_1<U_1,F_1>,\cdots,R_k<U_k,F_k>\}$ 是 $R<U,F>$ 的一个分解，r 是 $R<U,F>$ 的一个关系。定义 $m_\rho(r)=\overset{k}{\underset{i=1}{\bowtie}}\pi_{R_i}(r)$，即 $m_\rho(r)$ 是 r 在 ρ 中各关系模式上投影的连接。这里 $\pi_{R_i}(r)=\{t.U_i|t\in r\}$。

引理 9.4　设 $R<U,F>$ 是一个关系模式，$\rho=\{R_1<U_1,F_1>,\cdots,R_k<U_k,F_k>\}$ 是 R 的一个分解，r 是 R 的一个关系，$r_i=\pi_{R_i}(r)$，则

① $r\subseteq m_\rho(r)$;

② 若 $s=m_\rho(r)$，则 $\pi_{R_i}(s)=r_i$;

③ $m_\rho(m_\rho(r))=m_\rho(r)$。

证

① 证明 r 中的任何一个元组属于 $m_\rho(r)$。

任取 r 中的一个元组 t，$t\in r$，设 $t_i=t.U_i$ （$i=1,2,\cdots,k$）。对 k 进行归纳可以证明 $t_1t_2\cdots t_k\in\overset{k}{\underset{i=1}{\bowtie}}\pi_{R_i}(r)$，所以 $t\in m_\rho(r)$，即 $r\subseteq m_\rho(r)$。

② 由结论（1）得到 $r\subseteq m_\rho(r)$，由于 $s=m_\rho(r)$，所以 $r\subseteq s$，$\pi_{R_i}(r)\subseteq\pi_{R_i}(s)$。现只需证明 $\pi_{R_i}(s)\subseteq\pi_{R_i}(r)$，就有 $\pi_{R_i}(s)=\pi_{R_i}(r)=r_i$。

任取 $s_i\in\pi_{R_i}(s)$，必有 s 中的一个元组 v，使得 $v.U_i=s_i$。根据自然连接的定义 $v=t_1t_2\cdots t_k$，对于某中每一个 t_i，必存在 r 中的一个元组 t，使得 $t.U_i=t_i$。由前面 $\pi_{R_i}(r)$ 的定义即得 $t_i\in\pi_{R_i}(r)$。又因为 $v=t_1t_2\cdots t_k$，故 $v.U_i=t_i$。又由上面证得：$v.U_i=s_i$，$t_i\in\pi_{R_i}(r)$，故 $s_i\in\pi_{R_i}(r)$，即 $\pi_{R_i}(s)_k\subseteq\pi_{R_i}(r)$，故 $\pi_{R_i}(s)=\pi_{R_i}(r)$。

③ $m_\rho(m_\rho(r))=\overset{k}{\underset{i=1}{\bowtie}}(\pi_{R_i}m_\rho(r))=\overset{k}{\underset{i=1}{\bowtie}}\pi_{R_i}(s)=\overset{R}{\underset{i=1}{\bowtie}}\pi_{R_i}(r)=m_\rho(r)$。

定义 9.17　$\rho=\{R_1<U_1,F_1>,\cdots,R_k<U_k,F_k>\}$ 是 $R<U,F>$ 的一个分解，若对 $R<U,F>$ 的任何一个关系 r 均有 $r=m_\rho(r)$ 成立，则称分解 ρ 具有无损连接性，简称 ρ 为无损分解。

直接根据定义 9.17 鉴别一个分解的无损连接性是不可能的，下面的算法给出了一个判别的方法。

算法 9.2　判别一个分解的无损连接性。

$\rho=\{R_l<U_l,F_l>,\cdots,R_k<U_k,F_k>\}$ 是 $R<U,F>$ 的一个分解，$U=\{A_l,\cdots,A_n\}$，$F=\{\text{FD}_1,\text{FD}_2,\cdots,\text{FD}_\rho\}$，不妨设 F 是一极小依赖集，记 FD_i 为 $X_i\rightarrow A_j$。

① 建立一张 n 列 k 行的表。每一列对应一个属性，每一行对应分解中的一个关系模式。若属性 A_j 属于 U_i，则在 j 列 i 行的交叉处填上 a_j，否则填上 b_{ij}。

② 对每一个 FD_i 做下列操作：找到 X_i 所对应的列中具有相同符号的那些行。考察这些行中第 j 列的元素，若其中有 a_j，则全部改为 a_j；否则全部改为 b_{mj}（m 是这些行的行号最小值）。

如在某次更改之后，有一行成为 $a_1,a_2,\cdots,a_n$，则算法终止。ρ 具有无损连接性，否则 ρ 不具有无损连接性。

对 F 中 ρ 个 FD 逐一进行一次这样的处置，称为对 F 的一次扫描。

③ 比较扫描前后，表有无变化。如果有变化，则返回第 2 步，否则算法终止。

如果发生循环，则前次扫描至少应使该表减少一个符号，表中符号有限，因此循环必然终止。

定理 9.4　ρ 为无损连接分解的充分必要条件是算法 9.2 终止时，表中有一行为 $a_1,a_2,\cdots,a_n$。

证明从略。

例 5　已知 $R<U, F>$，$U=\{A, B, C, D, E\}$，$F=\{AB{\to}C, C{\to}D, D{\to}E\}$，$R$ 的一个分解为 $R_1 (A, B, C)$，$R_2 (C, D)$，$R_3 (D, E)$。

① 首先构造初始表，如表 9-4 所示。

表 9-4　　　　　　　　　　　　　　　　判断无损连接的初始表

A	B	C	D	E
a_1	a_2	a_3	b_{14}	b_{15}
b_{21}	b_{22}	a_3	a_4	b_{25}
b_{31}	b_{32}	b_{33}	a_4	a_5

② 对于 $AB{\to}C$，因为各元组的第 1、2 列没有相同的分量，所以表不改变。由 $C{\to}D$ 可以把 b_{14} 改为 a_4，再由 $D{\to}E$ 可使 b_{15}、b_{25} 全改为 a_5。最后结果如表 9-5 所示。表中第 1 行成为 a_1，a_2，a_3，a_4，a_5，所以此分解具有无损连接性。

表 9-5　　　　　　　　　　　　　　　　判断无损连接的结果表

A	B	C	D	E
a_1	a_2	a_3	a_4	a_5
b_{21}	b_{22}	a_3	a_4	a_5
b_{31}	b_{32}	b_{33}	a_4	a_5

当关系模式 R 分解为两个关系模式 R_1、R_2 时，有下面的判定准则。

定理 9.5　$R<U, F>$ 的一个分解 $\rho=\{R_1<U_1, F_1> R_2<U_2, F_2>\}$ 具有无损连接性的充分必要条件是：$U_1{\cap}U_2{\to}U_1 \in F^+$ 或 $U_1{\cap}U_2{\to}U_2 \in F^+$。

定理的证明留给读者完成。

定义 9.18　若 $F^+= (\bigcup_{i=1}^{k}F_i)^+$，则 $R<U, F>$ 的分解 $\rho=\{R_1<U_1, F_1>, \cdots, R_k<U_k, F_k>\}$ 保持函数依赖。

引理 9.3 给出了判断两个函数依赖集等价的可行算法。因此引理 9.3 也给出了判别 R 的分解 ρ 是否保持函数依赖的方法。

9.7.3　模式分解的算法

关于模式分解的几个重要事实是：

- 若要求分解保持函数依赖，则模式分解总可以达到 3NF，但不一定能达到 BCNF；
- 若要求分解既保持函数依赖，又具有无损连接性，则可以达到 3NF，但不一定能达到 BCNF；
- 若要求分解具有无损连接性，则一定可达到 4NF。

它们分别由算法 9.3、算法 9.4、算法 9.5 和算法 9.6 来实现。

算法 9.3　（合成法）转换为 3NF 的保持函数依赖的分解。

① 对 $R<U, F>$ 中的函数依赖集 F 进行极小化处理（处理后得到的依赖集仍记为 F）。

② 找出不在 F 中出现的属性，把这样的属性构成一个关系模式。把这些属性从 U 中去掉，剩余的属性仍记为 U。

③ 若有 $X{\to}A \in F$，且 $XA=U$，则 $\rho=\{R\}$，算法终止。

④ 否则，对 F 按具有相同左部的原则分组（假定分为 k 组），每一组函数依赖 F_i 所涉及的全部属性形成一个属性集 U_i。若 $U_i \subseteq U_j$（$i \neq j$）就去掉 U_i。由于经过了步骤2，故 $U = \bigcup\limits_{i=1}^{k} U_i$，于是 $\rho = \{R_1 <U_1, F_1>, \cdots, R_k <U_k, F_k>\}$ 构成 $R<U, F>$ 的一个保持函数依赖的分解。

下面证明每一个 $R_i<U_i, F_i>$ 一定属于3NF。

设 $F_i = \{X \to A_1, X \to A_2, \cdots, X \to A_k\}$，$U_i = \{X, A_1, A_2, \cdots, A_k\}$

① $R_i<U_i, F_i>$ 一定以 X 为码。

② 若 $R_i<U_i, F_i>$ 不属于3NF，则必存在非主属性 A_m（$l \leq m \leq k$）及属性组合 Y，$A_m \notin Y$，使得 $X \to Y$，$Y \to A_m \in F_i^+$，而 $Y \to X \notin F_i^+$。若 $Y \subset X$，则与 $X \to A_m$ 属于最小依赖集 F 相矛盾，因而 $Y \subsetneqq X$。不妨设 $Y \cap X = X_1$，$Y - X = \{A_1, \cdots, A_\rho\}$，令 $G = F - \{X \to A_m\}$，显然 $Y \subseteq X_G^+$，即 $X \to Y \in G^+$。可以断言 $Y \to A_m$ 也属于 G^+。因为 $Y \to A_m \in F_i^+$，所以 $A_m \in Y_F^+$。若 $Y \to A_m$ 不属于 G^+，则在求 Y_F^+ 的算法中，只有使用 $X \to A_m$ 才能将 A_m 引入。于是按算法9.1必有 j，使得 $X \subseteq Y^{(j)}$，于是 $Y \to X$ 成立，是矛盾的。于是 $Y \to A_m \in G^+$，从而 $X \to A_m$ 属于 G^+，这与 F 是最小依赖集相矛盾。所以 $R_i<U_i, F_i>$ 一定属于3NF。

算法9.4 转换为3NF既有无损连接性又保持函数依赖的分解。

① 设 X 是 $R<U, F>$ 的码。$R<U, F>$ 已由算法9.3分解为 $\rho = \{R_1<U_1, F_1>, R_2<U_2, F_2>, \cdots, R_k<U_k, F_k>\}$，令 $\tau = \rho \cup \{R^*<X, \{\}>\}$，$X$ 中包含算法9.3节第2步去掉的属性。

② 若有某个 U_i，$X \subseteq U_i$，将 $R^*<X, \{\}>$ 从 τ 中去掉，τ 就是所求的分解。

$R^*<X, \{\}>$ 显然属于3NF，而 τ 保持函数依赖也很显然，只要判定 τ 的无损连接性即可。

由于 τ 中必有某关系模式 $R(T)$ 的属性组 $T \supseteq X$。由于 X 是 $R<U, F>$ 的码，任取 $U - T$ 中的属性 B，必存在某个 i，使 $B \in T^{(i)}$（按算法9.1）。对 i 实行归纳法，由算法9.2可以证明，表中关系模式 $R(T)$ 所在的行一定可成为 $a_1, a_2, \cdots, a_n$。τ 的无损连接性得证。

算法9.5 转换为BCNF的无损连接分解（分解法）。

① 令 $\rho = \{R<U, F>\}$。

② 检查 ρ 中各关系模式是否均属于BCNF。若是，则算法终止。

③ 设 ρ 中 $R_i<U_i, F_i>$ 不属于BCNF，则必有 $X \to A \in F_i^+$（$A \notin X$），且 X 非 R_i 的码。因此，XA 是 U_i 的真子集。对 R_i 进行分解：$\sigma = \{S_1, S_2\}$，$U_{S1} = XA$，$U_{S2} = U_i - \{A\}$，以 σ 代替 $R_i(U_i, F_i)$，返回第2步。

由于 U 中属性有限，因而有限次循环后算法9.5一定会终止。

这是一个自顶向下的算法。它自然地形成一棵对 $R(U, F)$ 的二叉分解树。应当指出，$R<U, F>$ 的分解树不一定是唯一的。这与步骤3中具体选定的 $X \to A$ 有关。

算法9.5最初令 $\rho = \{R<U, F>\}$，显然 ρ 是无损连接分解，而以后的分解则由下面的引理9.5保证了它的无损连接性。

引理9.5 若 $\rho = \{R_1<U_1, F_1>, \cdots, R_k<U_k, F_k>\}$ 是 $R<U, F>$ 的一个无损连接分解，$\sigma = \{S_1, S_2, \cdots, S_m\}$ 是 ρ 中 $R_i<U_i, F_i>$ 的一个无损连接分解，则

$\rho' = \{R_1, R_2, \cdots, R_{i-1}, S_1, \cdots, S_m, R_{i+1}, \cdots, R_k\}$，

$\rho'' = \{R_1, \cdots, R_k, R_{k+1}, \cdots, R_n\}$（$\rho''$ 是 $R<U, F>$ 包含 ρ 的关系模式集合的分解），均是 $R<U, F>$ 的无损连接分解。

证明的关键是自然连接的结合律，下面给出结合律的证明，其他部分留给读者。

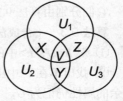

图9-7 3个关系属性的联系

引理9.6 $(R_1 \bowtie R_2) \bowtie R_3 = R_1 \bowtie (R_2 \bowtie R_3)$。

证 设 r_i 是 $R_i<U_i$, $F_i>$ 的关系，$i=1$，2，3；

又设　$U_1 \cap U_2 \cap U_3 = V$；

$U_1 \cap U_2 - V = X$；

$U_2 \cap U_3 - V = Y$；

$U_1 \cap U_3 - V = Z$（如图 9-7 所示）。

容易证明 t 是（$R_1 \bowtie R_2$）$\bowtie R_3$ 中的一个元组的充要条件是：T_{R_1}，T_{R_2}，T_{R_3} 是 t 的连串，这里 $T_{R_i} \in r_i$（$i=1$，2，3），$T_{R_1}[V]=T_{R_2}[V]=T_{R_3}[V]$，$T_{R_1}[X]=T_{R_2}[X]$，$T_{R_1}[Z]=T_{R_3}[Z]$，$T_{R_2}[Y]=T_{R_3}[Y]$。而这也是 t 为 $R \bowtie$（$R_2 \bowtie R_3$）中的元组的充要条件。于是有

$$（R_1 \bowtie R_2）\bowtie R_3 = R_1 \bowtie（R_2 \bowtie R_3）$$

在前面已经指出，一个关系模式中若存在多值依赖（指非平凡的非函数依赖的多值依赖），则数据的冗余度大，而且存在插入、修改、删除异常等问题。为此，要消除这种多值依赖，使模式分离达到一个新的高度 4NF。下面讨论达到 4NF 的具有无损连接性的分解。

定理 9.7 在关系模式 $R<U$, $D>$ 中，D 为 R 中函数依赖 FD 和多值依赖 MVD 的集合，则 $X \rightarrow\rightarrow Y$ 成立的充要条件是 R 的分解 $\rho = \{R_1（X, Y），R_2（X, Z）\}$ 具有无损连接性，其中 $Z = U - X - Y$。

证 首先证明充分性。

若 ρ 是 R 的一个无损连接分解，则对 $R<U$, $F>$ 的任一关系 r 有：

$$r = \pi_{R_1}(r) \bowtie \pi_{R_2}(r)$$

设 t，$s \in r$，且 $t[X]=s[X]$，于是 $t[XY]$，$s[XY] \in \pi_{R_1}(r)$，$t[XZ]$，$s[XZ] \in \pi_{R_2}(r)$。由于 $t[X]=s[X]$，所以 $t[XY] \cdot s[XZ]$ 与 $t[XZ] \cdot s[XY]$ 均属于 $\pi_{R_1}(r) \bowtie \pi_{R_2}(r)$，也即属于 r。令 $u=t[XY] \cdot s[XZ]$，$v=t[XZ] \cdot s[XY]$，就有 $u[X]=v[X]=t[X]$，$u[Y]=t[Y]$，$u[Z]=s[Z]$，$v[Y]=s[Y]$，$v[Z]=t[Z]$，所以 $X \rightarrow\rightarrow Y$ 成立。

再证明必要性。

若 $X \rightarrow\rightarrow Y$ 成立，对于 $R<U$, $D>$ 的任一关系 r，任取 $\omega \in \pi_{R_1}(r) \bowtie \pi_{R_2}(r)$，则必有 t，$s \in r$，使得 $\omega = t[XY] \cdot s[XZ]$，由于 $X \rightarrow\rightarrow Y$ 对 $R<U$, $D>$ 成立，ω 应当属于 r，所以 ρ 是无损连接分解。

定理 9.6 给出了对 $R<U$, $D>$ 的一个无损的分解方法。若 $R<U$, $D>$ 中 $X \rightarrow\rightarrow Y$ 成立，则 R 的分解 $\rho = \{R_1<X, Y>，R_2<X, Z>\}$ 具有无损连接性。

算法 9.6 达到 4NF 的具有无损连接性的分解。

首先使用算法 9.5，得到 R 的一个达到了 BCNF 的无损连接分解 ρ。然后对某一 $R_i<U_i$, $D_i>$，若不属于 4NF，则可按定理 9.6 的方法进行分解，直到每一个关系模式均属于 4NF 为止。定理 9.6 和引理 9.5 保证了最后得到的分解的无损连接性。

在关系模式 $R<U$, $D>$ 中，U 是属性总体集，D 是 U 上的一组数据依赖（函数依赖和多值依赖），对于包含函数依赖和多值依赖的数据依赖，有一个有效且完备的公理系统。

A1：若 $Y \subseteq X \subseteq U$，则 $X \rightarrow Y$；

A2：若 $X \rightarrow Y$，且 $Z \subseteq U$，则 $XZ \rightarrow YZ$；

A3：若 $X \rightarrow Y$，$Y \rightarrow Z$，则 $X \rightarrow Z$；

A4：若 $X \rightarrow\rightarrow Y$，$V \subseteq W \subseteq U$，则 $XW \rightarrow\rightarrow YV$；

A5：若 $X \rightarrow\rightarrow Y$，则 $X \rightarrow\rightarrow U - X - Y$；

A6：若 $X \rightarrow\rightarrow Y$，$Y \rightarrow\rightarrow Z$，则 $X \rightarrow\rightarrow Z - Y$；

A7：若 $X \rightarrow Y$，则 $X \longrightarrow Y$；

A8：若 $X \longrightarrow Y$，$W \rightarrow Z$，$W \cap Y = \phi$，$Z \subseteq Y$，则 $X \rightarrow Z$。

公理系统的有效性是指从 D 出发根据这 8 条公理推导出的函数依赖或多值依赖一定为 D 蕴含；完备性是指凡 D 所蕴含的函数依赖或多值依赖均可以从 D 根据这 8 条公理推导出来。也就是说，在函数依赖和多值依赖的条件下，"蕴含"与"导出"仍是等价的。

A1、A2、A3 公理的有效性在前面已证明，其余的有效性证明留给读者。

由以上 8 条公理可得如下 4 条有用的推理规则：

① 合并规则：若 $X \longrightarrow Y$，$X \longrightarrow Z$，则 $X \longrightarrow YZ$；

② 伪传递规则：若 $X \longrightarrow Y$，$WY \rightarrow Z$，则 $WX \longrightarrow Z - WY$；

③ 混合伪传递规则：若 $X \longrightarrow Y$，$XY \rightarrow Z$，则 $X \rightarrow Z - Y$；

④ 分解规则：若 $X \longrightarrow Y$，$X \rightarrow Z$，则 $X \longrightarrow Y \cap Z$，$X \longrightarrow Y - Z$，$X \longrightarrow Z - Y$。

小　结

本章着重介绍了函数依赖、多值依赖、范式、Armstrong 公理系统和模式分解算法。

关系 R 满足函数依赖 $X \rightarrow Y$，是指对 R 的任何关系实例，如果存在两个不同的元组 t_1 和 t_2，并且 $t_1(X) = t_2(X)$，则必然有 $t_1(Y) = t_2(Y)$。显然，如果 $Y \subseteq X$，一定有 $X \rightarrow Y$，这样的函数依赖叫做平凡的函数依赖。通常说的函数依赖指的是非平凡依赖。由于函数依赖要求对于 R 的任何关系都成立，因此，不能通过枚举的方法来验证函数依赖的成立与否。函数依赖属于语义范畴，是通过对应用的具体分析得到的。

关系 R 满足多值依赖 $X \longrightarrow Y$，是指对 R 的任何关系实例，如果存在两个不同的元组 t_1 和 t_2，并且 $t_1(X) = t_2(X)$，则 $t_1(Y) = t_2(Y)$，而且必然存在两个不同的元组 t_3 和 t_4，有 $t_3(X) = t_3(X)$，$t_3(Z) = t_4(Z)$，$Z = U - X - Y$，t_3 和 t_4 可以是 t_1 和 t_2 中的某一个，对此图 9-6 给出了很好的诠释。

如果关系 R 除了码引入的函数依赖外，还有其他的函数依赖，则要对这些函数依赖进行分析，首先消除多值依赖，然后消除非主属性对码的部分依赖，主属性和非主属性对码的传递依赖最终使得一个关系模式中只存在由码引入的函数依赖。BC 范式是在函数依赖范畴中的最高范式。

消除一些不希望出现的数据依赖的方法是模式分解，即将一个关系模式分解为若干个关系模式。模式分解的最低要求是满足无损连接性，从 2NF 到 4NF 都存在这样的分解算法。也可以要求模式分解保持函数依赖，如果要求模式分解既满足无损连接又保持函数依赖，则只能达到 3NF。

在具体应用中函数依赖可以用实体完整性约束（主码）、NOT NULL 和 UNIQUE 约束（候选码）以及触发器（其他的函数依赖）实现。

最后简单介绍一下泛关系假设的概念。泛关系假设认为现实世界所有的实体和实体之间的联系只构成了一个关系，所以，在这一章中，我们总是对一个关系模式进行分析，发现存在的问题后再通过分解得到一组关系模式。

在具体应用中，首先通过分析应用环境数据之间的关系，得到 E-R 图，然后把 E-R 图中的实体型和联系型转换成合适的关系模式，再运用规范化理论对每一个关系模式进行分析和验证，根据实际要求，通过模式分解使得每个关系模式达到 3NF 或 BCNF，由于 3NF 既能满足无损连接又能保持函数依赖，因此一般分解到 3NF 即可。

习　　题

1. 给出下列术语的定义：

函数依赖，部分函数依赖，完全函数依赖、传递依赖、候选码、主码、外码、全码、1NF、2NF、3NF、BCNF、多值依赖、4NF

2. 建立一个关于系、学生、班级、学会等诸信息的关系数据库。

描述学生的属性有：学号、姓名、出生年月、系名、班号、宿舍区。

描述班级的属性有：班号、专业名、系名、人数、入校年份。

描写系的属性有：系名、系号、系办公室地点、人数。

描述学会的属性有：学会名、成立年份、地点、人数。

有关语义如下：一个系有若干专业，每个专业每年只招一个班，每个班有若干学生。一个系的学生住在同一宿舍区。每个学生可参加若干学会，每个学会有若干学生。学生参加某学会有一个入会年份。

请给出关系模式，写出每个关系模式的函数依赖集，指出是否存在传递函数依赖。

对于函数依赖左部是多属性的情况讨论函数依赖是完全函数依赖还是部分函数依赖。

指出各关系的候选码、外部码，有没有全码存在？

3. 试举出 3 个多值依赖的实例。

4. 下面的结论哪些是正确的？哪些是错误的？对于错误的请给出一个反例说明之。

（1）任何一个二目关系都是属于 3NF 的。

（2）任何一个二目关系都是属于 BCNF 的。

（3）任何一个二目关系都是属于 4NF 的。

（4）若 $R.A \rightarrow R.B$，$R.B \rightarrow R.C$，则 $R.A \rightarrow R.C$。

（5）若 $R.A \rightarrow R.B$，$R.A \rightarrow R.C$，则 $R.A \rightarrow R.(B, C)$。

（6）若 $R.B \rightarrow R.A$，$R.C \rightarrow R.A$，则 $R.(B, C) \rightarrow R.A$。

（7）若 $R.(B, C) \rightarrow R.A$，则 $R.B \rightarrow R.A$，$R.C \rightarrow R.A$。

5. 试由 Armstrong 公理系统推导出下面 3 条推理规则：

（1）合并规则：若 $X \rightarrow Z$，$X \rightarrow Y$，则有 $X \rightarrow YZ$。

（2）伪传递规则：由 $X \rightarrow Y$，$WY \rightarrow Z$，有 $XW \rightarrow Z$。

（3）分解规则：若 $X \rightarrow Y$，$Z \subseteq Y$，有 $X \rightarrow Z$。

第 10 章
对象关系数据库

关系模型的概念简单明了，例如，关系就是简单的二维表，非常容易被人们掌握。另外，关系模型建立在严格的数学基础上，人们通过数学的方法对之进行研究，很好地掌握了它的性质，并在实践中加以运用，创造出了查询优化系统，使得基于关系模型的 DBMS 的性能可以与早期的层次和网状数据库相媲美。同时，由于早期的数据库应用领域是诸如银行业、保险业、航空业等商业领域，这些领域的数据完全可以用关系模型表示，因此，在 20 世纪 80 年代，关系数据库几乎占据了整个市场。

随着计算机技术的发展，涌现出了很多新的应用领域，例如，计算机辅助设计、计算机辅助制造、空间和地理信息系统、多媒体技术等，这些领域要求对图形、图像、时间序列等数据类型进行有效的存储、检索和处理，但是关系数据库不能很好地满足这些要求。

为此，人们研究了非第 1 范式的关系模型、语义数据模型、面向对象数据模型等。其中以面向对象数据模型（Object-Orient Data Model）最有影响。从 20 世纪 80 年代末至 90 年代初，一些基于面向对象模型的 DBMS 被开发出来，比较有名的商业系统有 ObjectStore 和 Versant，由于种种原因，这些 DBMS 并没有流行起来；另外，在关系数据库管理系统的基础上，吸收面向对象模型的精华，形成了对象关系数据库管理系统（ORDBMS），早期的系统有 POSTGRES、UniSQL 的 SQL 扩展。目前，主流的数据库产品都是对象关系数据库管理系统。

在本章中，我们首先回顾一下关系模型的不足，再简单介绍面向对象模型和对象数据模型的基本概念，最后介绍对象关系数据库。

10.1 关系模型的不足

（1）数据类型

关系模型的第 1 范式要求属性只能是简单数据类型，不能是结构化的。如果属性是结构化的，如我们前面见过的工资单（如表 10-1 所示），其中的工资和扣除两项，就必须经过技术处理后才能作为关系的属性，带来了很多不便。

关系模型只允许单值，不允许多值，但是像集合或者是序列在实际应用中经常会遇到。例如表 10-2 所示的通信录，生活中一个人会有多个电话。为了处理这种情况，根据关系规范化理论，要将表进行分解，得到两个表：

```
CREATE TABLE Person(
    PID  int IDENTITY(1,1),
```

```
    Pname      char(10)
    PRIMARY KEY(PID)
)
CREATE TABLE Phone(
    PID  int PRIMARY KEY ,
    PhoneNumber  varchar(20)
    FOREIGN KEY(PID) REFERENCES Person(PID)
)
```

Person 表存放联系人的姓名，并增加了一个关键字；Phone 表存储联系人的电话号码，一个电话号码占用一个元组，两个表通过 PID 属性进行连接，就可以得到每个联系人的所有电话号码。这种处理方法一是不自然，二是需要对两个表做连接操作，而连接操作的代价比较高。

通过这两个例子，我们可以看出关系模型在支持复杂数据类型方面能力不足。

表 10-1　　　　　　　　　　　　　　　　　　　工资单

编号	姓名	职称	工　　资			扣　　除		实发
			基本	工龄	职务	房租	水电	
86051	陈平	讲师	1205	50	80	160	120	1055
…	…	…	…	…	…	…	…	…

表 10-2　　　　　　　　　　　　　　　　　　通信录

姓　　名	电 话 号 码
王林	8636xxxx(H)，8797xxxx(O)，139xxxxx001
张大民	133xxxxx125，138xxxxx878

（2）IsA 层次

E-R 模型支持 IsA 层次，由于父实体和子实体的属性可能存在不同，只用一个关系是无法同时容纳父实体和子实体的，一般采用拆分的办法用多个关系分别表示父实体和子实体，通过编写适当的程序维护父实体和子实体之间的关系。

在 8.3.3 节我们给出过产品的例子。产品是父实体，台式电脑、笔记本电脑和打印机是子实体，分别存放在 Product、PC、Laptop 和 Printer 表中。

每个父实体一定会出现在某个子实体中，每个子实体也会出现在父实体中，分别用 Product、PC、Laptop 和 Printer 表示之，3 个表的关系模式如下：

```
Product(model, maker, type)
PC(model, speed, ram, hd, cd, price)
Laptop(model, speed, ram, hd, screen, price)
Printer(model, color, type, price)
```

为了保证每个子实体都出现在 Product 表中，可以在子实体表上施加引用完整性限制，由 DBMS 加以维护。但是为了保证 Product 中的每个元组也出现在另外 3 个表的某一个中，需要编写程序实现，例如使用触发器就是一个很好的选择。所以，关系模型对 IsA 层次的支持有一定的局限性。

（3）阻抗失配问题

SQL 语言不具有图灵机的计算能力，不能用于解决复杂的应用问题，需要借助于宿主语言（如 C 和 Java）编写数据库应用程序。

这种处理方式存在若干问题。例如，要在 SQL 环境和宿主语言环境中移动数据；解决不同数据类型之间的转换问题；SQL 语言是面向集合的，查询的结果是元组的集合，而 C 和 Java 等语言一次只能处理一个记录，为了解决此问题，需要引入游标。所有这些都会增加事务的执行时间，降低系统的事务吞吐率。

10.2　面向对象数据模型

面向对象的概念最早来自于像 SmallTalk 这样的面向对象程序设计语言，它推动了软件技术的发展，其继承性和封装性原则成为现代软件开发的重要技术。在面向对象程序设计语言环境中，对象在程序终止后就不复存在，如何将其保存在数据库中，达到持久化的目的就成为业界的研究课题。面向对象数据模型扩展了面向对象程序设计语言的概念，使之包含持久化的功能。面向对象数据模型使用面向对象的观点来描述现实世界实体（对象）的逻辑组织、对象间的限制、联系等，它既可以作为概念模型，也可以作为逻辑模型。

我们首先回顾一下面向对象的基本概念，然后介绍一个"纯"面向对象数据模型 ODL（Object Definition Language），该模型是 ODMG（Object Data Management Group）建立的标准。

10.2.1　面向对象的基本概念

（1）类型系统

面向对象程序设计语言提供了丰富的类型，分为两大类：原子类型和构造类型。原子类型包括 string、int、real 等，它们是类型系统的基础。构造类型是用户使用语言提供的构造器自行定义的，Struct 是最典型的构造器之一。例如，将学生的信息定义成一个记录结构：

```
Struct Student{
            char    Sno[7];
            char    Sname[8];
            char    Ssex[2];
            short   Sage;
            char    Sdept[20];
}
```

（2）类（class）和对象（object）

类与 E-R 模型中的实体型相似，类有一组属性，同时还有一组方法，访问类的属性必须通过类的方法。

对象是类的实例，给类的属性赋予合法的值后，就得到了一个对象。对象和类的关系如同实体和实体型的关系。

某一时刻的类的对象集合叫做类的外延（extent）。

（3）对象标识（Object Identifier，OID）

面向对象语言使用对象标识区分不同的对象。每个对象有且仅有一个 OID，对象被生成时，系统就赋予它一个在系统内唯一的 OID，在对象存续期间，OID 是不变的，系统不会改变它，也不允许用户修改它。

对象可以被抽象为二元组<oid, value>，value 是对象的值。可能有两个不同的对象，它们有相同的值，但是各自的 OID 一定不同。与关系模型相对照，OID 相当于码，但二者有着本质的区别。

码与元组的属性值密切相关，而 OID 是系统赋予的，与值无关；元组的码可能发生变化，如组成码的属性的值被改变，而 OID 是不变的。

（4）方法（method）

类可以有多个方法，方法即程序设计语言中的函数，可以被类中所有的对象调用。查询或修改对象某个属性的值必须使用类提供的方法，这叫做封装性（Encapsulation）。

（5）类层次（class hierarchies）

在实际应用中，我们会发现有些类十分相似但又略有不同。例如，职员和学生两个类都有身份证号、姓名、年龄、性别、住址等属性，也有一些相同的方法。但是，职员类也有一些独有的属性和方法，如工龄、工资等。

类层次用于解决此类问题。职员和学生共有的属性和方法被抽象出来，定义成一个新的类：人。职员类和学生类首先通过继承获得父类的属性和方法，然后再各自定义特有的属性和方法分别定义。

在类层次中，祖先类叫做超类，后裔类叫做子类。超类是子类的抽象或概括，子类是超类的特殊化或具体化。超类与子类之间的关系体现了概念模型中"IsA"的语义。

通过继承，类层次可以动态扩展，一个新的子类能从一个或多个已有类中导出。根据一个类能否继承多个超类的特性将继承分成了单继承和多重继承。

若一个子类只能继承一个超类的特性（包括属性和方法），这种继承称为单继承；若一个子类能继承多个超类的特性，这种继承称为多重继承。例如，在学校中实际上还有在职研究生，他们既是职员，又是学生，在职研究生继承了职员和学生两个超类的所有属性和方法。

单继承的层次结构图是一棵树（如图 10-1所示），多继承的层次结构图是一个带根的有向无回路图（如图 10-2 所示）。

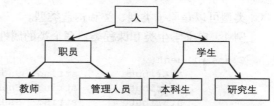

图 10-1　学校数据库的类层次图

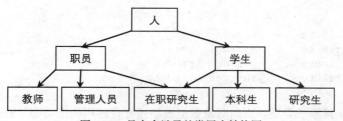

图 10-2　具有多继承的类层次结构图

继承性有两个优点，第一，它是建模的有力工具，提供了对现实世界简明而精确的描述；第二，它提供了信息重用机制。由于子类可以继承超类的特性，这就可以避免许多重复定义。当然，子类除了继承超类的特性外，还要定义自己特殊的属性和方法。在定义这些特殊属性和方法时可能与继承下来的超类的属性和方法发生冲突，例如，在职员类中已经定义了一个操作"打印"，在教师子类又要定义一个操作"打印"，这就产生了同名冲突。这类冲突可能发生在子类与超类之间，也可能发生在子类的多个直接超类之间。这类冲突通常由系统解决，在不同的系统中使用不同的冲突解决方法，便产生了不同的继承性语义。

例如，对于子类与超类之间的同名冲突，一般是以子类定义的为准，即子类的定义取代或替换由超类继承而来的定义。对于子类的多个超类之间的同名冲突，有的系统是在子类中规定超类的优先次序，首先继承优先级最高的超类的定义；有的系统则指定继承其中某一个超类的定义。

子类对父类既有继承又有发展，继承的部分就是重用的成分。由封装和继承还导出面向对象的其他优良特性，如多态性、动态联编等。

10.2.2　面向对象数据模型的核心

关系数据库是关系的集合，关系是元组的集合。面向对象数据库是类的集合，类是对象的集合。面向对象数据模型的核心是如何定义类型、类、类层次和对象。在这一节中，我们简单介绍如何使用 ODL 定义这些概念。

（1）类的声明

最简单的类声明由三部分组成，即关键字 Class、类的名称、类的特性（property）表：

```
Class <name>{
    <list of property>
}
```

在 ODL 中，类的属性、方法和类之间的联系称为类的特性，下面将一一进行介绍。

（2）属性

属性声明也是由三部分组成的，即关键字 attribute、类型和属性名称：

```
attribute <type> <name>
```

类型可以是原子类型、类和构造类型。

例 1　定义学生类和课程类，两个类的属性同事例数据库。

```
Class Student{
        attribute        string   Sno;
        attribute        string   Sname;
        attribute        string   Ssex;
        attribute        integer  Sage;
        attribute        string   Sdept;
}
Class Course{
        attribute        string   Cno;
        attribute        string   Cname;
        attribute        string   Cpno;
        attribute        integer  Ccredit;
}
```

string 和 integer 是原子类型。面向对象数据模型还允许使用构造类型（在后面介绍），例如，给学生类增加一个 PhoneList 属性，用于存放学生的电话号码，PhoneList 属性的类型是字符串的集合。

```
attribute        set<string> PhoneList
```

（3）方法

类有若干方法，方法类似于 C 语言中的函数（function）。方法有方法名字、输入参数、输出参数、返回值和抛出的异常。类的方法可以由类的所有对象调用。方法至少要有一个输入参数，它是类的对象，这个参数是隐含的，方法的调用者就是这个参数。这样，同一个函数名可以作为不同的类的方法，由于有隐含的输入参数，所以，虽然方法的名字相同，但是方法却是不同的方法，这样就达到了重载（overload）的目的。

ODL 规定了方法的说明方法，称为签名（signatures），但没有规定书写函数代码的语言，这样可以做到类的定义和实现的分离。

假设 Student 类有个方法 ShowName：

```
interger ShowName(out string)
```

该方法的返回值是整型数，表示学生名字中的字符个数。该方法有一个输出参数，用于输出学生名字。

我们重写例 1 中的 Student 类，使之包含 PhoneList 属性和 ShowName 方法：

```
Class Student{
        attribute       string      Sno;
        attribute       string      Sname;
        attribute       string      Ssex;
        attribute       integer     Sage;
        attribute       string      Sdept;
        attribute       set<string> PhoneList;
        interger ShowName(out string);
}
```

现在 Student 类的特性有 6 个属性和 1 个签名。

（4）联系

一个学生可以选修多门课程，一个课程有多个学生选修，学生类和课程类之间存在一个多对多联系。

为了表达一个学生可以选修多门课程这个关系，在 Student 类中增加一行：

```
relationship set<Course>     Courses;
```

relationship 是关键字，表示后面的 Courses 是一个引用。Course 是被引用的类，set 是集合类型，表示 Student 类的一个对象可以引用 Course 类的一组对象。

同样，在 Course 类中也要增加一行：

```
relationship set<Student>        Students;
```

我们知道 Courses 和 Students 是同一个联系的两个方向，为了说明这种关系，在 relationship 中增加关键字 inverse 加以说明：

```
relationship set<Course>     Courses
             inverse         Course::Students;
relationship set<Student>    Students
             inverse     Student::Courses;
```

下面我们给出完整的 Student 类和 Course 类。

```
Class Student{
        attribute       string  Sno;
        attribute       string  Sname;
        attribute       string  Ssex;
        attribute       integer Sage;
        attribute       string  Sdept;
        relationship    set<Course>     Courses
                        inverse         Course::Students;
        interger ShowName(out string);
}
Class Course{
        attribute       string  Cno;
```

```
        attribute       string  Cname;
        attribute       string  Cpno;
        attribute       integer Ccredit;
        relationship    set<Student>    Students
                        inverse         Student::Courses;
}
```

ODL 只支持二元联系，如果一个联系涉及 3 个或以上的类，则要像 E-R 模型中创建关联实体型（见图 8.11）那样，另外建立一个类，然后增加和其他类的联系。

（5）码

从概念上讲，由于对象有 OID，面向对象数据库管理系统使用 OID 就能区分开不同的对象，因此，并不需要为类定义码。为了使用上的方便，ODL 提供了说明码的方法：

```
Class <name>(<key | keys> <keylist>){
    <list of property>
}
```

关键字 key 和 keys 是同义词，keylist 是码表，每个码由类中的一个或多个属性构成，如果由多个属性构成，则必须将这些属性放在一对小括号中。

```
Class Student(key Sno){
    …
}
```

（6）子类（subclass）

ODL 支持单继承和多继承。例如，研究生类是学生的子类，它继承了学生类的所有特性，还有自己的导师属性。

```
Class Postgraduate    extends  Student{
            attribute        string  Superviser;
}
```

如果类 C 是类 C_1、C_2、…、C_n 的子类，则 ODL 的语法为：

```
Class <name> extends C₁ : C₂:…:Cₙ{
    <list of property>
}
```

ODL 标准没有规定解决冲突的方法。

（7）外延（extent）

外延是类的对象的集合。面向对象数据库使用外延存储对象，实现对象的持久化。在 ODL 中，说明外延非常简单，只要给定外延一个名字即可。为了使用方便，一般情况下，类的名字是单数名词，而外延是双数名词。

ODL 的语法为：

```
Class <name> (extent <extentName>){
    <list of property>
}
```

下面我们给出 Student 类的完整说明，包括码和外延。

```
Class Student(extent Students key Sno){
        attribute       string  Sno;
        attribute       string  Sname;
        attribute       string  Ssex;
        attribute       integer Sage;
```

```
    attribute       string   Sdept;
    relationship    set<Course>      Courses
                    inverse          Course::Students;
interger ShowName(out string);
}
```

类至少有一个构造函数，用于生成类的对象。构造函数生成的对象被自动存入类的外延中。

（8）类型

ODL 的类型系统与 C++和 Java 语言的类型系统相同。类型系统以基础类型为基础，按照一定的递归原则，构造出复杂的类型。

ODL 的基础类型有：

- 原子类型：如 integer、float、character、character string、boolean 和 enumerations。
- 类名：如 Student、Course。它实际上是一个结构类型，包括所有的属性和联系。

ODL 使用类型构造器组合基础类型形成构造类型，常用的构造器有：

- Set：T 是任意类型，Set<T>是一个类型，它表示一个集合，集合的元素是类型 T 的元素。
- Bag：同 Set，只是允许出现相同的元素。
- List：T 是任意类型，List<T>是一个类型，其值是由 T 的 0 到多个元素组成的表。
- Array：T 是任意类型，i 是任意整数，Array<T，i>是一个类型，它表示 T 的 i 个元素构成的数组。
- Dictionaray：T 和 S 是任意类型，Dictionary<T, S>是一个类型，表示一个有限的对的集合，其中，T 和 S 分别称为码类型和范围类型。每个对由两部分构成：T 的值和 S 的值，其中 T 的值在集合中必须唯一。
- Structures：假设 T_1、T_2、…、T_n 是任意类型，F_1、F_2、…、F_n 是字段的名字，Struct N {T_1 F_1, T_2 F_2, …, T_n F_n}是一个类型，它有 n 个字段，第 i 个字段的名字是 F_i，类型是 T_i。

ODL 规定，联系的类型只能是类，或运用一次前 5 个构造器得到的类型，而且 T 必须是类；属性的类型可以是原子类型或其它构造得到的类型，类作为类型时，把它看作由属性和联系构成的结构类型。

10.3　对象关系数据模型

对象关系数据模型是关系模型和面向对象数据模型二者结合的产物。在这一节中我们介绍 SQL-1999 和 SQL-2003 标准所采用的对象关系模型，大多数数据库产品只支持这里描述的 SQL 特征的子集。

对象关系数据模型的核心概念仍然是关系，关系数据库是关系的集合，但是作了一些扩充，主要的扩充有两点：

① 类型系统：在关系模型中，属性的域只能是原子类型，使得处理某些问题显得不自然，处理效率低。SQL 标准引入了 row 构造器（相当于 Structures）、array 和 multiset 构造器（相当于 bag），multiset 是由 SQL-2003 引入的。

② 关系：在关系模型中，关系是元组的集合。SQL 标准允许关系是元组的集合或者是对象的集合，引入了对象的概念。

SQL 标准没有引入类的概念，类的概念在一定程度上由类型系统实现。

10.3.1 类型系统

SQL-1999 和 SQL-2003 允许用户使用 CREATE TYPE 语句创建新的类型。CREATE 语句 TYPE 语句的功能和 C 语言中的 typedef 一样，格式基本相同。

```
CREATE TYPE <typename> AS constructor <final | not final>
```

我们通过一些实例对各类构造器进行讲解。

1. 结构类型

例 2 建立地址和名字类型。地址类型由属性 street 和 city 组成，名字类型由 first_name 和 last_name 组成。

```
CREATE TYPE addressType AS (
        street  VARCHAR2(50),
        city  VARCHAR2(50))
NOT FINAL;
CREATE TYPE nameType AS (
        first_name  VARCHAR2(30),
        last_name  VARCHAR2(30))
FINAL ;
```

结构构造器的语法非常简单，只需要一一列出结构中每个字段的名字和类型即可。CREATE TYPE 语句中的 NOT FINAL（FINAL）短语表示这个类型可以（不可以）被其他的类型继承。

用户定义的类型可用于定义其他的类型。

例 3 定义 person 类型。

```
CREATE TYPE personType AS (
        pno         int,
        name        nameType,
        adrress     addressType,
        dayOfBirth  date)
        NOT FINAL;
```

PersonType 类型的 name 属性和 address 属性使用了例 2 中定义的类型。我们还可以使用无名称的 row type 给出 personType 的一个与上面等价的定义。

```
CREATE TYPE personType AS (
        pno                 int,
        name                row(first_name  VARCHAR2(30),
                            last_name  VARCHAR2(30)),
        adrress row(        street  VARCHAR2(50),
                            city  VARCHAR2(50)),
        dayOfBirth          date)
NOT FINAL;
```

在关键字 row 后面逐一给出结构中的属性和类型，因此结构类型又被称为行类型（row type）。

在类型定义中还可以定义类型的方法，假设 personType 类型有一个方法，它返回年龄。在该类型定义中，增加下面的 method age(OnDate date) returns interval year，age 是方法名，date 是一个日期，返回值是年的间隔。

SQL 使用 CREATE METHOD 语句定义类型的方法，有多种语言用于书写代码。

例 4　分别使用 C 和 PSM 语言书写 age 方法。

```
CREATE INSTANCE METHOD age(OnDate date) FOR PersonType
LANGUAGE C
EXTERNAL NAME 'C:/SQL Server/bin'

CREATE INSTANCE METHOD age(OnDate date) FOR PersonType
LANGUAGE SQL
BEGIN
    return onDate - self.dateOfBirth;
END
```

LANGUAGE 子句说明书写代码的语言。如果不是用 PSM 书写的代码，则要指明可执行模块的位置，如 EXTERNAL NAME 'C:/SQL Server/bin'。INSTANCE 表明 age 方法在 PersonType 类型的实例上执行，self 指代执行方法的实例。

2. 数组类型

相同类型元素的有序集合称为数组（array），这是 SQL-1999 新增的集合类型，它允许在数据库的一列中存储数组。数组的语法为：

```
type  array[n]
```

其中，type 是系统的类型或用户定义的类型，*n* 是整数。type　array[n]定义了新的数据类型，该类型以数组的形式存放类型 type 的 *n* 个值。

例 5　创建 Sales 表，记录商品 12 个月的销售量。

```
CREATE TABLE Sales(
    ITEM_NO CHAR(20),                    --商品号
    QTY  INTEGER ARRAY [12],        --整数数组，存放 12 个月的销售额
    PRIMARY KEY(ITEM_NO)
);
```

SQL-1999 的数组只能是一维的，而且数组中的元素不能再是数组。

下面的语句用于向 Sales 表插入一个元组：

```
INSERT INTO Sales(ITEM_NO, QTY)
VALUES ('T-shirt2000',
        array [200, 150, 200, 100, 50, 70, 80, 200, 10, 20, 100, 200]);
```

下面是查询语句，查找 3 月份销售额大于 100 的商品号：

```
SELECT ITEM_NO
FROM  Sales                --从 Sales 表中选出满足下面条件的商品号
WHERE QTY [3] >100;        --QTY 数组的第 3 个值大于 100
```

3. 多重集合类型

SQL-2003 增加了多重集合类型（multiset），多重集合即面向对象数据模型中的包（bag）。多重集合的使用方法和数组相似：

```
type multiset
```

其中，type 是系统的类型或用户定义的类型。type multiset 定义了新的数据类型，该类型存放类型 type 的一组值。

例 6 建立 Student 表，它与事例数据库相比多了 PhoneList 属性，用于存放学生的电话号码，是多重集合类型。

```
CREATE TABLE Student (
            sno         char(7),
            Sname       char(8),
            Ssex        char(2),
            Sage        smallint,
            Sdept       char(20),
            PhoneList   varchar(20) multiset);
```

向表中插入一行数据：

```
INSERT INTO Student VALUES('2000012','王林','男',19,'计算机',
                           multiset('12345678', '139xxxxxxxx'));
```

语句中的 multiset 是一个函数，用于将枚举类型的集合封装成 multiset 类型。multiset 类型的值作为一个整体存放，如果要访问其中的元素，必须使用 unnest 函数。例如，查询电话号码为 12345678 的学生的姓名。

```
SELECT S.Sname
FROM Student S
WHERE '12345678' in unnest(S.PhoneList);
```

4. 参照类型

SQL-1999 提供了一种特殊的类型：参照类型，也称为引用类型，简称 REF 类型。因为类型之间可能具有相互参照的联系，因此引入了一个 REF 类型的概念。REF 类型的语法为：

```
REF <类型名>
```

REF 类型总是和某个特定的类型相联系。它的值是 OID。

例 7 定义 Student 类型和 Course 类型，二者之间存在参照关系。

```
CREATE TYPE StudentType AS (
      Sno         char(7),
      Sname       char(8),
      Ssex        char(2),
      Sage        int,
      Sdept       char(20),
      Courses     ref(CourseType multiset))
NOT FINAL;
CREATE TYPE CourseType AS (
      Cno         char(4),
      Cname       char(40),
      Cpno        char(4),
      Ccredit     int,
      Students    ref(StudentType multiset))
FINAL;
```

Student 表的 Course 属性的类型是一个参照类型，它的值是一组指向 CourseType 类型的实例的指针（或者说对象的 OID），在使用该类型时要指明实例的来源。同样，Course 表的 Students 也是参照类型。

5. 类型继承

目前的 SQL-1999 和 SQL-2003 只支持单继承，子类型继承父类型的所有属性和方法，并有自己的属性和方法。继承语法为：

```
subtype   under   supertype
```

例 8　post-student 类型继承 Student 类型的一切属性和方法，并且拥有属性 Supervisor。

```
CREATE TYPE post-studentType under StudentType
        (Supervisor      char(8))
FINAL;
```

10.3.2　对象关系

在对象关系模型中，关系既可以是元组的集合（使用第 3 章中介绍的方法创建），也可以是对象的集合。这一节中主要介绍如何创建后面的关系，创建此类关系仍然使用 CREATE TABLE 语句，最简单的语法为：

```
CREATE TABLE <name> OF <type>
```

例 9　创建 OStudent1 表，它是对象的集合。

假设我们已经创建了类型 StudentType1：

```
CREATE TYPE StudentType1 AS (
        Sno          char(7),
        Sname        char(8),
        Ssex         char(2),
        Sage         int,
        Sdept        char(20))
NOT FINAL;
```

创建 OStudent1 表的 SQL 语句为：

```
CREATE TABLE OStudent1 OF StudentType1;
```

OStudentl 表仍然是一个关系，但是它的元组是对象，而不是记录，其元组的形式为（oid，typevalue），oid 是对象（元组）的标识，typevalue 是对象的值。这样定义的表中元组的 oid 属性是不可见的，用户不能在查询语句中使用它。

如果类型中有参照类型的属性，则需要采用另外的形式定义表，一是要使 oid 属性可见，二是要定义参照类型属性值的来源。

例 10　创建 OStudent 表和 OCourse 表，使用例 7 定义的类型。

```
CREATE TABLE OStudent OF StudentType
        ref is osid system generated
        (Courses with option scope OCourse);
CREATE TABLE OCourse OF CourseType
        ref is ocid system generated
        (Students with option scope OStudent);
```

其中，ref is osid system generated 将 OSudent 表元组的 oid 属性命名为 osid，并且该属性的值由系统自动产生。Courses with option scope OCourse 说明参照类型属性 Courses 只能引用表 OCourse 中的对象（元组）。

OID 还可以由用户生成。例如，OStudent 表的 OID 是用户自己维护的，在建立表时要使用语句 ref is osid user generated，而且 StudentType 类型的定义中必须加入一行：ref using varchar(20)，用于说明 OID 的类型，当然，允许用其它的类型替换 varchar(20)。

10.3.3　子表和超表

SQL-1999 支持子表和超表的概念。超表和子表的关系构成表层次。表层次和前面介绍的类层次十分相似，类层次是实现表层次的基础，表层次真正实现了概念模型中的 IsA 语义。

让我们先通过例子说明为什么要使用子表和超表。首先在例9的基础上创建 post-studentType1 类型，它是 StudentType1 的子类型：

```
CREATE TYPE post-studentType1 under StudentType1
          (Supervisor      char(8))
FINAL;
```

然后建立 OPostStudent 表：

```
CREATE TABLE OPostStudent OF post-studentType1
```

使用面向对象的术语讲，研究生类是学生类的子类，研究生类的一个对象一定和学生类的一个对象相对应。但是，向 OPostStudent 插入一个元组后，它不会自动在 OStudent1 表中插入一个对应的元组，因为这两个表没有任何关系。

子表和超表用于实现子类和类之间的 IsA 关系。建立两个表之间的子表和超表关系需要满足两个条件，一是子表的类型是超表的子类型，二是要使用特定的 CREATE TABLE 语句。

例 11　创建 OPostStudent，使之为 OStudent1 表的子表。

```
CREATE TABLE OPostStudent OF post-studentType1 UNDER OStudent1;
```

UNDER 短语决定了两个表之间的子表和超表关系。两个表之间有了子表和超表关系后，默认情况下，向子表插入一个对象，在超表中会自动地建立一个对应的对象。对超表的查询，除了返回超表中满足条件的对象外，还会返回子表中满足条件的对象。删除超表中的对象，同时会删除子表中对应的对象；删除子表中的对象，也会删除超表中对应的对象。

10.3.4　查询和更新

对对象关系的查询和对普通关系的查询基本一样，所不同的是，对属性的引用要使用点(dot)表达式。

例 12　查询例9中 OStudent1 表中名字为王林的学生的学号。

```
SELECT S.Sno
FROM OStudent1 S
WHERE S.Sname = '王林';
```

在例 11 中，OStudent1 表被定义成了 OPostStudent 的超表，如果 OPostStudent 表中也有名字为王林的学生，则也在查询结果之中。

如果只想查询 OStudent1 中的学生，则需要使用 only 短语：

```
SELECT S.Sno
FROM only OStudent1 S
WHERE S.Sname = '王林';
```

例 13　查询 OStudent 表中（见例10）选修了 1137 号课程的学生的名字。

如果 StudentType 的 Courses 属性不是一个多重集合，而只是引用 CourseType（即一个学生最多只能选修一门课程），那么书写这个查询是非常简单的事情。

```
SELECT S.Sname
FROM OStudent S
WHERE S.Courses->Cno = '1137';
```

Courses 是参照类型，相当于 C 语言中的指针，因此，用 "->" 表示引用。

例 10 的 OStudent 的 Courses 属性是一个多重集合，集合的元素是对 OCourse 表中对象的引用。首先使用 unnest(S.Courses) AS tmp(tmpocid) 将多重集合转换成只有一列的表 tmp(tmpocid)，列的类型是 OID。使用子查询：

```
SELECT C->Cno
FROM unnest(S.Courses) AS tmp(tmpocid) C
```

得到某个学生选修的课程的课程编号集合，然后测试'1137'是否在这个集合中。

```
SELECT S.Sname
FROM OStudent S
WHERE '1137' in (SELECT C->Cno
                 FROM unnest(S.Courses) AS tmp(tmpocid) C);
```

在例 12 中，OStudent1 表是对象的集合，S 是对象变量，S.Sno 给出了对象在 Sno 属性上的值，没有通过调用方法访问对象的属性，这似乎违反了封装性原则。实际上，S.Sno 就是方法调用。

因为每个类型有 3 类通用的系统内置方法：构造方法（constructor method）、访问方法（observer method）和更改方法（mutation method）。

类型的每个属性有一个访问方法，存放属性的值，方法的名字与属性名相同，并且没有任何参数。因此，S.Sno 就是调用对象 S 在属性 Sno 上的访问方法。

同样，类型的每个属性有一个更改方法，方法的名字与属性同名，并且方法有一个输入参数，方法将参数的值赋给属性，方法返回类型的对象。

类型可以有多个构造方法，但一定有一个与类型同名的构造方法，该方法没有任何参数，用于生成对象，对象各属性的值为空，又称为空对象。

例 14　向例 9 的 OStudent1 表中插入学生王林的信息。

```
INSERT INTO OStudent1
VALUES(new StudentType1 ()
       .Sno('2000012')
       .Sname('王林')
       .Ssex('男')
       .Sage(19)
       .Sdept('计算机')
       );
```

new StudentType1()生成一个空对象，然后调用它的更改方法 Sno，Sno 方法返回另外一个对象，它的 Sno 属性上的值被 Sno 方法设置为'2000012'，第 2 次产生的对象再调用它的 Sname 方法，以此类推。本例中的 VALUES 子句是为了方便阅读的写法，实际上所有的方法是在同一行上：

```
new StudentType1().Sno('2000012').Sname('王林').Ssex('男').Sage(19).Sdept('计算机')
```

为了使用上的方便，更改 StudentType1 类型，增加一个构造方法：

```
ALTER TYPE StudentType1
ADD METHOD StudentType1(sno       char(7),
                        sname     char(8),
                        ssex      char(2),
```

```
                                    sage         int,
                                    sdept        char(20))
    RETURNS StudentType1;
```

然后建立 **StudentType1** 方法：

```
CREATE METHOD StudentType1(sno        char(7),
                           sname char(8),
                           ssex        char(2),
                           sage        int,
                           sdept       char(20))
FOR StudentType1
RETURNS StudentType1
LANGUAGE SQL
BEGIN
    RETURN NEW StudentType1()
              .Sno(sno)
              .Sname(sname).
              .Ssex(ssex)
              .Sage(sage)
              .Sdept(sdept)
END
```

请注意，CREATE METHOD 中没有出现 INSTANCE 关键字，表示调用这个方法时不需要通过对象调用。有了这个构造方法后，上面的 INSERT 语句重写为：

```
INSERT INTO OStudent1
VALUES(StudentType1('2000012', '王林', '男', 19, '计算机'));
```

小　结

本章介绍了面向对象的基本概念、面向对象数据模型和对象关系数据。

面向对象的核心概念有对象、对象标识、类、类层次，其基本原则是封装性和继承性。

面向对象数据模型的核心是类，类有属性、联系和方法三个特性，联系是为了表达类之间的引用关系。通过继承形成了类层次。类的外延是对象的集合。面向对象数据模型的另一个核心概念是类型系统，原子类型和类是基础类型，通过构造器可以构造出复杂类型。

对象关系数据模型是在关系数据模型的基础上通过引入面向对象的概念形成的。对象关系数据模型首先扩充了关系数据模型的类型系统，在原子类型的基础上，增加了结构类型、数组类型、多重集合类型和参照类型，并支持类型的继承。对象关系数据模型首先扩展了关系模型的关系，关系不仅是元组的集合，也可以是对象的集合。两个对象关系可以形成子表和超表关系，用于表达概念模型中的 IsA 联系。

由于 ORDBMS 的实现早于 SQL-1999/2003 标准的制定，使得各个 ORDBMS 所采用的术语、语言语法不尽相同。读者使用时需参考具体的 ORDBMS 的语法说明和有关手册。

习　题

1. 定义并解释 OO 模型中以下核心概念：
   对象与对象标识　封装　类　类层次

2. 对象标识与关系模型中的"码"有什么区别?

3. 什么是单继承? 什么是多重继承? 继承性有什么优点?

4. 根据图 10-3 所示的类型层次图(实线给出 IsA 联系), 定义类型 person、employee、student 和 executive, 各类型的属性可自行设计。

5. 根据图 10-3 所示的类型参照关系(虚线部分, department 类型的 manager 属性参照 employee 类型, 是一对多联系; employee 类型的 dept 属性参照 department 类型, 是一对一联系), 定义 department 和 employee 类型。

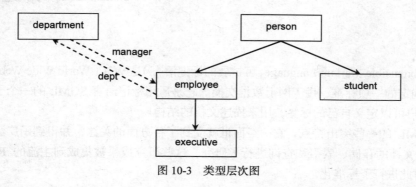

图 10-3 类型层次图

6. 根据图 10-3 中 person、student、employee 和 executive 的层次关系, 定义表 person、student、employee 和 executive 以及它们之间的子表和超表关系。

7. 查找 1970 年出生的雇员。

第11章
XML 数据库

XML(Extensible Markup Language，可扩展的标记语言)是 W3C(World Wide Web Consortium)在 1998 年制定的一项标准，用于网上数据交换。它是通用标记语言 SGML 的一个子集，是一种元语言，用户可以定义自己的标签，用来描述文档的结构。

由于 XML 的一些突出特点，它一经面世就受到了各方面的关注，并得到了广泛的应用。业界对 XML 文档的存储、索引和查询进行了研究，这些研究成果被集成到主流的 RDBMS 中。SQL-2003 对此进行了标准化。

11.1　XML 简介

XML 是 SGML(Standard Generalized Markup Language，标准通用标记语言)的子集，由 W3C 的 XML 工作组所定义。提出 XML 的最初目标是允许普通的 SGML 在 Web 上以目前 HTML(HyperText Markup Language)的方式被服务、接收和处理。目前 XML 成为了 Internet 时代的标准语言。

11.1.1　XML 的特点

与 Web 上已有的最普遍的数据表现形式 HTML 相比，XML 具有如下的一些特点：

① 更多的结构和语义。XML 侧重于对文档内容的描述，而不是文档的显示。用户自定义的标签描述了数据的语义，便于对数据的理解和机器的自动处理。

② 可扩展性。XML 允许用户自己定义标签和属性，可以有各种定制的数据格式。

③ 简单易用。与通用标签语言 SGML 相比，XML 简单易用，便于掌握，这是它得以推广的重要原因。

④ 自描述性。XML 将对数据的语义描述和数据内容本身都包含在 XML 文档中，使数据具有很好的灵活性。

⑤ 数据与显示分离。XML 所关心的是数据本身的语义，而不是数据的显示方式，所以可以在同样的 XML 数据上定义多种显示形式，非常灵活。

XML 的这些特点使得它不但迅速成为了网络数据交换的事实标准，而且正在逐渐成为数据表示的标准。随着 XML 的流行，一系列相关的标准(如 XML Schema、XQuery、XML Data Model 等)也不断出现，形成了围绕 XML 的标准集合，这反映了工业界对 XML 的巨大支持。现在越来越多的 Web 应用（ 如电子商务、数字图书馆、信息服务等 ）采用 XML 作为数据表现形式，也有很多的网站采用 XML 作为信息发布的形式，可以预见到将有越来越多的 XML 数据出现在 Internet 上。

11.1.2　XML 的应用

因为 XML 是一种元语言，可以由使用者自行定义，生成相应的符合使用者需求的应用语言。如应用于数学方面的 Math ML、应用于向量图的 SVG、应用于化学方面的 CML、应用于描述网络资源的 RDF 等。

（1）XML/EDI 电子数据交换

EDI(Electronic Data Interchange)用电子技术代替基于纸张的操作，用于公司之间的单据交换。XML 丰富的格式语言可用来描述不同类型的单据，例如信用证、贷款申请表、保险单、索赔单以及各种发票等。通过结构化的 XML 文档送至 Web 的数据可以被加密，并且很容易附加上数字签名。

（2）化学标识语言 CML 和数学标识语言 Math ML

CML（Chemical Markup Language)和 Math ML(Mathematical Markup Language)是 XML 应用于描述化学和数学公式的标签语言。CML 可描述分子与晶体结构、化合物的光谱结构等。而 Math ML 可以将数学公式精确地显示在浏览器上。

（3）开放式软件描述格式 OSD

OSD(Open Software Descriptipon)是 XML 的一组用来描述各种软件产品的标签集，可以详细说明软件的规格、使用说明以及可运行平台等。

（4）通道定义格式 CDF

CDF(Channel Definition Format)是 Microsoft 在 IE 4.0 浏览器中使用的 XML 数据格式，用于描述活动通道的内容和桌面部件，指明通道的信息及其更新情况。CDF 使不同平台的互操作成为可能，使 Web 发布者可以控制推（push）技术。专用的推技术将不再影响不同推技术的互操作性，这样一来，从互不兼容的平台上可以获得相同的 Web 内容。

（5）开放式财务交换 OFX

OFX(Open Financial Exchange)也是 XML 的一种标签集，用于描述会计事务所与客户之间的业务往来。使用 OFX，客户与会计事务所之间可以直接交换财务数据，包括电子银行和支付协议等说明文件。

11.1.3　XML 的相关标准

XML 的发展与以前的新兴技术的发展不同，它不是由研究领域提出并推广的，而是从工业界发展起来的。随着它的流行，一系列相关的标准也不断出现，围绕 XML 的一系列标准集合形成了 XML 数据表示和处理的基础，人们也在致力于将研究成果用于改进目前的标准或提出新的标准以更好地支持应用。目前的标准主要包括如下几个方面。

（1）XML 数据模型

XML 数据与半结构化数据非常类似，所以 XML 数据可以被看成是半结构化数据的特例。但由于 XML 是一种文档标记语言，它具有自身的一些特点，如 XML 元素的有序性，文本与元素的混合等，使得半结构化数据模型不能很好地描述 XML 的特征。为了描述 XML 数据，需要提出新的数据模型。目前还没有公认的 XML 数据模型，W3C 已经提出的有 XML Information Set、XPath1.0 Data Model、DOM model 和 XML Query Data Model。总地来说，这四种模型都采用树结构，XML

Query Data Model 是其中较为完全的一种。

（2）XML 模式定义

XML 数据没有强制性的模式约束。在 XML 标准中，有一个可选项 DTD(Document Type Definition)，它描述了 XML 文档的结构，类似于模式。DTD 通过指明子元素和属性的名字及出现次数来定义一个元素的结构，但它不支持对参照关系的约束，对元素出现次数的定义不够精确，可能产生非常模糊的定义。W3C 提出了定义 XML 模式的另外两个标准：XML Schema 和 Document Content Descriptors(DCDs)，它们是对 DTD 的扩展。XML Schema 用 XML 语法来定义其文档的模式，支持对结构和数据类型的定义，更适合作为数据模式的定义标准。

（3）XML 查询语言

针对 XML 数据的特点，学者们已经提出了许多查询语言，如 XML-QL、XQL 及 Quit 等。在这些已有的查询语言基础上，W3C 提出了一种查询语言——XQuery，它结合了其他语言的优点，具有非常强大的能力。XQuery 由被称做查询模块的单元组成，这些单元之间彼此相对独立，可以进行任意层次的嵌套，完成变量绑定、条件判断、查询结果构造等功能。XQuery 采用了与 XPath 一致的语法来表示路径表达式。

（4）其他标准

W3C 提出了与 XML 相关的一系列标准，内容涉及数据的表示、传输、查询、转化等许多方面。除了前面提到的外，还有描述 XML 文档内和文档间元素关系的 XLink 和 XPointer，以及 XML 数据的传输协议标准 SOAP 等许多其他标准。

11.1.4　XML 的存储

数据的高效存储是所有数据操作的基础，对 XML 数据来说这个问题尤为重要。XML 数据的本质是树状结构的数据，它具有很大的灵活性，既可以是比较不规范的，包含大量文本的文档，也可以是非常规范的格式化数据，所以 XML 数据存储所面临的挑战是要有足够的灵活性来有效地支持任何形式的 XML 数据。

XML 数据库是一个能够在应用中管理 XML 数据和文档的数据库系统，一个 XML 数据库是 XML 文档及其部件的集合，并通过一个具有能够管理和控制这个文档集合本身及其所表示信息的系统来维护。XML 数据库不仅是结构化数据和半结构化数据的存储库，像管理其他数据一样，持久的 XML 数据管理包括数据的独立性、集成性、访问权限、视图、完备性、冗余性、一致性以及数据恢复等。

虽然 XML 存储是一个相对比较新的课题，但是已经存在大量关于其存储的方案及实现，根据存储的方式可以将其大致分为 3 种。

（1）平面文件数据库

平面文件是最简单的存储方案，就是在一个文件中存储整个 XML 文档，以多种文本编辑器和几个 XML 工具作为数据操纵工具来实现 XML 数据的操纵。平面文件存储方案的优点是实现简单，但是存在两个主要的局限性：快速访问和索引。这也影响了平面文件数据库的其他方面的能力：有效的日志更新、事务和执行恢复。

（2）XED（XML-Enabled DBMS）——面向对象数据库和关系型数据库

在对象、关系数据库管理系统之上的 XML 使能系统是现存的使用最广泛的 XML 文档的存储方式，通常 XML 数据的结构按一定的映射方法变为对象型数据或关系型数据，这样就可以使用现存的比较完善的 RDBMS 或 OODBMS 来存储 XML 数据。

XED 是在原有数据库基础上扩展了 XML 支持模块，完成 XML 数据和数据库之间的格式转换和传输。其存储粒度可以把整个 XML 文档作为 RDBMS 表中的一行，或把 XML 文档进行解析后存储到相应的表格中。为了支持 W3C 的一些 XML 操作标准，XED 提供一些新的原语（如 Oracle 9iR2 增加了一些数据包来操作 XML 数据等），并优化了 XML 处理模块。

这种存储方案的优点是效率高、查询方便，有大量的支持工具。但也存在着一些缺点：将树状结构的 XML 数据转换成关系数据库的二维关系表形式时面临语义信息丢失的问题；XML 查询（例如 XPath 和 XQuery）等不能直接在关系数据库上执行，需要转换成 SQL 查询；而且其关系表形式的查询结果还必须还原成树状形式的 XML 数据；查询执行和数据存储的代价会受 XML 数据的映射方案的影响而变得较大。

对于"以数据为中心"的 XML 文档，XED 可以方便地将其中的数据抽取出来，存储在传统数据库中，但它对于 "以文档为中心"的 XML 文档则显得力不从心。

（3）NXD（Native XML DBMS）——专门的 XML 数据库管理系统

所谓 XML 的 Native 存储方式，就是存储时保留数据的树模型模式。根据一个节点可以直接找到其孩子节点、左右兄弟节点或父亲节点等。以 Native 方式存储的 XML 数据，保留了 XML 数据的树状模型，并支持 XPath 和 XQuery 等 XML 查询以读取数据。存取 XML 数据时无须进行数据模式的转换，也不需要进行查询语言的转换。

11.2 XML 文档

XML 规范定义了一组语法用于描述文档的内容和结构。我们通过一个实例对 XML 的基本语法作简单介绍。

例 1 下面是一个 XML 文档实例，描述两个学生的基本信息、所选修的课程以及成绩。

```xml
<?xml version="1.0" encoding="GB2312"?>
<!DOCTYPE NewList SYSTEM "NewList.DTD">
<StudentList>
    <Student>
        <Sno>2000012</Sno>
        <Sname>王林</Sname>
        <Ssex>男</Ssex>
        <Sage>19</Sage>
        <Sdept>计算机</Sdept>
        <!--Courses-->
        <CourseList>
            <Course Ccredit="6">
                <Cname>英语</Cname>
                <Grade>80</Grade>
            </Course>
            <Course Ccredit="4">
                <Cname>管理学 </Cname>
                <Grade>70</Grade>
            </Course>
            <Course Ccredit="4">
                <Cname>数据库原理</Cname>
                <Grade>80</Grade>
```

```
                </Course>
                <Course Ccredit="4">
                    <Cname>离散数学</Cname>
                    <Grade>78</Grade>
                </Course>
            </CourseList>
        </Student>
    <Student>
            <Sno>2000113</Sno>
            <Sname>张大民</Sname>
            <Ssex>男</Ssex>
            <Sage>18</Sage>
            <Sdept>管理</Sdept>
            <CourseList>
                <Course Ccredit="6">
                    <Cname>英语</Cname>
                    <Grade>89</Grade>
                </Course>
            </CourseList>
        </Student>
    </StudentList>
```

XML 规范要求 XML 文档的第 1 行必须是一个声明，用于说明 XML 文档所遵从的 XML 标准版本和语言等。例 1 中的第 1 行<?XML version="1.0" encoding="GB2312"?>说明文档符合 XML 规范第 1 版本的要求，使用 GB2312 字符集编码。

XML 文档的主体是一系列的元素（element）。元素有开始标签（tag）和结束标签，标签又被称为元素名，两个标签之间的部分叫做元素的内容。例如，<Sno>2000012</Sno>定义了一个元素，开始标签是<Sno>，结束标签</Sno>，2000012 是元素内容。

开始标签是一个字符串，并且被封闭在符号"<"和">"中。结束标签是在标签标记字符串之间加上符号"/"。在 HTML 文档中，标签是预先定义好的，有固定的含义，可以被浏览器所理解。在 XML 文档中，标签需要用户自己创建。标签的命名必须遵守下面的规则：

- 可以包含字母，数字和其他字符。
- 不能以数字或者标点符号开头。
- 不能以 XML(或者 xml、Xml、xML 等)开头。
- 不能包含空格。

一个元素可以包含另外一个元素，称为元素嵌套。例如，例 1 中，StudentList 元素包含了 Student 元素，Student 元素又包含了 Sno、Sname、Ssex、Sage、Sdept 和 CourseList 元素等。元素之间的嵌套关系是一个层次关系，可以被表示为树。例如，StudentList 是 Student 的父元素，Student 是 StudentList 的子元素。Student 是 Sno 等的父元素。

XML 文档必须有根元素。XML 文档必须有一个元素是所有其它元素的父元素。该元素称为根元素。例 1 中的 StudentList 是根元素。

一个良构的（well-form)XML 文档要求元素之间要正确地嵌套，子元素必须完全包含在父元素中。

元素还可以有任意多个用户自定义的属性（attribute），用于对元素作进一步的描述和说明。与 HTML 中的属性一样，XML 中的每个属性都有自己的名字和值，属性是开始标签的一部分。XML 规范要求属性值必须放在一对引号内。例如：<Course Ccredit="4">，Ccredit 是属性名，4

是属性值。

属性可以做的事情，元素也能做到，但属性也有固有的特点：

● 属性之间的次序是不重要的。例如，<Course Ccredit="4" Cno="1156">和<Course Cno="1156" Ccredit="4">是一样的。

● 一个属性在同一个元素中不能出现多次。例如，<Course Ccredit="4" Ccredit="4">是不允许的。

● 可以声明属性类型为 ID，这样的属性在整个文档中必须有唯一值。例如，在例 1 的文档中，可以把 Sno 由元素变为 Student 元素的属性，即，<Student Sno="2000012">，Sno 起到了主码的作用。

● 属性有时可以使得展现更加简洁。例如，表示某个学生某门课程的成绩的方法有下面的两种形式，其中形式 1 比形式 2 更清晰。

形式 1　<Course Cno="1156" Cname="英语" Ccredir="4">87<Course>

形式 2　<Course>

```
<Cno>1156</Cno>
<Cname>英语</Cname>
<Ccredit>4</Ccredit>
</Course>
```

除了元素和属性，XML 还允许使用处理指令和注释。处理指令以"<?"开始，以"?>"结束，中间是处理指令名称和数据，处理指令和数据用于和 XML 处理器交互信息，处理指令的使用频率很低。注释以"<!--"开始，以"-->"结束，这两个标记之间是用于注释的内容，注释可以出现在文档中的任何位置。

11.3　DTD–XML 模式定义语言

DTD 是一种保证 XML 文档格式正确的有效方法，通过比较 XML 文档和 DTD 文件能断定文档是否符合规范，以及元素和标签使用是否正确。一个 DTD 文档包含：元素的定义规则、元素之间的嵌套关系的定义规则、元素可使用的属性，以及可使用的实体或符号规则等。

DTD 通过具体说明元素和属性的名称、元素与子元素之间的嵌套关系、子元素的出现次数等来定义 XML 文档的结构模型。DTD 使用操作符"*"（0 次或多次）、"+"（至少 1 次）、"?"（0 次或 1 次）、"|"（或选）来定义子元素的出现次数。

DTD 假设元素的内容和属性的值都是字符串类型，也提供了一些特殊类型。ANY 类型能够是一个任意 XML 片段；ID 类型说明一个属性的值在整个文档中是唯一的，被用来在文档中唯一标识一个元素。IDREF 或 IDREFS 类型说明属性的取值为另一个或另几个元素的 ID 属性的值，用于实现该元素对其他元素的引用。

在 DTD 中元素类型定义由它们的元素内容模型来描述，其形式为：

<!ELEMENT 元素名 (元素内容模型) >

定义属性时，使用下面的格式：

<!ATTLIST 元素名 (属性名 属性类型 默认声明) >

元素名是属性所属的元素的名字，属性名是属性的命名，属性类型则用来指定该属性是属于有效属性类型中的哪种类型，默认声明用来说明该属性在 XML 文件中是否可以省略以及默认值是什么。在 DTD 中共有 3 种声明形式：一是#REQUIRED，表示该属性在 XML 文件中是必须出现的；二是#IMPLIED，表示该属性在 XML 文件中是可以省略的；三是声明默认属性值。

例 2 一个 XML DTD 实例。

```
<!DOCTYPE StudentList[
<!ELEMENT StudentList (Student+)>
<!ELEMENT Student (Sno,Sname,Ssex,Sage,Sdept,CourseList)>
<!ELEMENT CourseList (Course+)>
<!ELEMENT Course (Cname, Grade)>
<!ATTLIST Course Ccredit CDATA #REQUIRED>
<!ELEMENT Sno (#PCDATA)>
<!ELEMENT Sname (#PCDATA)>
<!ELEMENT Ssex (#PCDATA)>
<!ELEMENT Sage (#PCDATA)>
<!ELEMENT Sdept (#PCDATA)>
<!ELEMENT Cname (#PCDATA)>
<!ELEMENT Grade (#PCDATA)>
]>
```

CDATA 的意思是字符数据（Character Data）。CDATA 是不会被解析器解析的文本，即在这些文本中的标签不会被当作标签来对待，其中的实体也不会被展开。PCDATA 的意思是被解析的文本，文本中的标签会被当作标记来处理，而实体会被展开。

例 2 表明：文档的根元素是 StudentList，StudentList 包含 1 到多个 Student 元素；Student 元素包含子元素 Sno、Sname、Ssex、Sage、Sdept、CourseList，每个子元素出现 1 次且仅 1 次。CourseList 元素包含 1 到多个 Course 元素；Course 元素包含 Cname 和 Grade 元素，包含 1 个 Ccredit 属性，这个属性必须出现于每个 Course 元素中；Sno、Sname、Ssex、Sage、Sdept、Cname 和 Grade 没有包含其他元素，元素内容是字符串。

例 1 所显示的 XML 文档符合上述 DTD 的描述。一个有效的 XML 文档必须遵守 DTD 的要求。

良构的 XML 文档不一定是有效的 XML 文档，但有效的 XML 文档一定是良构的 XML 文档。

11.4　XML Schema–XML 模式定义语言

DTD 虽然很好地描述了 XML 文档的结构，但 DTD 本身的语法却不同于 XML，不便于程序自动处理，数据类型贫乏，没有考虑命名空间等缺点。为了解决这个问题，W3C 于 1998 年开始制定 XML Schema 的第一个版本，在 2001 年 5 月正式由官方推荐。正式推荐的版本包括三部分。

- XML Schema Part 0：Primer。这是对 XML Schema 的非标准介绍，提供了大量示例和说明。
- XML Schema Part 1：Structures。这部分描述了 XML Schema 的大部分组件。
- XML Schema Part 2：Datatypes。这部分包括简单数据类型，解释了内置的数据类型和用于限制它们的方面（facet）。

例 3 是针对例 1 所示 XML 文档实例的 XML Schema 定义，它的作用和例 2 的 DTD 完全相同。

例 3　一个 XML Schema 实例。

```xml
<?xml version="1.0"?>
<xsd:schema xmlns:xsd="http://www.w3c.org/2001/XMLSchema">
<xsd:element name="StudentList">
  <xsd:complexType>
      <xsd:sequence>
          <xsd:element name="Student" type="StudentType" minOccurs="1"/>
      </xsd:sequence>
  </xsd:complexType>
</xsd:element>
<xsd:complexType name="StudentType">
  <xsd:sequence>
      <xsd:element name="Sno" type="xsd:String"/>
      <xsd:element name="Sname" type="xsd:String"/>
      <xsd:element name="Ssex" type="xsd:String"/>
      <xsd:element name="Sage" type="xsd:Integer"/>
      <xsd:element name="Sdept" type="xsd:String"/>
      <xsd:element name="CourseList" type="xsd:CourseListType"/>
  </xsd:sequence>
</xsd:complexType>
<xsd:complexType name="CourseListType">
  <xsd:sequence>
      <xsd:element name="Course" type="xsd:CourseType" minOccurs="1"/>
  </xsd:sequence>
</xsd:complexType>
<xsd:complexType name="CourseType">
  <xsd:sequence>
      <xsd:element name="Cname" type="xsd:String" />
      <xsd:element name="Grade" type="xsd:Integer" />
  </xsd:sequence>
  <xsd:attribute name="Ccredit" type="xsd:Integer"/>
</xsd:complexType>
</xsd:schema>
```

从例 3 中可以看出，XML Schema 文档和 XML 文档一样使用标签描述元素，语法完全相同，XML Schema 文档就是 XML 文档。

文档的第 1 行是声明语句<?xml version='1.0'?>，表明文档遵从 XML 规范的第 1 版。

文档的第 2 行定义了标签 Schema，它是整个文档的根元素。Schema 之前加了一个前缀 xsd，xsd 是一个命名空间（namespace）的缩写名，表明 Schema 的具体含义在这个命名空间中被定义，程序解释 Schema 时要按照命名空间的规定加以解释。命名空间是一个符合 URL 的文档名。为了表明 xsd 属性是一个命名空间的缩写名，需要增加前缀 xmLns，xmLns 是 XML 规范的保留词。XML 规范规定，任何一个标签如果有前缀，则标签的含义由前缀代表的命名空间规定。如果没有前缀，则由所在文档的 DTD 或 Schema 规定。在 Schema 命名空间 http:// www.w3c.org/200l/ XMLSchema 中，最常映射到这个命名空间的前缀是 xsd 或 xs，当然，将其映射到其它前缀也是可以的。

文档从第 3 行开始定义遵从该文档所描述模式的 XML 文档的元素、属性以及元素之间的嵌套关系，在介绍文档具体内容之前，先介绍 XML Schema 规范。XML Schema 规范制定了相关的标准描述 XML 文档的模式，主要有以下几个方面。

1. 元素和属性

在 XML 模式中用 xsd:element 元素声明 XML 文档的元素，用 xsd:attribute 元素声明 XML 文档元素的属性。这两个元素名称在前缀 xsd 所指向的命名空间中有定义。在每个 xsd:element 或 xsd:

attribute 元素中，name 和 type 属性分别用来说明 XML 文档元素或属性的名称和数据类型。

每个 XML 文档的元素或属性都有一个数据类型。XML Schema 把元素、属性的概念和其数据类型分开，这就允许为结构相同的数据定义不同的名称。

2. 数据类型

数据类型限定了元素的内容和属性值的验证，它们可以是简单类型，也可以是复杂类型。在 XML Schema 中有 3 种方法来指定元素的数据类型：

- 通过在元素声明中指定 type 属性来引用一个已命名的数据类型、内置数据类型或用户派生数据类型。
- 通过定义 simpleType 或 complexType 子元素来指定元素的匿名数据类型。
- 既不指定 type 属性，也不定义 simpleType 或 complexType 子元素。这时声明的实际数据类型是 anyType，元素的内容可是任何子元素、字符数据以及任何属性，只要它是良构的 XML 片段。

（1）简单类型

简单类型有 3 种：原子类型、列表类型和联合类型。原子类型具有不可分割的值。简单类型中用得最多的是内置的简单类型。在 XML Schema 推荐标准中内置了 44 种简单类型，这些简单类型代表了常见的数据类型，如字符串、数字、日期和时间等。详细内容请参考 XML Schema 推荐标准 XML Schema Part 2: Datatypes。

（2）复杂类型

复杂类型的元素内容可以包含子元素或属性。XML Schema 中用 complexType 元素定义一个复杂类型。它的 name 属性用来指定所定义复杂类型的名称，可以通过内容模型来对复杂类型进行分类。复杂类型子元素的顺序和结构称为它的内容模型。复杂类型的内容模型共有 4 种：简单内容、纯元素内容、混合内容和空内容。

- 简单内容。简单内容只允许有字符数据，它没有子元素。一般来说，简单类型和具有简单内容的复杂类型的唯一区别在于后者可以有属性。
- 纯元素内容。纯元素内容只有子元素，没有字符数据内容。
- 混合内容。混合内容既允许有字符数据，又允许有子元素。
- 空内容。空内容既不允许有字符数据，也不允许有子元素，这样的元素通常带有属性。

（3）匿名与命名

数据类型可以是命名的，也可以是匿名的。命名类型总是被定义为全局的，即在模式文档的最高层，它的父节点总是 Schema，并要求具有唯一的名称。相反，匿名类型则没有名称，它们总是在元素或属性声明内定义，而且只能被该声明使用一次。

（4）全局与局部

XML Schema 组件有全局和局部之分。全局组件出现在模式文档的最高层，而且总是命名组件；在整个模式文档中，它们的名称必须在同类组件中是唯一的。相反，局部组件则限定在包含它们的定义或声明的作用域内，元素和属性声明可以是局部的，这时它们只出现在声明它们的复杂类型范围内。简单类型和复杂类型也可以定义为局部的，这时它们是匿名的，不能被定义它们的元素和属性声明之外的其他元素和属性声明引用。全局的元素声明和类型定义出现在模式文件的最顶层，它的父元素是 Schema；其他元素和属性声明以及类型定义都是局部的。局部元素和属性声明只出现在复杂类型定义内部，它们只能在该类型定义中使用。

在例 3 中，定义了一个名为 StudentList 的元素，元素的数据类型是匿名的复杂类型，内容模型是纯元素内容，即 StudentList 元素可以嵌套 Student 元素。作为子元素，Student 元素至少出现一次。

　　Student 元素的数据类型是一个命名（StudentType）的复杂数据类型。StudentType 数据类型是一个元素序列，包括 Sno、Sname、Ssex、Sage、Sdept 和 CourseList 元素，除了 CourseList 外，其他元素的数据类型都是简单类型，直接引用了内嵌的数据类型 Integer 和 String。通过将 StudentType 指定为 Student 元素的数据类型，表明在 XML 文档中 Student 元素包含子元素 Sno、Sname、Ssex、Sage、Sdept 和 CourseList。

　　文档后面又定义了数据类型 CourseListType 和 CourseType。

11.5　XPath 查询语言

　　XML 查询语言的功能是在 XML 文档中找出满足指定条件的文档片段，就像在 Word 中使用查找操作找到某个字符串，或者像在关系数据库中使用 SQL 语言的 SELECT 语句查找某个学生的所有选修课程。

　　Xpath 是一种轻量级的 XML 查询语言，它使用路径表达式描述要查找的元素、属性等，路径表达式与 UNIX 文件系统定位文件的方法十分类似，例如，/StudentList/Student/Sno 就是一个路径表达式。

11.5.1　数据模型

　　不同的 XML 文档在内容和结构上千差万别，为了能按照统一的方式操纵所有的 XML 文档，XPath 把 XML 文档抽象为树。XML 文档中的元素、属性、文本、注释、处理指令、命名空间作为树中的节点，元素之间的嵌套关系在树中用节点之间的父/子关系和祖先/后裔关系表示，另外，树中有一个特殊的节点叫做根节点，它是树中所有节点的祖先，文档中的根元素不是树的根节点，而是根节点的孩子节点。按照这个规则，把 11.2 例 1 的 XML 文档转换为树模型，树的一部分如图 11-1 所示，图中出现了根节点、元素节点、文本节点、属性节点和注释节点，为了清楚起见，不同类型的节点用不同的图形表示。对于 XPath 的树模型，要注意以下几点。

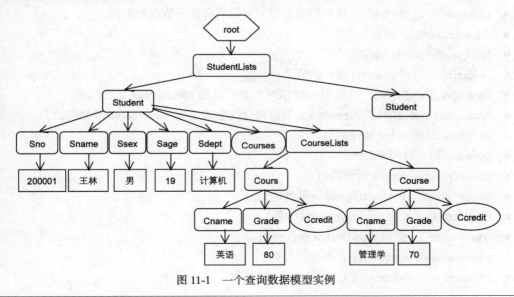

图 11-1　一个查询数据模型实例

① 树是有序树，节点之间的父子关系、兄弟关系必须同它们在文档中的次序一致，采用深度优先对树进行遍历，可以得到原始的文档。

② 根据树的术语，如果节点 P 是节点 C 的父亲，则节点 C 一定是节点 P 的孩子节点。但是 XPath 的树模型有一点例外，即如果 C 的节点类型是属性，则 C 不是父亲节点的孩子节点。

③ 文档中元素的开始标签和结束标签之间的文本在书中用一个节点表示，并作为元素的孩子节点。但是，却不为属性的值建立一个节点，属性的值作为属性节点的一部分被保存。图 11-1 中，英语和管理学两门课程的学分分别被保存在两个节点中。

④ 为了更清晰地表示，图 11-1 中的每个节点我们只给出一部分内容，实际上，每种节点类型是一个类，有若干个属性和方法，节点是节点类型的实例。

例如，元素节点类型有以下的属性。

- base-uri：元素所在文档的 URI。
- node-name：Qname 形式的节点名称，包括前缀、命名空间 URI 和局部名三部分。
- parent：父节点，可能为空。
- type-name：数据类型的名称，由 XML Schema 定义。
- children：所有的孩子节点，可能为空。
- attributes：所有的属性节点，可能为空。
- namespaces：元素所属的命名空间节点。
- nilled：逻辑值。为真表示元素内容可以为空，即使文档的模式规定元素的内容不能为空。
- string-value：字符串值，由节点下面的所有 text 类型的子节点中包含的字符串连接而成。
- typed-value：与 type-name 相对应的值。
- is-id：逻辑值，如果节点是 XML ID 则为真。
- is-idrefs：逻辑值，如果节点是 XML IDREF 或 XML IDREFS 则为真。

元素节点类型有以下的存取（Accessors）方法：

- attributes()：返回 attributes 属性的值，即元素的所有属性的集合。
- base-uri()：返回 base-uri 属性的值。
- children()：返回 children 属性的值，即元素的所有孩子节点的集合。
- document-uri()：返回空序列。
- is-id()：返回 is-id 属性的值。
- is-idrefs()：返回 is-idrefs 属性的值。
- namespace-bindings()：以前缀/URI 值对的形式返回 namespaces 属性的值。
- namespace-nodes()：以 Namespace 节点集合的形式返回 namespaces 属性的值。
- nilled()：返回 nilled 属性的值。
- node-kind()：返回 element。
- parent()：返回 parent 属性的值。
- string-value()：返回 string-value 属性的值。
- type-name()：返回 type-name 属性的值。
- typed-value()：返回 typed-value 属性的值。
- unparsed-entity-public-id()：返回空序列。
- unparsed-entity-system-id()：返回空序列。

11.5.2　路径表达式

XPath 路径表达式有以下两种形式：

```
/locationStep1/ locationStep2/…   （1）
locationStep1/locationStep2/…     （2）
```

形式（1）为绝对路径表达式，表示从树模型的根节点开始如何走到目标节点。形式（2）为相对路径表达式，表示从当前节点（又叫做上下文节点）如何走到目标节点。

路径表达式由若干个定位步（locationStep）组成，每个定位步指明了下一步要走到哪些节点，定位步的形式为：

```
Axis::nodeSelector[selectionCondition]
```

其中，Axis 被称为导航轴，它规定了从上下文节点所能够到达的节点类型，nodeSelector 进一步确定了这个节点类型中的哪些节点，selectionCondition 是一个谓词表达式，对前面确定的节点集合中所选择的满足条件的节点作为定位步的最终结果。因此，定位步的结果是一个节点的集合，这些节点具有相同的节点类型。

XPath 定义了 13 个轴，如表 11-1 所示。nodeSelector 可以是以下 3 种：

● 节点名称：例如，child::Sname，假设当前节点是图 11-1 中左边的 Student，child 轴表示 Student 孩子节点的集合，即{Sno，Sname，Ssex，Sage，Sdept，Courses，CourseList }，Courses 是注释节点，其他的是元素节点，它们都是上下文节点的孩子节点。Sname 表示从节点集合中选择名为 Sname 的节点。因此，定位步的结果是{Sname}。如果当前节点是根节点，则 child 轴得到了节点集合{Student，Student}（我们用两个 Student 代表两个名为 Student 的节点），再从中选择名为 Sname 的节点，因此，定位步的结果是空集。

● 节点类型：例如，child::comment()，假设当前节点同上，child 轴返回的结果是一样的，comment()表示选择注释节点，这个定位步的结果是{Courses}。其他的节点类型还有 text()、processing-instruction()、namespace-uri()、document()、attribute()、element()、node()，其中 node() 代表任意的节点类型。

● 通配符：XPath 使用 "*" 和 "@*" 作为通配符，"*" 匹配所有的孩子节点，即除了属性节点以外的所有其他节点。例如，child::*，假设当前节点是图 11-1 中左边的 Student，child 轴返回的集合中的节点都是孩子节点，所以，定位步的结果是{Sno，Sname，Ssex，Sage，Sdept，Courses，CourseList}；"@*" 匹配所有的属性节点。

表 11-1　　　　　　　　　　　　　　　　XPath 的轴

轴　名　称	结　　　果
self	选取当前节点
parent	选取当前节点的父节点
child	选取当前节点的所有子节点
ancestor	选取当前节点的所有祖先（父、祖父等）
ancestor-or-self	选取当前节点的所有祖先（父、祖父等）以及当前节点本身
descendant	选取当前节点的所有后代节点（子、孙等）
descendant-or-self	选取当前节点的所有后代节点（子、孙等）以及当前节点本身

轴 名 称	结 果
preceding	选取文档中当前节点的开始标签之前的所有节点
preceding-sibling	选取当前节点之前的所有同级节点
following	选取文档中当前节点的结束标签之后的所有节点
following-sibling	选择上下文节点的所有在其后(右)的兄弟，如果上下文节点是属性节点或命名空间节点，则 followin -sibling 轴为空
attribute	选取当前节点的所有属性
namespace	选取当前节点的所有命名空间节点

selectionCondition 是一个选择条件，对由定位步所确定的节点集合作进一步的筛选。

例如，child::Student[position()=1]，假设根节点是上下文节点，child::Student 返回根节点所有名为 Student 的孩子节点，图 11-1 中有两个这样的节点。position()=1 表示选择集合中的第 1 个元素，所以定位步的结果是左边的 Student 节点。

例如，descendant-or-self::Sname[child::text()=" 王林 "]，假设根节点是上下文节点，descendant-or-self::Sname 返回所有名为 Sname 的节点，对集合中的每个节点，再测试它是否有一个文本类型的节点，并且文本节点的字符串属性（是否应该把属性删去）的值等于王林，最终返回的是测试结果为真的节点。

明确了定位步的语义（即求值方法）后，下面给出 XPath 路径表达式的语义：

从当前节点出发，找出所有 locationStep1 到达的节点，对于其中每个节点 N，找出所有从 N 出发经过 locationStep2 到达的节点，然后将所有经过 locationStep2 到达的节点合并，再对合并中的每一个节点应用 locationStep3……直到最后一个步骤，最后一步得到的节点集合就是路径表达式的结果。

例 4 找到所有 Sno 节点。

```
/child::StudentList/child::Student/child::Sno
```

路径表达式可以使用简缩句法，常用的缩减句法有：

- /self:: → /.
- /child:: → /
- / descendant-or-self:node()→ //
- /parent:: → /..
- attribute:: → @
- 谓词[position( )= 数值表达式] → [数值表达式]

例 4 的简写路径表达式为：

```
/StudentList/Student/Sno
```

例 5 找出王林所选修的学分大于 4 的课程名称节点。

```
//Student[Sname= "王林"]//Course[@Ccredit >"4"]/Cname
```

将所有的 Student 节点作为一个集合，从中选择出有 Sname 子元素，并且 Sname 的值等于"王林"的 Student 节点。把每个筛选出的 Student 节点作为上下文节点，找到它的后裔节点 Course，并且这个后裔节点必须有属性 Ccredit，其值大于 4。将满足条件的 Course 作为上下文节点，找出其 Cname 孩子节点。

11.5.3　XPath 函数

为了增加语言的处理能力，XPath 提供了数量众多的函数，大体上可以分为以下几类：

● 存取函数：各种节点类型共有的函数，用于读取节点的属性值。

● 错误跟踪函数：对查询进行调试，向外部环境传递错误信息。

● 数学函数：用于数学计算，如 abs()。

● 字符串函数：用于处理字符串的系列函数，如 compare()、concat()。

● 布尔值函数：返回逻辑值，如 boolean()。

● 时间日期函数：用于处理时间和日期的系列函数，如 datetime()。

● 限定名（QName）相关函数：返回节点的 Qname、localname 和 namespace，如 QName()、local-name-from-QName()。

● 节点相关函数：返回节点的名称等，如 root()、name()。

● 与序列（集合）相关的函数：向序列中增加删除元素；集合的并、交、差运算；聚集函数 sum()等；生成序列函数，如 id()、idref()；上下文函数，如 position()、current-date()。

我们以例 1 的 XML 文档为例，简单说明这些函数的使用方法。

例 6　返回文档中第 1 个学生的信息。

路径表达式//Student 返回所有的 Student 节点，是一个节点序列，现在要求其中的第 1 个元素。position 函数返回元素在序列中的位置。

```
//Student[position()=1]
```

XPath 规定：position()=n 形式的测试条件可以简写为 n，因此，上面的路径表达式可以表示为：

```
//Student[1]
```

在不知道序列中有多少个元素的情况下，可以使用 last()函数定位序列中最后一个元素。例如，查找文档中最后一个学生的信息的路径表达式为：

```
//Student[position()=last()]
```

简写为：`//Student[last()]`

如果要知道序列中有多少元素，可以使用 count()函数，例如，查找文档中有多少个学生：

```
count(//Student)
```

与 count 相关的聚集函数还有 sum()、avg()、min()和 max()，它们的用法与 SQL 语言中的用法相同。例如，求学号为 2000012 的学生的平均成绩：

```
avg(//Student[Sno="2000012"]//Grade)
```

例 7　针对事例数据库的 Student 表定义一套标签，用 StudentList 表示全体学生，作为 XML 文档的根元素，Student 表示某个具体的学生，name 表示学生姓名等，这套标签被作为一个命名空间，保存在 http://www.sdjzu.edu/Student.XML 中。下面的 XML 文档是 Student 表中两个学生的信息。文档中符号 sql 作为命名空间的前缀，前缀和元素名就构成了限定名，如 sql:Student。

```
<?XML version="1.0"?>
<sql:StudentList XMLns:sql="http://www.sdjzu.edu/Student.XML">
    <sql:Student id="2000012">
            <sql:name>王林</sql:name>
            <sql:gender>男</sql:gender >
```

```
            <sql:age>19</sql:age>
            <sql:department>计算机</sql:department>
    </sql:Student>
<sql:Student id="2000113">
            <sql:name>张大民</sql:name>
            <sql:gender>男</sql:gender >
            <sql:age>18</sql:age>
            <sql:department>管理</sql:department >
    </sql:Student>
</sql:StudentList>
```

例 8 给出元素 Student 的限定名、本地名和命名空间的 URI。

`name(//Student)`	返回 `sql:Student`
`local-name((//Student)[1])`	返回 `Student`
`namespace-uri((//Student)[1])`	返回 `http://www.sdjzu.edu/Student.XML`

在文档中，学号被处理成了 ID 属性，ID 属性的值在整个文档中是唯一的。可以使用 ID()函数找出特定 ID 属性值的节点。

例 9 给出学号为 2000012 的 Student 节点。

`ID("2000012")`   返回的节点同`//Student[1]`

11.6　XQuery 查询语言

XQuery 是一个功能完备的查询语言。XQuery 规范启动于 1998 年，但因为 XML 应用领域的差异，规范的推出花费了相当长的时间，直到 2001 年 2 月，XML 工作组才推出大量的文档，并在 2001 年 6 月和 12 月、2002 年 8 月和 11 月、2003 年 5 月和 2004 年 7 月进行了重要更新。在 2004 年 7 月加入了 XML Query 和 XPath 完全文本(full-next)的正式工作草案后，13 个文档基本完成。最新的规范可以通过地址 http://www. w3.org/TR/XQuery/获得。

11.6.1　FLWOR 表达式

XQuery 最有特色且最重要的语法类型之一是 FLWOR(读作 flower)表达式，它看上去和 SQL 的 select-from-where 语句类似，并且具有相似的功能。FLWOR 各字母分别代表 for、let、where、order 以及 return 表达式。每个 FLWOR 表达式都有一个或多个 for 子句、一个或多个 let 子句、一个可选的 where 子句以及一个 return 子句。其中：

● for 子句就像 SQL 的 from 子句，在一个序列上变动，序列是项（item）的集合，项可以是节点，也可以是原子值。像 C 语言的 for 语句一样，for 子句通过将项绑定到变量，以便将它转送到下一个步骤，实现循环遍历序列中的每个项的功能。

● let 子句将变量直接与一个完整的表达式绑定在一起。与 for 子句循环遍历序列中的每个项所不同的是，let 子句将变量绑定到整个序列。

● where 子句如同 SQL 的 where 子句一样，对来自 for 子句的变量进行过滤。

● order 子句能指定结果的顺序，这与 SQL 中的 order by 子句非常类似。

● return 子句构造 XML 形式的结果。

FLWOR 查询不需要包含所有的子句，而且子句之间还可以进行非常灵活的组合。

例 10　构造一个 XML 文档，文档中描述了每个学生所选修的超过 4 学分的课程名称。

```
for $Student in document("Student.XML")//Student
let $Sname=$Student/Sname
let $Course=$Student//Course[@Ccredit >= "4"]
return
    <CourseInfo>
        {$Sname}
        {$Course/Cname }
    </CourseInfo>
```

for 语句让变量$Student 在路径表达式 document("Student.XML")//Student 产生的节点序列上变化。for 语句将$Student 绑定到一个新节点后就开始一次循环，依次执行循环体内的语句。执行 let $Sname=$Student/Sname 语句，把$Sname 绑定到路径表达式$Student/Sname 指定的 Sname 节点；执行 let $Course=$Student//Course[@Ccredit >= "4"]语句，将 $Course 绑定到路径表达式$Student//Course[@Ccredit >= "4"]返回的节点序列；执行 return 语句构造一个 XML 片段。注意，{$Sname}叫做占位符号，XQuery 将{}内的字符串作为表达式进行计算，并用计算结果来替换整个占位符，必须有左右大括号才构成占位符。

let 子句简化了变量的表示，在这个例子中我们可以不使用 let 子句而达到同样的目的：

```
for $Student in document("Student.XML")//Student
    return
        <CourseInfo>
            {$Student/Sname }
            {$Student//Course[@Ccredit >="4"]/Cname }
        </CourseInfo>
```

将上面的查询应用于例 1 的 XML 文档，则返回的结果为：

```
<CourseInfo>
  <Sname>王林</Sname>
  <Cname>英语</Cname>
  <Cname>管理学 </Cname>
  <Cname>数据库原理</Cname>
  <Cname>离散数学</Cname>
</CourseInfo>
<CourseInfo>
  <Sname>张大民</Sname>
  <Cname>英语</Cname>
</CourseInfo>
```

11.6.2　连接

我们把事例数据库中的 Student、Course 和 SC 表转换成 XML 文档，分别存放在文件 Student.XML、Course.XML 和 SC.XML 中。为了节省篇幅，下面仅给出 3 个文件的部分内容。

Student.XML 的部分内容：

```
<Student>
    <row>
        <Sno>2000012</Sno>
        <Sname>王林</Sname>
```

```
            <Ssex>男</Ssex>
            <Sage>19</Sage>
            <Sdept>计算机</Sdept>
        </row>
        <row>
            <Sno>20000113</Sno>
            <Sname>张大民</Sname>
            <Ssex>男</Ssex>
            <Sage>18</Sage>
            <Sdept>管理</Sdept>
        </row>
    </Student>
```

Course.XML 的部分内容：

```
<Course>
    <row>
        <Cno>1156</Cno>
        <Cname>英语</Cname>
        <Cpno></Cpno>
        <Ccredit>6</Ccredit>
    </row>
    <row>
        <Cno>1137</Cno>
        <Cname>管理学</Cname>
        <Cpno></Cpno>
        <Ccredit>4</Ccredit>
    </row>
</Course>
```

SC.XML 的部分内容：

```
<SC>
    <row>
        <Sno>2000012</Sno>
        <Cno>1156</Cno>
        <Grade>80</Grade>
    </row>
    <row>
        <Sno>2000113</Sno>
        <Cno>1156</Cno>
        <Grade>89</Grade>
    </row>
    <row>
        <Sno>2000012</Sno>
        <Cno>1137</Cno>
        <Grade>70</Grade>
    </row>
</SC>
```

例 11　求学号为 2000012 的学生选修的每门课程的名称和成绩。

```
<root>
    for $Cno in document("SC.XML")//Sno[text()="2000012"]/Cno,
    $Course in document("Course.XML")//row
    where $Cno=$Course[Sno="2000012"]/Cno
```

```
return
      {$Course/Cname}
      {$Cno/../Grade}
</root>
```

上例中，for 语句中有 $Cno 和 $Course 两个变量，对它们所代表的集合的笛卡尔积中的任意一个元素，如果满足 where 子句中的测试条件，则执行 return 子句构造一个 XML 片段。与 SQL 中连接操作的嵌套循环算法比较后可以发现，for-where-return 语句完成了两个文档的连接操作。

在 XQuery 中，还可以使用 element 和 attribute 构造器构造元素。将上例中的 return 子句进行改写，使得 Grade 作为元素 CourseName 的属性出现。

```
return element CourseName {attribute Grade {$Cno/../Grade },{$Course/Cname }}
```

11.6.3 嵌套查询

FLWOR 表达式可以出现在 return 子句中，我们把这种情形称为嵌套查询。可以使用嵌套查询的方法改写上面的例子。

```
<root>
    for $Cno in document("SC.XML")//Sno[text()="2000012"]/Cno
    return
        for $Course in document("Course.XML")//row
        where $Cno=$Course[Sno="2000012"]/Cno
        return  {$Course/Cname}
        {$Cno/../Grade}
</root>
```

目前的 XQuery 不直接支持 Group By 操作，但可以用 FLWOR 间接表达。

例 12 求出每位学生的平均成绩。

```
<root>
    for $Sno in document("Student.XML")//Sno
    return
        {$Sno/../Sname}
        <avg-Grade>{avg(document("SC.XML")/row[Sno=$Sno]/Grade)}</avg-Grade>
</root>
```

11.6.4 排序

可以用 order by 子句对查询结果排序。例如，排序输出学生的名字。

```
for $Sname in document("Student.XML")//Sname
order by $Sname
return
      {$Sname}
```

11.7　XML 应用程序接口

随着 XML 应用领域的不断推广，各种处理 XML 文档的编程接口也应运而生。其中 JAXP（Java API for XML Processing）是使用 Java 语言编写的编程接口，JAXP 对 XML 文档有基于对象（例如，DOM）和基于事件的两种解析方式。基于事件的解析方式又分为推入式解析（例如 SAX）和拉出式解析（例如 Satx）。

11.7.1 SAX

SAX 是 Simple API for XML 的缩写，它并不是由 W3C 官方所提出的标准，而是在 1998 年的早些时候由 David Megginson 所提出，目标是成为基于事件驱动的 XML 文档解析模式的标准 API。

SAX 是一种基于事件的解析模式，使用 push-parsing 原理。由于基于事件驱动，SAX 并不需要一次读入整个文档，而是边读入边解析，这和 DOM 有很大的区别。SAX 使用基于回调（callback）机制的程序运行方法实现事件驱动。图 11-2 给出了 SAX 解析 XML 文档的过程。

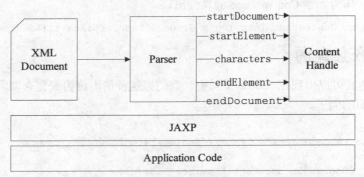

图 11-2　SAX 解析 XML 文档

在解析文档之前，先向 XMLReader 注册一个 ContentHandler，ContentHandler 是事件监听器。在 ContentHandler 中定义了很多方法，比如 startDocument()，它规定了在文档解析过程中，遇到文档开始时应该如何处理。XMLReader 读到规定的内容，就会抛出相应的事件，并把这个事件的处理权代理给 ContentHandler，由它调用相应的方法进行响应处理。

结合下面的文档片段，我们说明 SAX 的使用方法。

```
<Student>
        <Sno>2000012</Sno>
        <Sname>王林</Sname>
        <Ssex>男</Ssex>
        <Sage>19</Sage>
        <Sdept>计算机</Sdept>
</Student>
```

XMLReader 读到<Student>标签时，把标签名 Student 作为参数传递给 ContentHandler.start Element()方法，该方法被执行。当然，startElement()方法中需要给出处理<Student>标签的代码。随着解析的进行，XMLReader 抛出一系列事件，处理这些事件的方法被依次执行。典型的事件顺序是 startDocument、startElement、characters、endElement、endDocument。startDocument 仅仅被触发一次，而且是在触发其他 event 之前。同样，endDocument 仅仅被触发一次，而且是在整个文档被成功解析之后。

ContentHandler 是一个接口，当处理特定的 XML 文档的时候，需要创建一个实现了 ContentHandler 接口的类。接口中必须实现的方法有以下几个：

● void characters(char[] ch, int start, int length)：这个方法用来处理在 XML 文件中读到的字符串，它的参数是一个字符数组，以及字符串在数组中的起始位置和长度，可以用 String 类的构造方法来获得这个字符串的 String 类：String charEncontered=new String（ch,start,length）。

- void startDocument()：开始读文档时调用这个方法，可以在其中做一些预处理的工作。
- void endDocument()：和上面的方法相对应，当文档结束的时候，调用这个方法，可以在其中做一些善后的工作。
- void startElement(java.lang.String namespaceURI, java.lang.String localName, java.lang.String QName, Attributes atts)：当读到一个开始标签的时候，会触发这个方法。在 SAX 1.0 版本中并不支持命名空间，在新的 2.0 版本中提供了对命名空间的支持，参数中的 namespaceURI 就是命名空间，localName 是标签名，QName 是标签的修饰前缀，atts 是这个标签所包含的属性列表。通过 atts，可以得到所有的属性名和相应的值。要注意的是，SAX 中一个重要的特点就是它的流式处理，在遇到一个标签的时候，它并不会记录下以前所碰到的标签，也就是说，在 startElement() 方法中，所有的信息就是标签的名字和属性，至于标签的嵌套结构、上层标签的名字、是否有子元素等其他与结构相关的信息都是不得而知的，都需要程序来完成。这使得 SAX 在编程处理上没有 DOM 来得那么方便。
- void endElement(java.lang.String namespaceURI, java.lang.String localName, java.lang.String QName)：这个方法和上面的方法相对应，在遇到结束标签的时候，调用这个方法。

因为 ContentHandler 是一个接口，在使用的时候可能会有些不方便，因而 SAX 中还为其制定了一个 Helper 类：DefaultHandler，它实现了这个接口，但是其所有的方法体都为空，在实现的时候，只需要继承这个类，然后重载相应的方法即可。

如果不注册一个 error handler，则根本不会知道在解析 XML 文档的时候有没有错误产生和错误是什么。因此，在 SAX 解析 XML 文档的时候注册一个 error handler 是极其重要的。可以从 SAX javadocs 中获取更详细的信息。

以下代码用 SAX 实现了将上面文档片段中的内容原样输出。

```
import java.io.File;
import java.io.IOException;
import javax.XML.parsers.ParserConfigurationException;
import javax.XML.parsers.SAXParser;
import javax.XML.parsers.SAXParserFactory;
import org.XML.sax.Attributes;
import org.XML.sax.SAXException;
import org.XML.sax.helpers.DefaultHandler;
public class SAXPrinter extends DefaultHandler
{
    public void startDocument() throws SAXException
    {
        System.out.println("<?XML version=\"1.0\" encoding='gb2312'?>");
    }
        public void startElement(String uri, String localName, String QName,
Attributes attrs) throws SAXException
    {
        System.out.print("<"+QName);
        int len=attrs.getLength();
        for(int i=0; i<len; i++)
        {
            System.out.print(" ");
            System.out.print(attrs.getQName(i));
```

```
            System.out.print("=\"");
            System.out.print(attrs.getValue(i));
            System.out.print("\"");
        }
    System.out.print(">");
}
public void characters(char[] ch, int start, int length) throws SAXException
{
    System.out.print(new String(ch,start,length));
}
        public void endElement(String uri, String localName, String QName) throws
SAXException
{
    System.out.print("</"+QName+">");
}
public void endDocument() throws SAXException
{
    super.endDocument();
}
public static void main(String[] args)
{
    SAXParserFactory spf=SAXParserFactory.newInstance();
    try
    {
        SAXParser sp=spf.newSAXParser();
        sp.parse(new File("Students.XML"),new SAXPrinter());
    }
    catch (ParserConfigurationException e)
    {
        e.printStackTrace();
    }
    catch (SAXException e)
    {
        e.printStackTrace();
    }
    catch (IOException e)
    {
        e.printStackTrace();
    }
}
}
```

11.7.2　DOM

DOM（文档对象模型）是对 XML 数据的描述体系，它用树状结构来保存 XML 文档。此外，DOM 也包括了解析、处理 XML 数据的 API。

DOM 整体上的结构是一个 Composite 模式。所有的 XML 单元，无论是文档、元素还是属性、文本，在 DOM 中都是一个 Node（节点）。按照 Composite 模式的定义，每个 Node 都可以包容其他的 Node，于是很轻松地就构成了一个树状结构。例如，片段 1 中的文档在 DOM 中的存储如图 11-3 所示。

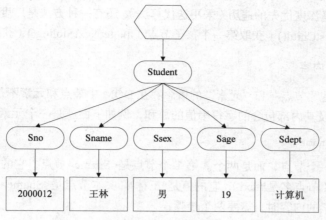

图 11-3　DOM 存储形式

下面介绍一下如何操作文档。对于一个树状结构，比较重要的操作有文档生成、文档遍历、节点内容的处理（读取、修改等）、节点本身的操作（插入、删除、替换）等。下面将简要介绍这些操作。

1.　文档的生成

用 DOM 处理 XML 数据，首先需要以下 3 个步骤：

（1）创建 DocumentBuilderFactory。该对象将创建 DocumentBuilder。

（2）创建 DocumentBuilder。DocumentBuilder 将对输入实例进行解析以创建 Document 对象。

（3）解析输入的 XML，创建 Document 对象。

DocumentBuilderFactory 是一个 Singleton，所以不能直接用 new 方法创建，应该调用 DocumentBuilderFactory.newInstance() 来得到 DocumentBuilderFactory 的实例。此外，DocumentBuilderFactory 也是一个对象工厂（从名字就能看出），可以用它来创建 DocumentBuilder。

通常会使用 DocumentBuilder 的 parse 方法返回一个 Document 对象（Document 只是一个接口，用 javax.XML.parsers.DocumentBuilder 的 parse 方法得到的实际上是 org.apache.crimson.tree. XMLDocument 对象）。parse 方法接收很多输入参数，包括 File、InputStream、InputSource、String 型的 URI 等。parse 方法解析输入源，在内存中生成一个 DOM 的树状结构（Document 对象）。parse 方法可能会抛出 IOException 或者 SAXException，分别表示输入异常和解析异常。

2.　文档的遍历

DOM 采用了 Composite 模式。Node 类是所有 XML 单元的基类，Element、Attr、Document 等都是 Node 的派生类。每个 Node 都可以包容其他的 Node，也可以包容文本格式的内容。所以 DOM 文档的遍历相当简单。

首先要获取文档的根节点。用 Document.getDocumentElement() 方法可以得到一个 Element 类型的对象，它就是文档的根节点。

获取根节点后，我们就可以用 Node.getChildNodes() 方法得到该节点的所有直接孩子节点，从而遍历整个树型结构。另外，可以用 Node.hasChildNodes() 方法判断一个节点是否是叶子节点，从而得到遍历算法的结束条件。getChildNodes() 方法的返回值是 NodeList 对象，NodeList 有两个方法：int getLength() 和 Node item(int)，可以使用这两个方法访问其中的任何一个元素。

上面这种方法是深度优先的遍历（采用迭代算法），还有一种方法是广度优先的遍历算法，要使用的方法是 getFirstChild()（获取第一个孩子节点）和 getNextSibling()（获取下一个兄弟节点）。

3. 处理元素的内容

首先必须搞清楚"节点"和"元素"的概念：在 DOM 中节点和元素不是等价的。"元素"是指一对标签（tag）及其内部包含的字符串值的总和，例如下面就是一个元素：

```
<Sname>王林</Sname>
```

但是它却不是一个节点，而是两个。第 1 个节点是<Sname>节点，它的值是 null；第 2 个节点是一个文本节点（节点名是#text），它的值是"王林"。文本节点是<Sname>节点的孩子节点。所以，要处理一个元素的内容时，需要两个步骤：

- 找到代表该元素的节点。
- 处理该节点的第一个孩子节点。

只要知道某个元素的名称，就可以用 Element.getElementsByTagName(String name)方法来找到所有代表该元素的节点。getElementsByTagName 方法会自动遍历整个树型结构，将找到的节点全部保存在一个 NodeList 中返回。由于 DOM 的树状结构是建立在内存中的，所以这个操作不会太慢。节点共有 12 种不同的类型，这里只介绍了元素节点和属性节点这两种最常用的节点类型，其他的节点类型可以参考相关文献。

Node 类有一个 getNodeType()方法，会返回 short 型值，从而判断一个对象的真实类型。找到节点之后，用 Node.getFirstChild()方法就可以得到代表该元素值的文本节点，用 Node.setNodeValue(String)方法就可以修改节点的值。

对于树状数据结构，常见的节点处理就是节点的插入、删除和替换。DOM 为这些操作提供了非常简单易用的 API。插入节点可以用 Node.appendChild(Node)，也可以用 Node.insertBefore(Node newChild, Node refChild)；删除节点可以用 Node.removeChild(Node oldChild)；替换节点可以用 Node.replaceChild(Node newChild, Node oldChild)。DOM 会自动调整树状结构，删除、替换的操作还会返回 oldChild 这个节点，非常方便。

文档也是一个节点，所以也可以把节点直接插入到文档中。不过要注意：只有从文档本身创建出的节点才能插入到该文档中，否则会引发 WRONG_DOCUMENT_ERR 异常。创建节点使用 Document.createXxxx 方法。可以用 cloneNode(boolean deep)方法来复制一个节点，用 boolean 型的参数决定是否深度复制，但是复制出的节点也不能插入别的文档中。另外，可以用 Document.importNode(Node importedNode, boolean deep)方法来引入别的文档中的节点。

需要处理元素的属性时，可以用 Element.setAttributeNode(Attr newAttr)来插入属性，用 Element.removeAttribute(String name)来删除不需要的属性。

以下代码用 DOM 实现了对示例文档片段的内容的输出：

```java
import java.io.File;
import java.io.IOException;
import javax.XML.parsers.DocumentBuilder;
import javax.XML.parsers.DocumentBuilderFactory;
import javax.XML.parsers.ParserConfigurationException;
import org.w3c.dom.Document;
import org.w3c.dom.NamedNodeMap;
import org.w3c.dom.Node;
```

```java
import org.XML.sax.SAXException;
public class DOMPrinter
{
    static void printNodeInfo(Node node)
    {
        System.out.println((node).getNodeName()+" : "+node.getNodeValue());
    }
    static void printNode(Node node)
    {
        short nodeType=node.getNodeType();
        switch(nodeType)
        {
        case Node.ELEMENT_NODE:
            System.out.println("-----------Element start-----------");
            printNodeInfo(node);
            System.out.println("-----------Element end-----------");
            NamedNodeMap attrs=node.getAttributes();
            int attrNum=attrs.getLength();
            for(int i=0;i<attrNum;i++)
            {
                Node attr=attrs.item(i);
                System.out.println("-----------Attribute start-----------");
                printNodeInfo(attr);
                System.out.println("-----------Attribute end-----------");
            }
            break;
        case Node.TEXT_NODE:
            System.out.println("-----------Text start-----------");
            printNodeInfo(node);
            System.out.println("-----------Text end-----------");
            break;
        default:
            break;
        }
        Node child=node.getFirstChild();
        while(child!=null)
        {
            printNode(child);
            child=child.getNextSibling();
        }
    }
    public static void main(String[] args)
    {
        DocumentBuilderFactory dbf=DocumentBuilderFactory.newInstance();
        try
        {
            DocumentBuilder db=dbf.newDocumentBuilder();
            Document doc=db.parse(new File("Filename"));
            //DOMPrinter domPrinter=new DOMPrinter();
            //domPrinter.printNode(doc);
            printNode(doc);
        }
        catch (ParserConfigurationException e)
        {
            e.printStackTrace();
        }
```

```
        catch (SAXException e)
        {
                e.printStackTrace();
        }
        catch (IOException e)
        {
                e.printStackTrace();
        }
    }
}
```

11.8   SQL/XML 标准

由于 XML 文档的日益普及，最新的 SQL 标准（SQL-2003）引入了 XML 数据类型，用于存储 XML 文档以及对 XML 文档进行操作。但是不同的 DBMS 对标准的实现存在一定的差异，在这一节中，我们以 SQL Server 2005 为平台，简单介绍如何将关系数据库中的数据以 XML 文档的形式发布，如何在数据库中存储和操作 XML 文档。

11.8.1   发布 XML 文档

为了在不同的程序之间交换数据，有时需要将表中的数据转换成 XML 文档，这项工作又叫做发布 XML 文档。SQL/XML 提供了一组函数发布 XML 文档。

1. SQL/XML 标准

（1）XMLELEMENT 和 XMLATTRIBUTES 函数

这两个函数分别生成 XML 文档的基本构成要素：元素和属性。例如，将每个学生的基本信息打包成 XML 文档。

```
SELECT XMLELEMENT(
          Name "Student",
          XMLATTRIBUTES(S.Sno AS "Sno"),
          XMLELEMENT(Name, "name", S.Sname),
          XMLELEMENT(Name, "gender", S.Ssex),
          XMLELEMENT(Name, "age", S.Sage),
          XMLELEMENT(Name, "department", S.Sdept)
          ) AS Student
FROM Student AS S
```

XMLELEMENT 函数的基本格式为：

```
XMLELEMENT(Name "<tagname>", [attributeList],<content>)
```

其中，Name 是保留字，tagname 是标签的名字，attributeList 是一组属性名和值，由 XMLATTRIBUTES 函数生成，content 是元素的内容，既可以是字符串，也可以是一组子元素。

XMLATTRIBUTES 函数的格式更为简练，只有一个参数，例如 S.Sno AS "Sno"，引号内的 Sno 是属性的名字，S.Sno 提供了属性的值。

（2）XMLGEN 函数

XMLGEN 函数与 XMLELEMENT 函数的功能相似，但是 XMLGEN 函数更简洁。它的第一个参数是 XML 文档模板，模板中有形如{$name}的占位符，其他的参数用于替换占位符。

```
SELECT XMLGEN('                    --模板
           <Student  Sno={$Sno}>          --{$Sno}等是占位符
                <name>{$name}</name>
                <gender>{$gender}</gender>
                <age>{$age}</age>
                <department>{$department}</department>
           </Student>',
           Sno AS Sno,  --用 Sno 列的值替换{$Sno}
           Sname AS name,--用 Sname 列的值替换{$name}，下同
           Ssex AS gender,
           Sage AS age,
           Sdept AS department
           ) AS Student
FROM Student
```

（3）XMLFOREST 函数

XMLFOREST 函数把每个参数转换成一个 XML 元素，默认情况下，列名就是元素的名称，也可以用 AS 短语为元素命名。

```
SELECT XMLELEMENT(
           Name "Student",
           XMLFOREST(S.Sno AS "Sno", S.Sname AS "name",
                     S.Ssex AS "gender", S.Sage AS "age",
                     S.Sdept AS "department")
           ) AS Student
FROM Student AS S
```

（4）XMLCOMMENT 函数

XMLCOMMENT 函数产生一条注释。例如：

```
XMLCOMMENT('This is a comment')
```

（5）XMLPI 函数

XMLPI 函数用于生成处理指令。例如，以下函数产生<? Mydocument '\bin\test.XML' ?>：

```
XMLPI(Name "Mydocument", '\bin\test.XML')
```

（6）XMLNAMESPACES 函数

XMLPI 函数用于生成命名空间。

```
SELECT XMLELEMENT(
           Name "Student:name", --元素名

                       XMLNAMESPACES('http://www.sdjzu.edu/Student' AS "Student"),--命
名空间, AS "Student"是前缀，放在元素的前面，一起构成限定名：Student:name
           S.Sname --元素内容
           ) AS StudentName
FROM Student AS S
WHERE Sno='2000012';
```

结果是：

```
<Student:name XMLnns:Student='http://www.sdjzu.edu/Student'>王林</Student:name>
```

（7）XMLAGG 函数

XMLAGG 函数处理同一个分组中的每个元组。例如，将 Student、SC 和 Course 表做连接，

然后按照 Sno 分组，对每个分组，输出其学号和所选修的每门课的名称和成绩。XMLAGG 的参数是两个元素以及可选的 ORDER BY 子句，CourseName 和 Grade 是 Name 元素的子元素，分组中有几门课程，Name 就有几个 CourseName 和 Grade 的子元素。

```
SELECT XMLELEMENT(Name "Student",
        XMLELEMENT(Name "Name", S.Name),
        XMLAGG(
                XMLELEMENT(Name "CourseName",C.Cname),
                XMLELEMENT(Name "Grade", C.Grade)
        ORDER BY C.Cname
        ))
FROM Student AS S, SC, Course AS C
WHERE S.Sno = SC.Sno and SC.Cno=C.Cno
GROUP BY S.Sno;
```

2. SQL Server 2005 中的发布方法

在 SQL Server 2005 中，获得一个 XML 类型结果集的最简单的方法就是使用 FOR XML 命令，FOR XML 命令放在 SELECT 语句中，将查询后的结果转换为 XML 文档的形式。

FOR XML 命令的语法如下：

```
[FOR { BROWSE | <XML> } ]
```

其中 XML 的定义如下：

```
<XML> ::=XML{
{ RAW [ ('ElementName') ] | AUTO }
    [
        <CommonDirectives>
        [, {XMLDATA | XMLSCHEMA [ ( TargetNameSpaceURI ) ]} ]
        [ , ELEMENTS [ XSINIL | ABSENT ]
    ]
| EXPLICIT
    [
        <CommonDirectives>
        [ , XMLDATA ]
    ]
| PATH [ ('ElementName') ]
    [
        <CommonDirectives>
        [ , ELEMENTS [ XSINIL | ABSENT ] ]
    ]
}
```

其中 CommonDirectives 定义如下：

```
<CommonDirectives> ::= [ , BINARY BASE64 ] [ , TYPE ][ , ROOT [ ('RootName') ] ]
```

其中主要的参数如表 11-2 所示。

表 11-2　　　　　　　　　　　　　　　主要的参数

参 数 名 称	含 义
RAW [('ElementName')]	生成 XML 文档时，将查询所得数据集中的每行记录作为一个元素，且元素的名称为 ElementName
AUTO	查询结果将以 XML 的层次结构返回给用户，其中查询结果中至少有一个字段将被指定为元素，而其他字段可能会被指定为属性

参　数　名　称	含　　义
XMLDATA	返回 XML Schema 类型的 XML 文档
EXPLICIT	为返回的结果集显式地指定层次关系
PATH	借助 PATH 参数，可以通过设计嵌套的 FOR XML 查询来组织元素和属性，例如设置用于表示复杂属性的嵌套方式等
ROOT	用于指定根元素

（1）FOR XML RAW

RAW 模式是将要介绍的四种 FOR XML 命令模式中最简单、易懂的模式。RAW 模式将查询结果集中的每一行转换为带有通用标识符<row>或用户提供的元素名称的 XML 元素。默认情况下，行集中非 NULL 的列值都将映射为<row>元素的一个属性。若将 ELEMENTS 指令添加到 FOR XML 子句，则可将每列值都将映射为<row>元素的一个子元素。在指定 ELEMENTS 指令时可同时指定 XSINIL 选项，将结果集中的 NULL 列值映射为具有属性 xsi:nil="true"的一个元素。

例 13　查询所有学生的信息，用 XML 形式返回。代码如下：

```
SELECT Sno, Sname, Ssex, Sage, Sdept
FROM Student
FOR XML RAW
```

产生如下结果：

```
<row Sno="2000012" Sname="王林" Ssex="男" Sage="19" Sdept="计算机" />
<row Sno="2000113" Sname="张大民" Ssex="男" Sage="18" Sdept="管理" />
<row Sno="2000256" Sname="顾芳" Ssex="女" Sage="19" Sdept="管理" />
<row Sno="2000278" Sname="姜凡" Ssex="男" Sage="19" Sdept="管理" />
<row Sno="2000014" Sname="葛波" Ssex="女" Sage="18" Sdept="计算机" />
```

与事例数据库比较后可以看出，Student 表中的元组被转换成了 row 元素，列和列值被转换成 row 元素的属性和属性值。

对上述脚本修改，代码如下：

```
SELECT Sno,Sname,Ssex,Sage,Sdept
FROM Student
FOR XML RAW('Student'), ELEMENTS, ROOT('StudentInfo')
```

语句中的 RAW('Student')表示由每个元组生成一个元素，元素的名称为 Student，而不是默认的 row。ELEMENTS 的含义是将元组的每个列作为元组元素的一个子元素。ROOT ROOT('StudentInfo')表示生成一个根元素，名称为 StudentInfo，作为所有元组元素的根元素。部分结果如下：

```
<StudentInfo>
  <Student>
    <Sno>2000012</Sno>
    <Sname>王林</Sname>
    <Ssex>男</Ssex>
    <Sage>19</Sage>
    <Sdept>计算机</Sdept>
  </Student>
```

```
<Student>
  <Sno>2000113</Sno>
  <Sname>张大民</Sname>
  <Ssex>男 </Ssex>
  <Sage>18</Sage>
  <Sdept>管理</Sdept>
</Student>
…
</StudentInfo>
```

（2）FOR XML AUTO

如果在将查询结果集转换为 XML 文档时使用了 AUTO 关键字，那么查询结果集将以层次结构的形式组织起来。

生成的 XML 中的 XML 层次结构（即元素嵌套）基于由 SELECT 子句中指定的列所在的表的顺序。最左侧第一个被标识的表形成所生成的 XML 文档中的顶级元素。由 SELECT 语句中的列所标识的最左侧第二个表形成顶级元素内的子元素，依此类推。

例如，选择所有学生的信息，用 XML 形式返回。代码如下：

```
SELECT Sno,Sname,Ssex,Sage,Sdept
FROM Student
FOR XML AUTO
```

结果如下：

```
<Student Sno="2000012" Sname="王林" Ssex="男 " Sage="19" Sdept="计算机" />
<Student Sno="2000113" Sname="张大民" Ssex="男 " Sage="18" Sdept="管理" />
<Student Sno="2000256" Sname="顾芳" Ssex="女 " Sage="19" Sdept="管理" />
<Student Sno="2000278" Sname="姜凡" Ssex="男 " Sage="19" Sdept="管理" />
<Student Sno="2000014" Sname="葛波" Ssex="女 " Sage="18" Sdept="计算机" />
```

此例与例 13 的不同之处在于，例 13 产生的结果中元素名为<row>，而此例为<Student>。同时，在 FOR XML AUTO 中，也可以用 ELEMENTS、Root 等选项。

（3）FOR XML EXPLICIT

使用 FOR XML EXPLICIT 选项后，查询结果集将被转换为 XML 文档。该 XML 文档的结构与结果集中的结果一致。因此，从设计查询语句时就应开始考虑最终生成的 XML 文档。

在 EXPLICIT 模式中，SELECT 语句中的前两个字段必须分别命名为 TAG 和 PARENT。TAG 和 PARENT 是元数据字段，使用它们可以确定查询结果集的 XML 文档中元素的父子关系，即嵌套关系。

其中 TAG 字段是查询字段列表中的第一个字段。TAG 字段用于存储当前元素的标记值。标记号可以使用的值是 1～255。

PARENT 字段用于存储当前元素的父元素标记号。如果这一列中的值是 0 或 NULL，表明相应的元素没有父级。该元素将作为顶级元素添加到 XML。

在添加上述两个附加字段后，就要定义元素之间的关系，即层次关系。此时，只需按顺序完成以下步骤即可：

● 使用 TAG 字段为每一个将要作为元素在 XML 文档中输出的别名(通常可以使用表名)定义标号。

● 使用 PARENT 字段为本元素指定一个父元素标号，与该标号对应的元素将成为本元素的父元素（NULL 或 0 表示本元素为根元素）。

重复上面的步骤就可以产生想要的 XML 文档。

在编写 EXPLICIT 模式查询时，必须使用以下格式指定所得到的行集中的列名。它们提供转换信息（包括元素名称和属性名称）以及用指令指定的其他附加信息。

```
ElementName!TagNumber!AttributeName!Directive
```

其中 ElementName 是所生成元素的通用标识符。例如，如果将 ElementName 指定为 Student，将生成<Student>元素。

TagNumber 是分配给元素的唯一标记值。在两个元数据列（Tag 和 Parent）的帮助下，此值将确定所得到的 XML 中的元素的嵌套。

AttributeName 提供要在指定的 ElementName 中构造的属性的名称。如果指定了 Directive 并且它是 XML、CDATA 或 element，则此值用于构造 ElementName 的子元素，并且此列值将添加到该子元素。如果指定了 Directive，则 AttributeName 可以为空。例如 ElementName!TagNumber!!Directive。在这种情况下，列值直接由 ElementName 包含。

Directive 是可选的，可以使用它来提供有关 XML 构造的其他信息。

例如，查询所有学生的信息，并且把每列作为一个元素，代码如下：

```
SELECT 1 AS Tag, 0 AS Parent,
    Sno as[Student!1!Sno!ELEMENT],
    Sname AS [Student!1!Sname!ELEMENT],
    Ssex AS [Student!1!Ssex!ELEMENT],
    Sage AS [Student!1!Sage!ELEMENT],
    Sdept as[Student!1!Sdept!ELEMENT]
FROM Student
FOR XML EXPLICIT
```

产生的部分结果如下：

```
<Student>
  <Sno>2000012</Sno>
  <Sname>王林</Sname>
  <Ssex>男</Ssex>
  <Sage>19</Sage>
  <Sdept>计算机</Sdept>
</Student>
<Student>
  <Sno>2000113</Sno>
  <Sname>张大民</Sname>
  <Ssex>男</Ssex>
  <Sage>18</Sage>
  <Sdept>管理</Sdept>
</Student>
...
```

对上面的脚本修改一下，把每列作为一个属性，代码如下：

```
SELECT 1 AS Tag, 0 AS Parent,
    Sno as[Student!1!Sno],
    Sname AS [Student!1!Sname],
    Ssex AS [Student!1!Ssex],
    Sage AS [Student!1!Sage],
```

```
          Sdept as[Student!1!Sdept]
FROM Student
FOR XML EXPLICIT
```

产生的结果如下：

```
<Student Sno="2000012" Sname="王林" Ssex="男 " Sage="19" Sdept="计算机" />
<Student Sno="2000113" Sname="张大民" Ssex="男 " Sage="18" Sdept="管理" />
<Student Sno="2000256" Sname="顾芳" Ssex="女 " Sage="19" Sdept="管理" />
<Student Sno="2000278" Sname="姜凡" Ssex="男 " Sage="19" Sdept="管理" />
<Student Sno="2000014" Sname="葛波" Ssex="女 " Sage="18" Sdept="计算机" />
```

（4）FOR XML PATH

除了选项 EXPLICIT 之外，SQL Server 2005 还提供了一种较为简便的方法来定义元素之间的层次关系，即 FOR XML PATH 选项。PATH 选项使用嵌套的 FOR XML 查询有机地将元素和属性组合在一起。

在 PATH 模式中，列名或列的别名被作为 XPath 表达式来处理。这些表达式指明了如何将值映射到 XML。每个 XPath 表达式都是一个相对 XPath，它提供了项类型（例如属性、元素和标量值）以及将相对于行元素而生成的节点的名称和层次结构。

① 没有名称的列

任何没有名称的列都将被内联。例如，未指定列别名的计算列或嵌套标量查询将生成没有名称的列。如果该列属于 XML 类型，则将插入该数据类型的实例的内容。否则，列内容将被作为文本节点插入。

例如：

```
SELECT 10+10
FOR XML PATH
```

结果为：

```
<row>20</row>
```

默认情况下，针对行集中的每一行，XML 文档中将生成一个相应的<row>元素。这与 RAW 模式相同。可以选择指定行元素名称，以覆盖默认的<row>。

上面的代码可以改为：

```
SELECT 10+10
FOR XML PATH('Number')
```

结果为：

```
<Number>20</Number>
```

以下查询包含 XML 的数据。PATH 模式将插入一个 XML 类型的实例。

```
SELECT Sno ,Sname ,PhoneList.query('//Phone[@type="home"]')
FROM Student
FOR XML PATH
```

产生的结果如下：

```
<row>
    <Sno>2000012</Sno>
    <Sname>王林</Sname>
```

```
      <Phone type="home">87654321</Phone>
</row>
```

② 列名以 "@" 符号开头

如果列名以 "@" 符号开头并且不包含斜杠标记(/)，将创建包含相应列值的<row>元素的属性。例如，以下查询将返回包含两列（@Id 和 Sname）的行集。在生成的 XML 中，将向相应的<row>元素添加 Id 属性并为其分配 Sno 值。

```
SELECT Sno AS "@Id", Sname
FROM Student
WHERE Sno='2000012'
FOR XML PATH('Student')
```

产生的部分结果如下：

```
<Student Id="2000012">
  <Sname>王林</Sname>
</Student>
<Student Id="2000113">
  <Sname>张大民</Sname>
</Student>
…
```

在同一级别中，属性必须出现在其他任何节点类型（例如元素节点和文本节点）之前。以下查询将返回一个错误：

```
SELECT Sname ,Sno AS "@Id"
FROM Student
FOR XML PATH('Student')
```

③ 列名不以 "@" 符号开头并包含斜杠标记(/)

如果列名不以 "@" 符号开头，但包含斜杠标记(/)，则该列名就指明了一个 XML 层次结构。例如，列名为"Name1/Name2/Name3…/Name$n$"，其中每个 Name$i$ 表示嵌套在当前行元素（i=1）中的元素名称或名为 Name$i$-1 的元素下的元素名称。如果 Name$n$ 以 "@" 开头，则它将映射到Name$n$-1 元素的属性。

例如，查询所有学生的信息的代码如下：

```
SELECT Sno "@Id",
       Sname "Student/Sname",
       Ssex "Student/Ssex",
       Sage "Student/Sage",
       Sdept "Student/Sdept"
FROM Student
FOR XML PATH('StudentList')
```

产生的部分结果如下：

```
<StudentList Id="2000012">
  <Student>
    <Sname>王林</Sname>
    <Ssex>男 </Ssex>
    <Sage>19</Sage>
    <Sdept>计算机</Sdept>
  </Student>
</StudentList>
```

```
<StudentList Id="2000113">
  <Student>
    <Sname>张大民</Sname>
    <Ssex>男 </Ssex>
    <Sage>18</Sage>
    <Sdept>管理</Sdept>
  </Student>
</StudentList>
…
```

④ 名称被指定为通配符的列

如果指定的列名是一个通配符(*)，则将像没有指定列名那样插入此列的内容。如果此列不是 XML 类型的列，则此列的内容将作为文本节点插入，代码如下：

```
SELECT Sno "@Id", Sname "*"
FROM Student
FOR XML PATH('Student')
```

结果如下：

```
<Student Id="2000012">王林</Student>
<Student Id="2000113">张大民</Student>
<Student Id="2000256">顾芳</Student>
<Student Id="2000278">姜凡</Student>
<Student Id="2000014">葛波</Student>
```

11.8.2　存储和查询 XML 文档

1. XML 数据类型

近几年来，XML 作为一种新的数据类型得到了广泛的应用，这种数据类型已经从一种简单的数据传输格式发展成为一种数据模型，这种模型包括它自己的模式定义词汇表和查询语言。

SQL Server 提供了新的数据类型 XML，可以像使用其他数据类型一样使用 XML。以下给出了 XML 数据类型可以使用的方式：

- 作为表中的一列；
- 作为 T-SQL 的变量；
- 作为存储过程或者是用户自定义函数的参数；
- 作为用户自定义函数的返回值。

例如，在 Student 表中增加一个列 PhoneList，用于存放一个学生的各种联系电话，这些联系电话被组织成 XML 文档。

```
CREATE TABLE Student(
        Sno        CHAR(7)  PRIMARY KEY,
        Sname      CHAR(8) NOT NULL,
        Ssex       CHAR(2) ,
        Sage       SMALLINT,
        Sdept      CHAR(20),
        PhoneList  XML);
```

由于 XML 数据类型的实例可能无法相互比较，例如，<Student Sno="2000012"></Student>

和<Student Sno="2000012"/>，它们有相同的数据模型（一个 Student 元素节点和一个 Sno 属性节点，Student 是 Sno 的父节点），但是文档的表示方法不同；XML 文档也可以采用不同的编码方式（通过文档声明中的 encoding）。因此，在表中使用 XML 数据类型列时，有一些特殊的限制：

- 不能作为主码；
- 不能作为外码；
- 不能有 UNIQUE 约束；
- 不能使用 COLLATE 短语。

XML 文档的表现形式是字符串，但是 XML 数据类型不是字符串类型，因为在数据库中 XML 数据类型有特殊的存放形式，在使用时需要特别注意，否则会出现类型不匹配的错误。

例如，向表中插入一个学生的信息：

```
INSERT INTO Student VALUES('2000012','王林','男',19,'计算机',
                     '<PhoneList>
                          <Phone type="home">12345678</Phone>
                          <Phone type="apartment">xxxxxxxx</Phone>
                          <Phone type="mobile">133xxxxxxxx</Phone>
                          <Phone type="mobile">139xxxxxxxx</Phone>
                     </PhoneList>');
```

从形式上看，赋予 PhoneList 的值是字符串，但是由 SQL Server 自动完成了数据类型的转换。也可以使用 SQL Server 的数据类型转换函数 CAST()做显式转换：

```
CAST('<PhoneList>
             <Phone type="home">12345678</Phone>
             <Phone type="apartment">xxxxxxxx</Phone>
             <Phone type="mobile">133xxxxxxxx</Phone>
             <Phone type="mobile">139xxxxxxxx</Phone>
</PhoneList>') AS XML)
```

2. 查询 XML 文档

例 14　查询学生 2000012 的全部电话信息。

```
SELECT PhoneList
FROM Student
WHERE Sno = '2000012'
```

PhoneList 列的数据类型是 XML，查询结果是一个 XML 文档。

```
<PhoneList>
        <Phone type="home">12345678</Phone>
        <Phone type="apartment">xxxxxxxx</Phone>
        <Phone type="mobile">133xxxxxxxx</Phone>
        <Phone type="mobile">139xxxxxxxx</Phone>
</PhoneList>
```

SQL Server 提供了若干函数对 XML 数据类型的列进行操纵，与查询相关的有 3 个函数：query()、value()和 exist()。

Query()方法用于查询 XML 实例中满足一定条件的节点。Query()方法只有一个参数，既可以是 XPath 的路径表达式，也可以是 XQuery 的语句，用于指定要查找的节点。

例 15 查询学号为 2000012 的学生的家庭电话。

```
SELECT PhoneList.query('//Phone[@type="home"]')
FROM Student
WHERE Sno= '2000012';
```

Query()方法返回的是节点的集合，因此，查询结果为：

```
<Phone type="home">12345678</Phone>
```

如果将查询改写为：

```
SELECT PhoneList.query('//Phone[@type="home"]/text()')
FROM Student
WHERE Sno= '2000012';
```

因为返回的是文本类型的节点，则返回节点中保存的文本，因此结果为：

```
12345678
```

value()方法用于读取节点的值，并转换为指定的 SQL 数据类型。其格式为：

```
value(XQuery,SQLType)
```

其中，XQuery 参数是 XQuery 表达式，表达式的结果最多包含一个节点，否则将发生错误。SQLType 是 SQL 的数据类型。

例 16 查询年学号为 2000012 的学生的家庭电话号码。

```
SELECT PhoneList.value('(//Phone[@type="mobile"]/text())[1]', 'varchar(20)')
FROM Student
WHERE Sno= '2000012';
```

由于路径表达式//Phone[@type="mobile"]/text()可能返回多个文本节点，而 value 函数要求最多只能是一个节点，因此增加了限制条件[1]。查询结果是：

```
133xxxxxxxx
```

例 17 查询家庭电话号码是 12345678 的学生的姓名。

```
SELECT Sname
FROM Student
WHERE PhoneList.value('(//Phone[@type="home"]/text())[1]', 'varchar(20)')='12345678'
```

exist()方法用于判断查询结果是否是空集合，根据查询结果的不同，函数有 3 种返回值：

- 0：查询结果为空集合。
- 1：查询结果至少包含了一个 XML 节点。
- NULL：执行查询的 XML 数据类型实例包含 NULL。

其格式为：

```
exist(XQuery)
```

例 18 查询有家庭联系电话的学生名单。

```
SELECT Sname
FROM Student
WHERE PhoneList.exist('//Phone[@type="home"]')=1;
```

3. XML DML

XQuery 1.0 规范没有定义修改 XML 文档的语法，目前正在开发相关的工作草案。SQL Server 2005 提供了 modify 函数用于修改 XML 文档的，其语法类似于 XQuery。modify 函数可以删除、增加、替换文档中的节点。

（1）modify('delete expression')

expression 是一个 Xpath 表达式，返回一个节点序列，delete 命令表示从文档中删除节点序列中的所有节点。

例 19　删除学生王林的所有移动电话。

```
UPDATE Student
SET PhoneList.modify('delete //Phone[@type="mobile"]')
WHERE Sname='王林';
```

语句执行后，王林的通信录中只有两部电话（home 和 apartment 两个电话号码）：

```
<PhoneList>
  <Phone type="home">12345678</Phone>
  <Phone type="apartment">xxxxxxxx</Phone>
</PhoneList>
```

（2）modify('insert expression')

insert 语句将一个节点或者一个有序的序列插入 XML 文档，这些新插入的节点作为某个节点的孩子或者兄弟节点。

insert 语句的一般格式如下：

```
insert expression1({as first|as last} into | after | before ) expression2)
```

其中，expression1 是要插入的节点或序列，expression2 是要插入的目标节点。as first into 和 as last into 分别将 expression1 指定的节点序列作为 expression2 指定的目标节点的第 1 个孩子节点和最后一个孩子节点。before 和 after 表示插入的节点序列作为目标节点的兄弟节点，before 将节点插入到目标节点的前面，after 将节点插入到目标节点的后面。

例 20　将学生王林新开通的一个手机号码作为通信录中最后一条记录。

```
UPDATE Student
  SET PhoneList.modify('insert <Phone type="mobile">138xxxxxxx</Phone> as last into
/PhoneList[1]')
  WHERE Sname= '王林';
```

通信录变为：

```
<PhoneList>
  <Phone type="home">12345678</Phone>
  <Phone type="apartment">xxxxxxxx</Phone>
  <Phone type="mobile">138xxxxxxx</Phone>
</PhoneList>
```

例 21　将学生王林新开通的一个手机号码放到其公寓电话的后面。

```
UPDATE Student
SET    PhoneList.modify('insert    <Phone    type="mobile">136xxxxxxx</Phone>    after
(    //Phone[type="apartment"])[1]')
WHERE Sname = '王林';
```

通信录变为：

```
<PhoneList>
  <Phone type="home">12345678</Phone>
  <Phone type="apartment">xxxxxxxx</Phone>
```

```
    <Phone type="mobile">136xxxxxxxx</Phone>
    <Phone type="mobile">138xxxxxxxx</Phone>
</PhoneList>
```

（3）XML.modify('replace value of... ')

replace value of 的常用语法如下：

```
replace value of expression1 with expression2
```

expression1 指定一个节点，可以是文本节点、属性节点或者是元素节点，如果是元素节点，则元素必须拥有简单类型的内容。expression2 标识节点的新值。如果节点所在的 XML 文档是类型化的（由 XML Schema 定义文档的结构和数据类型），expression2 标识的值必须和 expression1 的类型相同或是其类型的子类型。如果 XML 文档是非类型化的，则 expression2 标识的值必须是原子值。

例 22 将学生王林的家庭电话更新为 87654321。

```
UPDATE Student
                                SET PhoneList.modify('replace value of (//Phone[@type=
"home"]/text())[1] with "87654321"')
    WHERE Sname = '王林';
<PhoneList>
  <Phone type="home">87654321</Phone>
  <Phone type="apartment">xxxxxxxx</Phone>
  <Phone type="mobile">136xxxxxxxx</Phone>
  <Phone type="mobile">138xxxxxxxx</Phone>
</PhoneList>
```

小　结

本章简单介绍了 XML 的相关知识和 SQL/XML 标准，读者可以参考 W3C 的相关文档作进一步的了解。

XML 文档由若干个元素组成。元素由开始标签、内容和结束标签三部分组成。开始标签中除了元素名外，还可以出现一组属性名和属性值对。内容可以是字符串，也可以是其他的元素，或者二者同时出现。

元素的名称由用户根据应用的需要自己定义，这样的名称称为局部名。为了在 Internet 环境下不出现重名的元素，可以将用户自己定义的元素名称与一个 URI 关联起来，这个 URI 就叫做命名空间。元素名就由 URI 和元素局部名两部分组成，由于 URI 的唯一性，不会出现重名现象。

XML 文档的结构可以使用 DTD 或者 XML Schema 进行定义。DTD 是一个早期的规范，有一套特殊的语法。XML Schema 符合 XML 语法，支持命名空间和数据类型。XML Schema 规定了基本的数据类型，如 string、int 等，在此基础上，可以构造出复杂数据类型。符合 XML 语法的文档叫做良构的文档，符合 DTD 或 XML Schema 所规定结构的文档叫做有效的文档。

像关系模型、对象模型一样，XML 也是一种数据模型。XML 用树表示 XML 文档，文档中的元素、属性、命名空间、注释、处理指令和文本作为树中的节点，元素之间的嵌套关系定义了节点之间的父子关系。

XML 有自己的查询语言。XPath 是一种轻量级的 XML 查询语言，它充分利用了 XML 文档的层次性，XPath 使用路径表达式在文档中查找指定的内容。

XQuery 是一个功能完备的查询语言，它在 XPath 的基础上提供了强大的 FLWOR 语句和其他的功能。

新的 SQL 标准增加了 XML 数据类型，以自然的方式存储 XML 文档，扩充了 SQL 语句，可以使用 XQuery 完成对文档的查询和修改。

习　题

1. 将事例数据库中的 Student 表、Course 表和 SC 表分别表示成 XML 文档。
2. 给出习题 1 中 3 个文档的模式，分别用 DTD 和 XML Schema 描述。
3. 给出符合下面 DTD 的一个 XML 文档：

```
<!DOCTYPE bibliography[
  <!ELEMENT book(title, author+, year, publisher, place?>
  <!ELEMENT article(title, author+, journal, year, number, volume, page?)>
  <!ELEMENT author(last_name, first_name)>
  <!ELEMENT title(#PCDATA)>
  其他元素，如 year、publisher 等的定义同 title
]>
```

4. 给出与习题 3 DTD 等价的 XML Schema，元素的数据类型可自行设计。
5. 给出一组关系表用于存放符合习题 4 模式的 XML 文档。
6. 针对例 1 中的 XML 文档，写出以下的 XQuery 查询：
（1）查找管理学的学分。
（2）查找学生王林离散数学的成绩。
（3）查找年龄大于 19 的所有男同学的学号和名字。
（4）查找数据库原理课程的平均成绩。

7. 建立一个学生数据库，其模式为（Sno，Sname，Ssex，Sage，Sdept，CourseList），其中 Sno、Sname、Ssex、Sage、Sdept 的含义和数据类型与事例数据库中的相同，CouseList 是 XML 数据类型，存放的内容是学生每门课程的成绩，可以参照例 1 的格式；参考商用 DBMS，如 Oracle、IBM DB2、SQL Server 等。如何检查插入的 CourseList 文档是否符合特定的 XML Schema。

8. 针对习题 7 中的表，写出以下的查询：
（1）查找学生王林的基本情况和所有选课记录，查询结果是 XML 文档。
（2）查找学生王林的平均成绩。
（3）给每位同学增加选修高等数学的选课记录，成绩暂为空。
（4）将学生王林高等数学的成绩更改为 90。

9. 查阅资料，说明 Oracle 和 IBM DB2 是如何发布 XML 文档的。

第12章
数据仓库技术

随着计算机技术的飞速发展和广泛应用，传统的计算机事务处理系统已经比较成熟，它极大地提高了企业或部门事务处理的效率和水平。在实际运行过程中，这些企业的数据库中积累了大量的业务数据，如产品数据、销售数据、客户数据及市场数据等。这些数据是宝贵的资源，其中隐含着丰富的信息和有用的知识，有可能对企业的决策产生重大影响。于是，人们提出了新的需求：能否利用数据库中的数据资源来帮助领导层进行决策？

显然，这里存在两种不同的数据处理工作：操作型处理和分析型处理，也称做 OLTP（联机事务处理）和 OLAP（联机分析处理）。

操作型处理也叫做事务处理，是指对数据库联机的日常操作，通常是对一个或一组记录的查询和修改。例如火车售票系统、银行通存通兑系统、税务征收管理系统。这些系统要求快速响应用户请求，对数据的安全性、完整性以及事务吞吐量要求很高。

分析型处理是指对数据的查询和分析操作。通常是对海量的历史的数据的查询和分析。例如金融风险预测预警系统、证卷股市违规分析系统。这些系统要访问的数据量非常大，查询和分析的操作十分复杂。

两者之间的差异使得传统的数据库技术不能同时满足两类数据处理的要求，数据仓库技术应运而生。

12.1　从数据库到数据仓库

数据库管理系统作为数据管理的最新手段，成功地用于事务处理领域。在这些数据库中保存了大量的日常业务数据。早期的决策支持系统（DSS）试图直接在事务处理环境下建立。数据库技术一直力图使自己能胜任从事务处理、批处理到分析处理的各种类型的信息处理任务。尽管数据库在事务处理方面的应用获得了巨大的成功，但它对分析处理的支持一直不能令人满意，尤其是当以事务处理为主的 OLTP 应用与以分析处理为主的 DSS 应用共存于同一个数据库管理系统中时，这两种类型的处理发生了明显的冲突。人们逐渐认识到事务处理和分析处理具有极不相同的性质，直接使用事务处理环境来支持 DSS 是不合适的。

具体来说，事务处理环境不适宜 DSS 应用的原因概括起来主要有以下 4 个方面。

（1）事务处理和分析处理的性能特性不同

在事务处理环境中，用户的行为特点是数据的存取操作频率高，每次操作处理的时间短，因此系统可以允许多个用户以并发方式共享系统资源，同时保持较短的响应时间，OLTP 是这种环

266

境下的典型应用。

在分析处理环境中，用户的行为模式与此不同，某个 DSS 应用程序可能需要连续运行几个小时，消耗大量的系统资源。将具有如此不同处理性能的两种应用放在同一个环境中运行显然是不恰当的。

（2）数据集成问题

DSS 需要集成的数据。全面而正确的数据是有效的分析和决策的首要前提，相关数据收集的越完整，得到的结果就越可靠。因此，DSS 不仅需要企业内部各部门的相关数据，还需要企业外部、竞争对手等方面的相关数据。

事务处理的目的在于使业务处理自动化，一般只需要与本部门业务有关的当前数据，对整个企业范围内的集成应用考虑很少。当前绝大部分企业内数据的真正状况是分散而非集成的，尽管每个单独的事务处理应用可能是高效的，能产生丰富的细节数据，但这些数据却不能成为一个统一的整体。对于需要集成数据的 DSS 应用来说，必须自己在应用程序中对这些纷杂的数据进行集成。

数据集成是一项十分繁杂的工作，都交给应用程序完成会大大增加程序员的负担。并且如果每做一次分析都要进行一次这样的集成，将会导致极低的处理效率。DSS 对于数据集成的迫切需要可能是数据仓库技术出现的最重要动因。

数据集成后数据源中的数据仍然在不断变化，这些变化应该及时反映到数据仓库中，使决策者准确地探知系统内的数据变化。因此，数据仓库中的集成数据必须以一定的周期（例如几天或几周）进行刷新。这种数据集成方式称为动态集成。显然，事务处理系统不具备动态集成的能力。

（3）历史数据问题

事务处理一般只需要当前数据，在数据库中一般也只存储短期数据，并且不同数据的保存期限也不一样，即使有一些历史数据保存下来了，也被束之高阁，未得到充分利用。但对于决策分析而言，历史数据是相当重要的，许多分析方法必须以大量的历史数据为依托。没有对历史数据的详细分析，是难以把握企业的发展趋势的。

可以看出，DSS 对数据在空间和时间的广度上都有了更高的要求。而事务处理环境难以满足这些要求。

（4）数据的综合问题

在事务处理系统中积累了大量的细节数据，一般而言，DSS 并不对这些细节数据进行分析，原因之一是细节数据数量太大，会严重影响分析的效率；原因之二是太多的细节数据不利于分析人员将注意力集中于有用的信息上。因此，在分析前往往需要对细节数据进行不同程度的综合。而事务处理系统不具备这种综合能力，而且根据规范化理论，这种综合还往往因为是一种数据冗余，在事务处理系统的数据库中而加以限制。

以上这些问题表明在事务型环境中直接构建分析型应用是一种失败的尝试。数据仓库本质上是对这些存在问题的回答。但是数据仓库的主要驱动力并不是过去的缺点，而是市场商业经营行为的改变，市场竞争要求捕获和分析事务级的业务数据。

建立在事务处理环境上的分析系统无法达到这些要求。要提高分析和决策的效率和有效性，分析型处理及其数据必须与操作型处理和数据相分离。必须把用于分析的数据对象从事务处理环境中提取出来，按照 DSS 处理的需要进行重新组织，建立单独的分析处理环境，数据仓库正是为了构建这种新的分析处理环境而出现的一种数据存储和组织技术。

12.2 数据仓库的基本概念

上一节我们阐述了数据库仓库产生的背景，这一节介绍数据仓库的基本概念，即什么是数据仓库和数据仓库数据的基本特征。

12.2.1 什么是数据仓库

数据仓库和数据库只有一字之差，似乎是一样的概念，但实际则不然。数据仓库是为了构建新的分析处理环境而出现的一种数据存储和组织技术。由于分析处理和事务处理具有极不相同的性质，因而两者对数据也有着不同的要求。数据仓库概念的创始人 W.H. Inmon 在其《Building Data Warehouse》一书中列出了操作型数据与分析型数据之间的区别，如表 12-1 所示。

表 12-1　　　　　　　　　　　　操作型数据和分析型数据的区别

操作型数据	分析型数据
细节的	综合的，或提炼的
在存取瞬间是准确的	代表过去的数据
可更新	不更新
操作需求事先可知道	操作需求事先不知道
生命周期符合 SDLC	完全不同的生命周期
对性能要求高	对性能要求宽松
一个时刻操作一个元组	一个时刻操作一个集合
事务驱动	分析驱动
面向应用	面向分析
一次操作数据量小	一次操作数据量大
支持日常操作	支持管理决策需求

基于上述操作型数据和分析型数据之间的区别，我们可以给出数据仓库的定义：数据仓库是一个用以更好地支持企业或组织的决策分析处理的、面向主题的、集成的、不可更新的、随时间不断变化的数据集合。数据仓库本质上和数据库一样是长期储存在计算机内有组织、可共享的数据集合。数据仓库和数据库主要的区别是数据仓库中的数据具有以下 4 个基本特征：

① 数据仓库的数据是面向主题的；
② 数据仓库的数据是集成的；
③ 数据仓库的数据是不可更新的；
④ 数据仓库的数据是随时间不断变化的。

下面我们着重来讨论数据仓库数据的 4 个基本特征。

12.2.2 主题与面向主题

与传统数据库面向应用进行数据组织的特点相对应，数据仓库中的数据是面向主题进行组织的。什么是主题呢？从逻辑意义上讲，主题是企业中某一宏观分析领域所涉及的分析对象。主题是一个抽象的概念，是在较高层次上将企业信息系统中的数据综合、归类并进行分析利用的抽象。所谓较高层次是相对面向应用的数据组织方式而言的，是指按照主题进行数据组织的方式具有更高的数据抽象级别。

为了更好地理解主题与面向主题的概念，说明面向主题的数据组织与传统的面向应用的数据组织方式的不同，我们用一个例子来详细说明。

一家采用"会员制"经营方式的商场，按业务已建立起销售、采购、库存管理以及人事管理子系统。按照其业务处理要求，建立了各子系统的数据库模式：

采购子系统：

     订单（订单号，供应商号，总金额，日期）

     订单细则（订单号，商品号，类别，单价，数量）

     供应商（供应商号，供应商名，地址，电话）

销售子系统：

     顾客（顾客号，姓名，性别，年龄，文化程度，地址，电话）

     销售（员工号，顾客号，商品号，数量，单价，日期）

库存管理子系统：

     领料单（领料单号，领料人，商品号，数量，日期）

     进料单（进料单号，订单号，进料人，收料人，日期）

     库存（商品号，库房号，库存量，日期）

     库房（库房号，仓库管理员，地点，库存商品描述）

人事管理子系统：

     员工（员工号，姓名，性别，年龄，文化程度，部门号）

     部门（部门号，部门名称，部门主管，电话）

按照面向主题的方式，数据应该怎样来组织呢？应该分为两个步骤来组织数据：抽取主题以及确定每个主题所应包含的数据内容。

（1）抽取主题

应该是按照分析的要求来确定主题。这与按照数据处理或应用的要求来组织数据的主要不同是同一部门关心的数据内容的不同。例如，在商场中，同样是商品采购，在 OLTP 数据库中，人们所关心的是怎样方便快捷地进行"商品采购"这个业务处理，而在进行分析处理时，人们就应该关心同一商品的不同采购渠道。所以：

① 在 OLTP 数据库中进行数据组织时要考虑如何更好地记录下每一笔采购业务的情况，我们用"订单"、"订单细则"以及"供应商"3 个数据库模式来描述一笔采购业务所涉及的数据内容，这就是面向应用来进行数据组织的方式。

② 在数据仓库中，对于商品采购的分析活动主要是要了解各供应商的情况，显然"供应商"是采购分析的对象。我们并不需要像"订单"和"订单细则"这样的数据库模式，因为它们包含的是纯操作型的数据；但是仅仅只用 OLTP 数据库的"供应商"中的数据又是不够的，因而要重新组织"供应商"这个主题。

（2）确定主题的数据内容

概括各种分析对象，我们抽取了商场的供应商、商品、顾客 3 个主题。然后确定每个主题所应包含的数据内容。以"商品"主题为例，它应该包括两个方面的内容：第一，商品固有信息，如商品名称，商品类别以及型号、颜色等描述信息；第二，商品的流动信息，如某商品采购信息、商品销售信息及商品库存信息等。这 3 个主题包含的主要内容有：

商品：

商品固有信息：商品号、商品名、类别、颜色等；

商品采购信息：商品号、供应商号、供应价、供应日期、供应量等；

商品销售信息：商品号、顾客号、售价、销售日期、销售量等；

商品库存信息：商品号、库房号、库存量、日期等。

供应商：

供应商固有信息：供应商号、供应商名、地址、电话等；

供应商品信息：供应商号、商品号、供应价、供应日期、供应量等。

顾客：

顾客固有信息：顾客号、顾客名、性别、年龄、文化程度、住址、电话等；

顾客购物信息：顾客号、商品号、售价、购买日期、购买量等。

比照商场原有数据库的数据模式，我们可以看到：首先，在从面向应用到面向主题的转变过程中，丢弃了与分析活动关系不大的信息，如订单、领料单等内容；其次，在原有的数据库模式中，关于商品的信息分散在各子系统中，如商品的采购信息存在于采购子系统中，商品的销售信息则存在于销售子系统中，商品库存信息却又在库存管理子系统中管理，没有形成有关商品的完整一致的描述。面向主题的数据组织方式所强调的就是要形成关于商品的一致的信息集合，以便在此基础上针对"商品"这一分析对象进行分析处理。

总之，面向主题的数据组织方式是根据分析要求将数据组织成一个完备的分析领域，即主题域。主题域应该具有两个特性：

① 独立性，如针对商品进行的各种分析所要求的是"商品"主题域，它必须具有独立内涵。

② 完备性，就是要求对任何一个对商品的分析处理要求，我们应该能在"商品"这一主题内找到该分析处理所要求的内容；如果对商品的某一分析处理要求涉及现存"商品"主题之外的数据，就应当将这些数据增加到"商品"主题中来，从而逐步完善"商品"主题。

或许有人担心：要求主题的完备性会使得主题包含有过多的数据项而显得过于庞大；这种担心是不必要的。因为主题是一个逻辑上的概念，如果主题的数据项多了，实现时可以采取各种划分策略来化大为小。

主题是一个在较高层次上对数据的抽象，这使得面向主题的数据组织可以独立于数据的处理逻辑，因而可以在这种数据环境上方便地开发新的分析型应用；同时这种独立性也是建设企业全局数据库所要求的，所以面向主题不仅是适用于分析型数据环境的数据组织方式，同时也是适用于建设企业全局数据库的组织。

12.2.3　数据仓库的数据是集成的

数据仓库的数据是从原有的分散的数据库数据中抽取来的。在表 12-1 中我们已经看到，操作型数据与 DSS 分析型数据之间的差别甚大。第一，数据仓库的每一个主题所对应的源数据在原有的各分散数据库中有许多重复和不一致的地方，并且来源于不同的联机系统的数据都和不同的应用逻辑捆绑在一起；第二，数据仓库中的综合数据不能从原有的数据库管理系统直接得到；因此在数据进入数据仓库之前，必然要经过转换、统一与综合。这一步是数据仓库建设中最关键、最复杂的一步，所要完成的工作有：

● 统一源数据中所有矛盾之处，如字段的同名异义、异名同义、单位不统一、字长不一致等。

- 进行数据综合和计算；数据仓库中的数据综合工作可以在从原有数据库抽取数据时生成，但许多是在数据仓库内部生成的，即进入数据仓库以后通过计算和综合生成的。

12.2.4　数据仓库的数据是不可更新的

数据仓库的数据主要供企业决策分析之用，所涉及的数据操作主要是数据查询，一般情况下并不进行联机实时的修改操作。数据仓库的数据反映的是一段相当长时间内的历史数据，是不同时点的数据库快照的集合，以及基于这些快照进行统计、综合和重组的导出数据，而不是联机处理的数据。OLTP 数据库中的数据经过抽取（Extracting）、清洗（Cleaning）、转换（Transformation）后装载（Loading）（人们简记这一过程为 ECTL）到数据仓库中，一旦数据存放到数据仓库中，数据就不再更新了。当数据超过数据仓库的数据存储期限时，这些数据将从当前的数据仓库中转储到其他存储设备上或者经过确认后删除。

由于数据仓库的查询数据量往往很大，所以就对数据查询提出了更高的要求，它要求采用更多的索引技术；同时由于数据仓库面向的是企业的高层管理者，他们会对数据查询的界面友好性和数据可视化表示等方面提出更高的要求。

12.2.5　数据仓库数据是随时间不断变化的

数据仓库中的数据不可更新是针对已经载入数据仓库的数据，其数据内容不能再修改。也就是说，数据一旦进入数据仓库，从微观上看这些数据就不能修改了。数据仓库的用户在进行分析处理时是不进行数据更新操作的。但并不是说，从数据仓库数据整体来看就一成不变了。恰恰相反，数据仓库是随时间不断变化的。

数据仓库的数据随时间不断变化是数据仓库数据的第四个特征。这一特征表现在以下三方面：

第一，数据仓库随时间变化将不断增加新的数据内容。数据仓库系统必须不断捕捉 OLTP 数据库中变化的数据并追加到数据仓库中去，也就是要不断地生成 OLTP 数据库的快照，经过 ECTL 后增加到数据仓库中去；但对于每次的数据库快照是不再变化的，捕捉到新的变化数据，只不过又生成一个数据库的快照增加进去，而不会对原来的数据进行修改。

第二，数据仓库随时间变化不断删去旧的数据内容。数据仓库的数据也有存储期限，一旦超过了这一期限，过期数据就要被删除。只是数据仓库内的数据时限要远远长于操作型环境中的数据时限。在操作型环境中一般只保存有 60 ~ 90 天的数据，而在数据仓库中则需要保存较长时限的数据（如 5 ~ 10 年），以适应 DSS 进行趋势分析的要求。

第三，数据仓库中包含有大量的综合数据，这些综合数据中很多跟时间有关；如数据经常按照时间段进行综合，或隔一定的时间片进行抽样等。这些数据要随着时间的变化不断地进行重新综合。

因此，数据仓库数据的码键都包含时间项，以标明数据的历史时期。

12.3　数据仓库中的数据组织

上面我们介绍了数据仓库中数据的 4 个基本特征，下面我们讲解数据仓库的数据组织结构。

数据仓库的数据组织结构如图 12-1 所示。数据仓库中的数据分为多个级别：早期细节级、当前细节级、轻度综合级、高度综合级。源数据经过抽取、清洗、转换后载入数据仓库，首先进入当前细节级，然后根据具体分析需求进一步综合为轻度综合级乃至高度综合级，随着时间的推移，早期的数据将转入早期细节级。

数据仓库中的数据具有不同的综合级别，我们一般称之为"粒度"。粒度是数据仓库数据组织的一个重要概念。粒度越大，表示细节程度越低，综合程度越高。

图 12-2 是利客隆连锁商店的数据仓库，其中存放了各个地区历年的各种商品销售明细数据。其中 1990—1995 年的销售明细数据已经成为历史数据，对应早期细节级。当前细节级中存放 1996—2000 年的各地各种商品的销售明细表。轻度综合级是 1996—2000 年每月销售表。高度综合级是 1996—2000 年每年销售表。

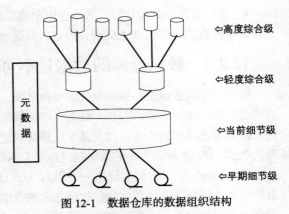

图 12-1　数据仓库的数据组织结构

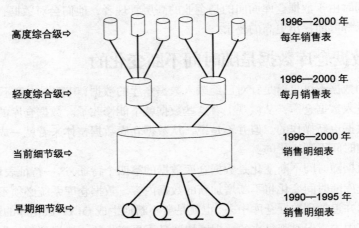

图 12-2　利客隆连锁店数据仓库的数据组织

在数据仓库中，多重粒度是必不可少的。不同的数据粒度可以应答不同类型的问题。由于数据仓库的主要应用是 DSS 分析，绝大部分查询都针对综合数据，因而多重粒度的数据组织可以大大提高联机分析的效率。

不同粒度的数据可以存储在不同级别的存储设备上。例如将大粒度数据存储在快速设备中，甚至放在内存。这样，对于绝大多数查询分析，系统性能将大大提高，而小粒度数据则可存储在磁带或光盘组上。

数据仓库中另一类重要的数据就是元数据。所谓元数据（Meta data）是关于数据的数据，即是对数据的定义和描述。传统数据库中的数据字典是一种元数据。在数据仓库中，元数据的内容比数据库中的数据字典更丰富、更复杂。数据仓库的元数据包括与数据库的数据字典中的相似内容，例如数据仓库的主题描述，还包括数据仓库的特有的关于数据的描述信息，例如数据粒度的定义、外部数据源的描述、数据进入数据仓库的转换规则、数据的各种索引的定义等。

元数据的内容在数据仓库设计、开发、实施以及使用过程中不断完善，不仅为数据仓库的运行提供必要的信息、描述和定义，还为 DSS 分析人员访问数据仓库提供直接的或辅助的信息。

12.4　数据仓库系统的体系结构

数据仓库系统总体上由以下几个部分组成：数据仓库的后台工具、数据仓库服务器、OLAP 服务器和前台工具。图 12-3 所示是一个典型的数据仓库系统的体系结构。

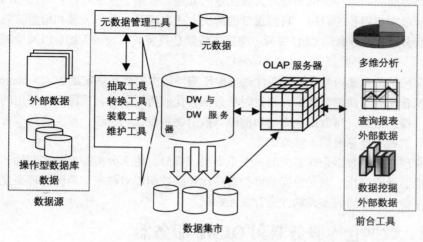

图 12-3　数据仓库体系结构

12.4.1　数据仓库的后台工具

数据仓库的后台工具包括数据抽取（Extracting）、清洗（Cleaning）、转换（Transformation）、装载（Load）和维护（Maintain）工具。目前许多公司产品把后台工具简记为 ECTL 工具或 ETL 工具，即抽取、转换和装载 3 个英文的首字母。

由于数据仓库的数据来源于多种不同的数据源。它们可能是不同平台上异构数据库中的数据，也可能是外部独立的数据文件（例如由某些应用产生的文件）、Web 页面、市场调查报告等。因此，这些数据常常是不一致的。例如：

① 同一字段在不同应用中具有不同数据类型，例如，字段 Sex 在 A 应用中的值为 "M/F"，在 B 应用中的值为 "0/1"，在 C 应用中又为 "Male/Female"。

② 同一字段在不同应用中具有不同的名字，例如，A 应用中的字段 balance 在 B 应用中的名称为 bal，在 C 应用中又变成了 currbal。

③ 同一字段具有不同含义，例如，字段 weight 在 A 应用中表示人的体重，在 B 应用中表示汽车的重量，等等。

为了将这些不一致的分散的数据集成起来，必须对它们进行转换后才能供分析使用。数据的不一致是多种多样的，对每种情况都必须专门处理。数据抽取、清洗、转换工具就是用来完成这些工作的。

数据抽取工具主要通过网关或标准接口（例如 ODBC、Oracle Open Connect、Sybase Enterprise Connect、Informix Enterprise Gateway 等）把原来 OLTP 系统中的数据按照数据仓库的数据组织进行抽取。

数据清洗主要是对源数据之间的不一致性进行专门处理，并且要去除与分析无关的数据或不利于分析处理的噪声数据。

数据经过抽取、清洗和转换后，就可以装载到数据仓库中，这由数据仓库的装载工具来实现。在数据装载过程中，需要做以下的预处理：完整性约束检查、排序、对一些表进行综合和聚集计算、创建索引和其他存取路径、把数据分割到多个存储设备上等，同时应该允许系统管理员对装载过程进行监控。

装载工具要解决的另一个问题是对大数据量的处理。数据仓库中的数据量比 OLTP 系统要大得多，进行装载需要很长的时间。目前通常的解决方式有两种：并行装载和增量装载。并行装载是把任务进行分解，充分利用 CPU 资源。增量装载就是只装载修改的元组，以减少需要处理的数据量。

数据仓库维护的主要内容是：周期性地把操作型环境中的新数据定期加入（pump）数据仓库中，刷新数据仓库的当前细节数据，将过时的数据转化成历史数据，清除不再使用的数据，调整粒度级别等。特别注意，当数据仓库的当前细节数据刷新后，相应地，粒度高的综合数据也要进行重新计算、重新综合等维护、修改工作。

元数据管理工具是数据仓库系统的一个重要组成部分。由于分析需求的多变性，导致数据仓库的元数据也会经常变化，对元数据的维护管理比传统数据库对数据字典的管理要复杂和频繁得多。因此，需要一个专门的工具软件来管理元数据。

12.4.2　数据仓库服务器和 OLAP 服务器

数据仓库服务器相当于数据库管理系统中的数据库管理系统，它负责管理数据仓库中数据的存储管理和数据存取，并给 OLAP 服务器和前端工具提供存取接口（如 SQL 查询接口）。数据仓库服务器目前一般是关系数据库管理系统或扩展的关系数据库管理系统，即由传统数据库厂商对数据库管理系统加以扩展修改，使得传统的数据库管理系统支持数据仓库的功能。

OLAP 服务器透明地为前端工具和用户提供多维数据视图。用户不必关心他的分析数据（即多维数据）到底存储在什么地方和怎么存储的。OLAP 服务器则必须考虑物理上这些分析数据的存储问题。

数据仓库服务器和 OLAP 服务器之间的功能划分没有严格的界限。其含义是：从逻辑功能上可以划分为数据仓库服务器软件和 OLAP 服务器软件。从物理实现上可以分别开发数据仓库服务器软件和 OLAP 服务器软件，也可以合二为一。

数据仓库服务器软件向 OLAP 服务器提供 SQL 接口，OLAP 服务器软件向诸分析软件提供多维查询语言接口，如微软公司的 MDX 语言。

传统的数据库管理系统厂商通常是用扩展的数据库管理系统作为数据仓库服务器，然后收购第三方厂商的 OLAP 服务器，实现向用户提供数据仓库的整体解决方案。如今有些机构专门为管理数据仓库开发了软件系统，例如中国人民大学开发的并行数据仓库系统 Pareware，哈尔滨工业大学开发的蓝光系统。这样把数据仓库服务器和 OLAP 服务器功能合二为一，减少了两者之间的接口，并采用了多种适合数据仓库特点的技术来提高 OLAP 服务器的性能。

12.4.3　前台工具

查询报表工具、多维分析工具、数据挖掘工具和分析结果可视化工具等结合在一起构成了数据仓库系统的前台工具层。数据挖掘（Data Mining）是从大量数据中发现未知的信息或隐藏的知识的新技术。其目的是通过对大量数据的各种分析，帮助决策者寻找数据间潜在的关联或潜在的模式，发现被经营者忽略的要素，而这些要素对预测趋势、决策行为也许是十分有用的信息。

在实际工作中，查询工具、分析工具和挖掘工具是相互补充的，只有很好地结合起来使用，才能达到最好的效果。建立三者紧密集成的数据仓库工具层是数据仓库系统真正发挥其数据宝库作用的重要环节。

总之，数据仓库系统是多种技术的综合体，它由数据仓库、数据仓库的后台工具、数据仓库服务器、OLAP 服务器和前台工具等多个部分组成。在整个系统中，数据仓库居于核心地位，是数据分析和挖掘的基础；数据仓库管理系统负责管理整个系统的运转，是整个系统的引擎；而数据仓库工具则是整个系统发挥作用的关键，只有通过高效的工具，数据仓库才能真正把数据转化为知识，为企业和部门创造价值。

12.5　企业的体系化数据环境

体系化数据环境是在一个企业或组织内，由面向应用的各个 OLTP 数据库以及各级面向主题的数据仓库所组成的完整的数据环境，并在这个数据环境上建立一个企业或部门的从联机事务处理到企业管理和决策的所有应用。

12.5.1　数据环境的层次

一个企业的数据环境一般分为 4 个层次：操作型环境、全局级数据仓库、部门级的局部仓库和个人级的数据仓库，如图 12-4 所示。在这样的数据环境中，根据管理层次的不同需要，在企业全局级数据仓库的基础上又建立了部门级和个人级数据仓库，以适应不同层次分析的要求。

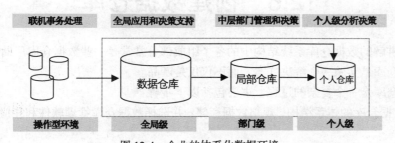

图 12-4　企业的体系化数据环境

12.5.2　数据集市

在四级体系化环境中，如何建立三级数据仓库呢？一种是"自顶向下"的方法，即先建立一个全局的数据仓库结构，然后在这全局数据仓库的基础上建立部门级和个人级的数据仓库，这样的建设途径有利于各级数据仓库的一致性的控制。

但是，"自顶向下"的方法首先要建立一个全局数据仓库，而全局级数据仓库的规模往往很大，在原来分散的操作型环境基础上建立这么一个大而全的数据仓库，其实施周期长，见效慢，费用贵，往往是许多企业所不愿意采用或不能承担的。

因此，人们采取"自底向上"地建设多级数据仓库的方法，即先建立多个数据集市（Data Mart），再逐步集成，最终建立起全局数据仓库，如图 12-5 所示。需要注意的是，建立数据集市时，应有全局的观点，使得数据集市在扩展后可以集成为全局级的数据仓库。

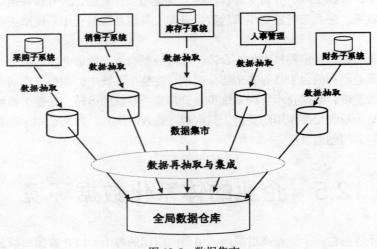

图 12-5　数据集市

数据集市是部门级的数据仓库。数据集市的组织标准是多种多样的，除了按业务来组织外，也可以按主题或数据的地理分布来组织。

数据集市的思想同时提供了分布式数据仓库的思想。如果我们按照数据的地理分布来组织数据集市，就形成了一个地理上分布的数据仓库。例如，我们可以为一个跨国集团的各子公司建立起各自的数据集市，然后再在数据集市的基础上建立集团全局的数据仓库。

12.6　创建数据仓库

12.4 节中讲解的数据仓库系统结构中的各个组成部分常常是一些数据仓库厂商的产品。事实上，创建数据仓库是实施一个解决方案，而不仅仅是产品。

创建数据仓库是一个复杂的过程，主要包括以下步骤：

① 定义数据仓库的体系结构，规划数据存储，并选择数据仓库管理软件和相应的前台、后台工具。

② 设计数据仓库的模式和视图。

③ 定义数据仓库数据的物理组织、数据分布和存取方法。

④ 集成计算机软硬件，建立数据仓库环境。硬件包括数据仓库服务器主机、前台分析应用的应用服务器和客户机、网络等；软件包括数据仓库管理软件（数据抽取、转换、装载和维护工具、元数据管理工具和数据仓库管理系统）、前台分析工具以及建立与操作型数据连接的软件。

⑤ 设计并编写数据抽取、清洗、转换、装载和维护的程序。

⑥ 根据数据仓库模式的定义装载数据。

⑦ 设计和实现终端用户的应用。

这样，一个完整的数据仓库就可以运转起来。

限于篇幅，我们不详细介绍建设数据仓库的具体步骤。有兴趣的读者可以参考有关参考书。

小　结

在这一章中，我们主要介绍了数据仓库的产生原因、基本特征、体系结构以及主要的组成部分。通过本章，我们主要应把握以下几点：

（1）明确数据仓库与数据库的差别和联系，首先，数据仓库对数据库的发展的贡献是将操作型处理和分析型处理区分开来，使得不同类型的数据处理在不同的数据环境中进行。其次，数据仓库与数据库是互补的，数据仓库的产生不是要替代原来的 OLTP 数据库，而是两者一起组成一个企业的数据库体系化环境。

（2）重点掌握数据仓库数据的 4 个基本特征，即面向主题的、集成的、不可更新的、随时间不断变化的。对于数据仓库的概念，我们可以从两个层次予以理解：首先，数据仓库用于支持决策，面向分析型数据处理，它不同于企业现有的操作型数据库；其次，数据仓库是对多个异构的数据源有效集成，集成后按照主题进行了重组，并包含历史数据，而且存放在数据仓库中的数据一般不再修改。

（3）能够全面理解数据库体系化环境的概念。

（4）对数据仓库的数据元数据和业务数据的组织有一定的认识，了解数据仓库数据的抽取、集成过程，掌握粒度、分割和数据追加等概念。

习　题

1. 解释以下名词：
   数据仓库、数据集市、数据仓库的粒度
2. 简要说明事务处理环境不适宜 DSS 应用的原因。
3. 操作型数据和分析型数据的主要区别是什么？
4. 什么是数据仓库？数据仓库和数据库的联系和区别是什么？
5. 试述数据仓库数据的 4 个基本特征。
6. 试述数据仓库数据的组织结构。
7. 试述数据仓库系统的体系结构。
8. 企业的数据库体系化环境的 4 个层次是什么？它们之间的关系是什么？
9. 你是如何理解数据仓库的数据是不可更新的，而数据仓库的数据又是随时间不断变化的？
10. 举例说明数据仓库的多粒度。

第13章
联机分析处理（OLAP）技术

前面介绍了数据仓库的有关概念和技术，阐述了数据仓库是进行分析决策的基础。我们也提到，仅有数据仓库是不够的，还必须借助强有力的工具来对数据进行分析。下面我们讨论与数据仓库技术密切相关的 OLAP 技术。

13.1　什么是 OLAP

OLAP（On_Line Analytical Processing）即联机分析处理，是以海量数据为基础的复杂分析技术。OLAP 支持各级管理决策人员从不同的角度快速、灵活地对数据仓库中的数据进行复杂查询和多维分析处理，并且能以直观、易懂的形式将查询和分析结果提供给决策人员，以方便他们及时掌握企业内外的情况，辅助各级领导进行正确决策，提高企业的竞争力。

OLAP 概念是由 E.F.Codd 于 1993 年提出的。鉴于这位"关系数据库之父"的影响，OLAP 技术受到广泛重视，促进了 OLAP 软件的开发，并且使 OLAP 发展成为与 OLTP 明显区分的一大类软件产品。

OLAP 软件提供的是多维分析和辅助决策功能。对于深层次的分析和发现数据中隐含的规律和知识，则需要数据挖掘（Data Mining）技术和相应的数据挖掘软件来完成。

13.2　多维数据模型

在决策过程中，人们希望从多个不同的角度观察某一指标或多个指标的值，并且找出这些指标之间的关系。例如，决策者可能想知道北京、上海、天津和重庆 4 个直辖市今年 1～6 月和去年 1～6 月各类电器商品的销售额，并希望能从多个角度对"销售"指标进行分析比较：某一地区 1～6 月中每个月销售不同电器的销售额；某一电器商品在不同地区每个月的销售额。某一电器商品每个月在 4 个直辖市的总销售额等。可以看到分析的数据总是与一些统计指标（如销售总额）、观察角度（如时间、销售地区、商品种类）有关。我们将这些观察数据的角度称之为维。由此可见，决策分析数据是多维数据。下面我们介绍多维数据模型的基本概念。

13.2.1　多维数据模型的基本概念

多维数据模型是数据分析时用户的数据视图，是面向分析的数据模型，用于给分析人员提供多种观察的视角和面向分析的操作。本节介绍多维数据模型的基本概念。

（1）变量（Measure）

变量也称度量，是数据的实际意义，即描述数据"是什么"。一般情况下，变量是一个数值的度量指标，例如，"人数"、"单价"、"销售量"等都是变量或称为度量。"10000 万元"则是销售量的一个值，称为度量值。

（2）维（Dimension）

维是人们观察数据的特定角度。例如，企业常常关心产品销售量随时间的变化情况，这时他是从时间的角度来观察产品的销售，所以时间就是一个维（时间维）。企业也时常关心自己的产品在不同的地区的销售分布情况，这时他是从地区分布的角度来观察产品的销售，所以地区也是一个维（地区维）。"维"是 OLAP 中十分重要的概念。

（3）维的层次（Hierarchy）

人们观察数据的某个特定角度（即某个维）还可能存在细节程度不同的多个描述方面，我们称这多个描述方面为维的层次。例如，描述时间维时，可以从年、季、月、日等不同层次来描述，那么年、季、月、日等就是时间维的一种层次；同样，县、市、省、大区、国家等构成了地区维的一种层次。

（4）维成员（Member）

维的一个取值称为该维的一个维成员，也称做维值。如果一个维的某种层次具有多个层，那么该维的维成员是不同维层的取值的组合。假设时间维的层次是年、月、日这 3 个层，分别在年、月、日上各取一个值组合起来，就得到了时间维的一个维成员，即"某日某月某年"。一个维成员并不一定在每个维层上都要取值，例如，"某年某月"、"某月某日"、"某年"等都是时间维的维成员。

对应一个度量数据来说，维成员是该度量数据在某个维中位置的描述。例如，对一个销售数据来说，时间维的维成员"某年某月某日"是该销售数据在时间维上位置的描述，表示是"某年某月某日"的销售数据。

（5）多维立方体（Cube）

多维数据模型的数据结构可以用这样一个多维数组来表示：（维 1，维 2，···，维 n，度量值），例如，图 13-1 所示的电器商品销售数据是按时间、地区、商品和变量"销售额"组成的一个三维数组：（地区，时间，商品，销售额）。三维数组可以用一个立方体来直观地表示。一般地，多维数组用多维立方体 cube 来表示。多维立方体 cube 也称为超立方体。

（6）数据单元（Cell）

多维立方体 cube 的取值称为数据单元。当多维立方体的各个维都选中一个维成员，这些维成员的组合就唯一确定了一个变量的值。数据单元就可以表示为：（维 1 维成员，维 2 维成员，···，维 n 维成员，变量的值）。例如图 13-1，我们在地区、时间和商品上各取维成员："北京"、"1997 年 3 月"和"电冰箱"，就唯一确定了变量"销售额"的一个值，假设为 1000（万元），则该数据单元可表示为：（北京，1997 年 3 月，冰箱，1000）。

对于三维以上的超立方体，很难用可视化

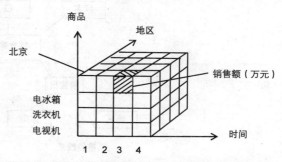

图 13-1 按商品、时间和地区组织的电器商品销售数据

的方式直观地表示出来。为此人们用较形象的"星形模式"（Star Schema）和"雪片模式"（Snow Flake Schema）来描述多维数据模型。

星形模式通常由一个中心表（事实表）和一组维表组成。如图 13-2 所示的星形模式的中心是销售事实表，其周围的维表有：时间维表、顾客维表、销售员维表、制造商维表和产品维表。事实表一般都很大，维表一般都较小。

星形模式的事实表与所有的维表相连，而每一个维表只与事实表相连。维表与事实表的连接是通过码来体现的，如图 13-3 所示。也就是说，在销售事实表中一般存储各个维表的主码："顾客代码"、"制造商代码"、"销售员代码"、"产品代码"这样，通过这些维表的主码就将事实表与维表连接在一起，形成了星形模式。时间维一般省略，在销售事实表中包含时间数据项即可。

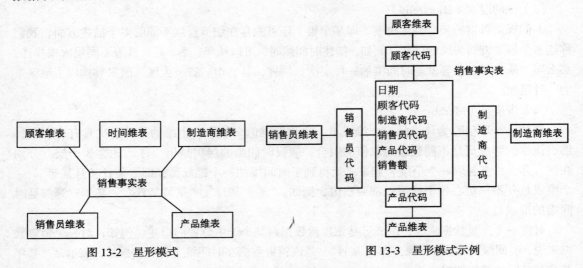

图 13-2　星形模式　　　　　　　　图 13-3　星形模式示例

前面我们已经讲到，维通常是有层次的，雪片模式就是对维表按层次进一步细化后形成的。如图 13-2 所示的星形模式，顾客维可以按所在地区位置分类聚集，时间维则可以有两类层次：日、月；日、周；制造商维可以按工厂及工厂按所在地区分层，等等。如图 13-4 所示，在星形维表的角上又出现了分支，这样变形的星形模式被称为"雪片模式"。

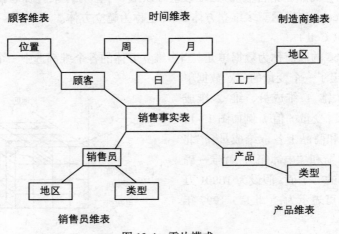

图 13-4　雪片模式

13.2.2　多维分析的基本操作

在多维数据模型中，数据按照多个维进行组织，每个维又具有多个层次，每个层次由多个层组成。多维数据模型使用户可以从不同的视角来观察和分析数据。常用的 OLAP 多维分析操作有切片（ slice）、切块（dice）、旋转（pivot）、向上综合（rollup）、向下钻取（drill-down）等。通过这些操作，使最终用户能从多个角度多侧面观察数据、剖析数据，从而深入地了解包含在数据中的信息与内涵。

1.　切片（Slice）

在超立方体 cube 的某一维上选定一个维成员的操作称为切片。一次切片使原来的 cube 维数减 1，即结果为一个维数减 1 的 subcube。例如，对图 13-1 按商品、时间和地区组织起来的关于电器商品销售的 cube，如果我们在时间维上选择一个维成员，如 time=“1997 年 4 月”，就得到了一个子 cube，是二维（ 3-1=2）“平面”，它表示 1997 年 4 月北京、上海、天津和重庆 4 个直辖市各类电器商品的销售额，如图 13-5（a）、（b）所示。

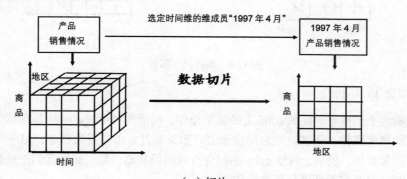

（a）切片

销售额	北京	上海	天津	重庆
冰箱	500	600	100	150
洗衣机	300	200	150	200
电视机	600	550	200	180
……	……	……	……	……
……	……	……	……	……

（b）切片结果示意图

图 13-5　切片和切片结果示意图

2.　切块（dice）

在超立方体 cube 上选定两个或更多个维成员的操作称为切块。例如，对图 13-1 所示的 cube，在时间维上选择两个维成员，如“1997 年 1 月”和“1997 年 4 月”，该切块操作就得到了一个子 cube，它表示 1997 年 1 月至 1997 年 4 月北京、上海、天津和重庆 4 个直辖市各类电器商品的销售额。又如对图 13-1 所示的 cube，如果我们在时间维和地区维上选择两个维成员，如“1997 年 4 月”和地区=“北京”，也得到了一个子 cube，它表示 1997 年 4 月北京市各类电器商品的销售额。

3.　旋转（pivot）

改变一个超立方体 cube 的维方向的操作称为旋转。旋转用于改变对 cube 的视角，即用户可以从不同的角度来观察 cube。如图 13-6（a）所示是把一个横向为时间、纵向为产品的二维表旋转为横向为产品和纵向为时间的二维视图。假如对图 13-1 所示的 cube 把商品维、时间维、地区维执行旋转操作就得到图 13-6（b）。

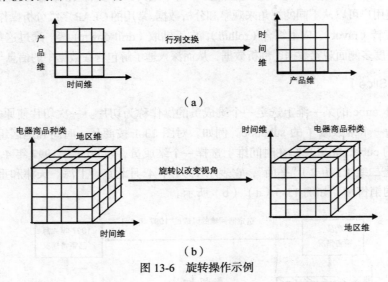

图 13-6　旋转操作示例

4．向上综合（roll–up）

roll-up 也称为上钻操作。提供 cube 上的聚集操作。包括两种形式，一种是在某个维的某一层次上由低到高的聚集操作，例如，在时间维上由日聚集到月、由月聚集到年；另一种是通过减少维的个数进行聚集操作，例如，两维 cube 中包含有时间维和地区维，如果我们把地区维去掉，则得到一个按时间维对所有地区进行聚集操作。

5．向下钻取（drill–down）

drill-down 也称为下钻操作。drill-down 是 roll-up 的逆操作。它同样包括两种形式：在某个维的某一层次上由高到低地进行钻取操作，找到更详细的数据，或者通过增加新的维来获取更加细节的数据。例如，在时间维上由每一季度的销售额向下钻取，查到每一个月的销售额，或者在由时间维和地区维构成的两维 cube 中加入一个新的产品维。

drill-down 和 roll-up 操作是在维的层次上查看数据，drill-down 操作可以看到更细节的数据，而 roll-up 操作则是看到比较综合的数据。如图 13-7 所示，查看了一个季度每个月的销售额后，

销售额	1996			
（万元）	第 1 季度	第 2 季度	第 3 季度	第 4 季度
北京	78	45	34	56
上海	90	67	87	91

向上综合　　　　　　向下钻取
维：时间　　　　　　维：时间

销售额	1996		
（万元）	1 月	2 月	3 月
北京	30	26	22
上海	28	30	32

图 13-7　drill-down 和 roll-up 操作

再查看全年每一季度的销售额，这就是 roll-up 操作，相反，查看到每一季度的销售额后，可以继续查看某个季度中每一个月的销售额，这就是 drill-down 操作。

13.3　OLAP 的实现

多维数据模型是数据分析时使用的数据视图。多维数据模型属于逻辑模型。OLAP 服务器应该透明地为上层分析软件和用户提供多维数据视图。上层软件和用户不必关心他的分析数据（即多维数据）到底存储在什么地方和怎么存储的。OLAP 服务器软件则必须考虑多维数据模型的实现技术，包括如何组织多维数据，如何存储多维数据，多维数据的索引技术，多维查询语言的实现（语言的语法分析、编译、执行和结果表示），多维查询的优化技术等。这些技术请读者参考有关的专门著作，例如《数据仓库技术和联机分析处理》。

本书只介绍 OLAP 最基本的概念和知识。

OLAP 服务器一般按照多维数据模型的不同实现方式，有 MOLAP 结构、ROLAP 结构、HOLAP 结构等多种结构，下面主要介绍前两种。

13.3.1　MOLAP 结构

MOLAP 结构直接以多维立方体 cube 来组织数据，以多维数组来存储数据，支持直接对多维数据的各种操作。人们也常常称这种按照多维立方体来组织和存储的数据结构为多维数据库（Multi-Dimension DataBase，简记为 MDDB）。Arbor 公司的 Essbase 是一个 MOLAP 服务器。MOLAP 结构的系统环境如图 13-8 所示。

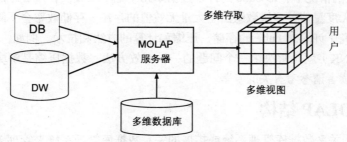

图 13-8　MOLAP 结构的系统环境

MOLAP 是如何以多维立方体 cube 来组织数据的呢？前面我们已经讲解了多维立方体 cube 的数据单元可以表示为：（维 1 维成员，维 2 维成员，…，维 n 维成员，度量值）。多维数组只存储 Cube 的度量值，维值由数组的下标隐式给出。关系表则将维值和度量值都存储起来。例如，对于图 13-1 所示的按商品、时间和地区组织的销售数据，图 13-9（a）是用关系数据库来组织的北京、上海、天津和重庆 4 个直辖市 1997 年 1 月各类电器商品销售额，图 13-9（b）是用多维数据库来组织的情况。（为了讲解方便，图中只画出了产品和地区二个维的数据。）

现在我们进一步讨论这两种数据组织的差异。

首先，与关系表相比，多维数据库组只存储 Cube 的度量值。例如，图 13-1 中只存储销售量的值，不存储地区维和商品维的维成员值。多维数组的存储效率高。其次，多维数组可以通过数组的下标直接寻址，与关系表（通过表中列的内容寻址，常常需要索引或全表扫描）相比，它的访问速度快。更重要的是，多维数组有着高速的综合速度，因此可以较好地支持向上综合、向下钻取等多维分析操作。

产 品 名 称	地　　区	销　售　量
冰箱	北京	50
冰箱	上海	60
冰箱	天津	100
冰箱	重庆	40
洗衣机	北京	70
洗衣机	上海	80
洗衣机	天津	90
洗衣机	重庆	120
电视机	北京	140
电视机	上海	120
电视机	天津	140
电视机	重庆	50
……	……	……

（a）

销售量	北京	上海	天津	重庆
冰箱	50	60	100	40
洗衣机	70	80	90	120
电视机	140	120	140	50
……	……	……	……	……

（b）

图 13-9　RDB 与 MDDB 数据组织比较

但是，多维数组存储方式存在如下不足：

① 多维数组的物理存放方式通常是按照某个预定的维序线性存放的，不同维的访问效率差别很大。以图 13-9 所示的二维数组为例，如果按行存放的话，则访问某电器产品的销售额时效率很高，因为一次 I/O 读取的页面包含了多个行值，但访问某地区的销售额时效率就会降低。

② 在数据稀疏的情况下，即 cube 的许多数据单元（维 1 维成员，维 2 维成员，…，维 n 维成员，度量值）上无度量值，多维数组由于大量无效值的存在，存储效率会下降。

为此，人们研究了许多对 cube 的存储、压缩和计算的方法和技术。例如，将一个 cube 分为多个数据块（CHUNK）就是解决第一个问题的一种有效方法。数据压缩是解决第二个问题的常用方法。有兴趣的读者请参考有关的专著。

13.3.2　ROLAP 结构

ROLAP 结构用关系数据库管理系统或扩展的关系数据库管理系统来管理多维数据，用关系的表来组织和存储多维数据。同时，它将多维立方体上的操作映射为标准的关系操作。

那么，ROLAP 如何用关系数据库的二维表来表达多维概念呢？

ROLAP 将多维立方体结构划分为两类表，一类是事实（fact）表，另一类是维表。事实表用来描述和存储多维立方体的度量值及各个维的码值；维表用来描述维信息，包括维的层次及成员类别等。ROLAP 用关系数据库的二维表来表示事实表和维表。也就是说，ROLAP 用星形模式和雪片模式来表示多维数据模型。请参考图 13-2、图 13-3 和图 13-4。可以用四张维表和一张事实表来表示图 13-3 所示的星形模式：

销售表（日期，顾客代号，制造商代码，销售员代码，产品代码，销售额）

顾客表（顾客代码，姓名，性别，年龄，文化程度，地址，电话，信用等级，……）

制造商表（制造商代码，公司名，地址，电话，质量等级，……）

销售员表（销售员代码，姓名，性别，年龄，电话，业绩水平，……）

产品表（产品代码，产品名，产品类别，单价，……）

同 MOLAP 相比，关系数据库表达多维立方体不大自然，由于关系数据库的技术较为成熟，ROLAP 在数据的存储容量、适应性上占有优势。当维数增加、减少时只需增加、删除相应的关系，修改事实表的模式，较容易适应多维立方体的变化。因此，ROLAP 的可扩展性好。

但其数据存取较 MOLAP 复杂。首先，用户的分析请求（通常用 MDX 语言来表达）需要由 ROLAP 服务器把 MDX 转换为 SQL 请求，然后交由关系数据库管理系统处理。处理结果还需经过 ROLAP 服务器多维处理后返回给用户。而且 SQL 语句尚不能直接处理所有的分析计算工作，只能依赖附加的应用程序来完成，因此在执行效率上不如 MOLAP 高。在实际系统中还有一种 HOLAP 结构。这种结构将 ROLAP 和 MOLAP 结合起来，例如，将细节数据保存在关系数据库中，而将综合数据保存在 MOLAP 服务器中，既利用了 ROLAP 可扩展性好的优点，也利用了 MOLAP 计算速度快的优点。

小　结

在这一章中，我们主要介绍了联机数据分析的产生原因、多维数据模型和主要的实现技术。通过本章，我们主要应把握以下几点：

① 掌握维、层、层次、成员、度量和立方体等主要的概念，了解多维数据模型的一些比较深入的问题，如属性、可汇总性、维层次的种类等。

② 掌握联机分析的主要操作。

③ 了解主流的联机分析软件结构，领会在不同的实现结构中是如何实现多维数据模型的各个要素。

习　题

1. 解释以下名词：

OLAP、变量、维、维的层次、维成员、多维立方体 cube、数据单元、切片、切块、旋转

2. 举例说明多维分析操作（drill-down、roll-up）的含义是什么。

3. 举例说明多维分析操作（切片、切块、旋转）的含义是什么。

4. 在基于关系数据库的 OLAP 实现中，举例说明如何利用关系数据库的二维表来表达多维概念。

5. 以地区维为例，说明维层次的概念。

6. 举例说明星形模式。

7. 举例说明雪片模式。

[1] 王珊，萨师煊. 数据库管理系统概论. 4版. 北京：高等教育出版社，2006.

[2] J. D. Ullman，J. Widom. A First Course In Database System. 2版（影印版）. 北京：机械工业出版社，2006.

[3] 杨冬青，唐世谓，徐其钧，等译. 数据库管理系统实现. 北京：机械工业出版社，2006.

[4] 何玉洁，黄婷儿，等译. 数据库设计教程. 2版. 北京：机械工业出版社，2005.

[5] 陈立军，赵加奎，邱海艳，等译. 数据库管理系统——面向应用的方法. 2版. 北京：人民邮电出版社，2006.